# やさしくまるごと小学算数 改訂版

学研プラス 編
マンガ 関谷由香理

Gakken

# この本を手にしたみなさんへ

勉強は“あまりやりたくないもの”。
これは今も昔も，多くの子どもたちにとって同じです。
そして“勉強は大事なもの”“勉強をがんばることは将来につながる”ということも，今と昔で変わりません。

やりたくないけど大事である勉強に対して，みなさんがやる気になれる参考書・やる気が続く参考書はどんなものだろう？

そんな問いに頭を悩ませながら作ったのが，この『やさしくまるごと小学』シリーズです。
この本には

・マンガやイラストが多く，手に取って読んでみたくなる。
・説明がわかりやすくて，成績が伸びやすい。
・先生の授業がいつでもYouTubeで見られる。
・小学校全単元の内容が入っているから，つまずいたところから総復習できる。

といった多くの特長があります。
このような参考書を作るのはとても骨の折れる仕事ではありましたが，できあがってみると，みなさんにとってとても役に立つものにできたと思っています。
(「自分が子どものころにこんな参考書があったらよかったのに……」とも思います)

この本を使って，「勉強がたのしくなった」「成績が伸びてうれしい」とみなさんが感じてくれたらうれしいです。

編集部より

**あなたの決意をここに書いてみよう！**

(例)「この本を1年間でやりきる！」とか「学校の算数のテストで今年のうちに100点を3回以上取る！」など

**勉強する曜日とはじめる時刻をここに宣言しよう！**

【1日の勉強時間のめやす】➡ (　　　　　　)

| 月曜日 | 火曜日 | 水曜日 | 木曜日 | 金曜日 | 土曜日 | 日曜日 |
| --- | --- | --- | --- | --- | --- | --- |
| | | | | | | |

# 本書の特長と使いかた

## まずは「たのしい」から。

たのしい先生や，好きな先生の教えてくれる教科は，勉強にも身が入り得意教科になったりするものです。参考書にも似た側面があるのではないかと思います。

本書は，読んでいる人に「たのしいな」と思ってもらえることを願い，個性豊かなキャラクターの登場するマンガをたくさんのせています。まずはマンガを読んで，この参考書をたのしみ，少しずつ勉強に取り組むクセをつけるようにしてください。勉強するクセがつきはじめれば，学習の理解度も上がってくるはずです。

## 小学校全単元の内容をしっかり学べる。

本書は小学校全単元の内容を1冊に収めてありますので，どの学年の人でも，自分に合った使いかたで学習することができます。はじめて学ぶ人は学校の進度に合わせて進める，前の学年の勉強をおさらいしたい人は1日に2・3レッスン進めるなど，使いかたは自由です。

本文の説明はすべて，なるべくわかりやすいように書いてあります。また，理解度を確認できるように問題もたくさんのせてありますので，この1冊で小学校全単元の学習内容をちゃんとマスターできる作りになっています。

## 動画授業があなただけの先生に。

本書の動画マーク（）がついた部分は，YouTubeで塾の先生の授業が見られます。動画をはじめから見てイチから理解をしていくもよし，学校の授業の予習に使うもよし，つまずいてしまった問題の解説の動画だけを見るもよし。パソコンやスマートフォンでいつでも見られますので，活用してください。

DVDには塾の先生おすすめの勉強法と，1レッスン分のお試し動画が収録されています。学習をはじめる前にDVDを見て，より効果的な勉強の仕方を確認しましょう。

誌面にあるQRコードは，スマートフォンで直接YouTubeにアクセスできるように設けたものです。

**YouTubeの動画一覧はこちらから**

https://gakken-ep.jp/extra/yasamaru_p/movie.html

※動画の公開は予告なく終了することがございます。

# Prologue
［プロローグ］

おやつー
さーて
家に
入ろー
流れ星
なかなか
消えないなあ
?
へ?
ドーン

ひぇーー
流れ星じゃない！？
プシュー
な・なつみ
すごい音がしたけど
何かあったの？
ハァハァ
ダッ
お母さん
UFOみたいなの
落ちてきた！
ギー
なんか
出てきた
宇宙人よー
キャー
ケケケ
宇宙人につれ去られたなつみちゃん親子
○×新聞
前にTVで見たよ
私たちさらわれる！
だから
言ったろ
アホペンギン！

ん？
ケンカ
してる？
ん？
シー
クルッ
!!
・・・・・だれ？
ペン？
それはこっちの
セリフだ！
これは失礼
オレは，サザン＝ガ＝クック
この宇宙船の船長だ
さんすう星からやってきた
こっちは
ジイジ
ニニン＝ガ＝ジイジと
申しますじゃ
さ，さんすう星？
で，こいつが
操縦士のペンタ
もってきた食料全部食っちまって，いねむり運転で
宇宙船を墜落
させた犯人さ
ウワッ
ねてる！
デプー
コラ
食料
かえせ
なんで
さんすう星から
やって
きたの？

実は，王子は
さんすう星の
算数レベルに
ついてこれず…
評判のよい地球の
カリキュラムで，
算数を学ばせようと
思いましてな
グエー
パン
パン
さんすう星の
王子なのに
算数
苦手なの？
ハ？
お前よりは
できるよ！
バカにすんな！
フッ

そうそう
算数といえば
なつみ！
この間のテスト
どうだった？
え!!
さっき松の下にうめた…
じゃなくて
80点は確実かな！
まあ，さすが
私の娘ね！
なっちゃん
ステキ！
あったり前じゃん！
私，算数
大好きだもん
毎日勉強したいなー！
ウソだけど…

毎日勉強ねえ…
そうだ！　あなたたち，
なつみに算数を教えて
くれない？　その代わり，
しばらく家にとめてあげる
げっ

ありがたい話ですじゃ
宇宙船は，しばらく
直りそうもないですし…

王子となつみどの
一緒に面倒みますわい
そー
朝飯前
ですじゃ
いいわね！
ね！
なつみ！
え，遠慮しとくよ。
私，今でもじゅ〜ぶん
算数得意
だから…
スッ
ドン
ひら〜
なんでー
なつみ
さっきの
風でテスト
ふき飛んだ
んだ！
ハッ
アワワ
ワワ…
ひら〜
ひら〜
なつみー！！
ごめんなさ〜い
宇宙船の
次は雷が
落ちたー
なんですってー！
キャー！

# Contents

もくじ



〈キャラクター紹介〉

**松下なつみ**

算数が苦手な小学4年生。テストの点数が悪いと松の下に隠してしまう。オシャレとマンガが好きな女の子。

**サザン＝ガ＝クック**

なつみの家の庭に墜落した宇宙船の船長。さんすう星の王子。算数が苦手で，地球で勉強するため，はるばるやって来た。

**ニニン＝ガ＝ジイジ**

クックの教育係。宇宙船の修理が終わるまで，クックだけでなく，なつみにも算数を教えることに。クックの成長を感じては涙する。

**ペンタ**

宇宙船の操縦士（そうじゅうし）。船内の食料をすべて食べ，いねむり運転で宇宙船を墜落させてしまった，食いしん坊（ぼう）なペンギン。

**松下ひとみ**

なつみの母。時に優（やさ）しく時に厳（きび）しく，みんなを見守る。怒（おこ）るとこわい。

レッスン 1

# たし算［1～3年］

## このレッスンのはじめに♪

「お年玉をおじいさんから5000円，おばさんから3000円もらったから，今まで貯金した13000円と合わせて21000円になった！これでほしかったゲーム機が買えるぞー」すごいですね，４けたと５けたのたし算をスラスラ計算していますよ。

こんなふうに，毎日知らず知らずのうちにたし算の練習をしているので，たし算なんてカンタンだ！と思うかもしれません。でも，ここでもう一度，どんなたし算でも，まちがわずにとけるか，たしかめておきましょう。

# 1 たし算 [1・2年]

授業動画は
こちらから

まず，暗算でくり上がりのあるたし算をやってみましょう。

## ポイント たし算の暗算

大きい方の数を使って，10のかたまりをつくる。

例 8＋3

8 ＋ 3
(10) 2 1

❶ 大きい方の8は2をたすと10になる。
❷ 3を2と1に分ける。
❸ 8に2をたして10。
❹ 10と1をたして11。

例1 17＋5＝22
3 2
5を3と2に分ける。
17に3をたして20。
20と2をたして22。

例2 6＋18＝24
4 2
6を4と2に分ける。
18に2をたして20。
20と4をたして24。

**チェック 1** 次の計算をしましょう。 解答は別冊p.1へ

(1) 19＋4　　(2) 25＋7　　(3) 8＋36

# 2 たし算の筆算 [2・3年]

授業動画は
こちらから

大きい数のたし算は，筆算で求(もと)めましょう。

## ポイント 筆算のやり方

❶ 同じ位(くらい)どうしをたてにそろえて書く。
❷ 一の位から順(じゅん)に計算する。
❸ 10より大きくなるときは，上の位に1くり上げる。

まず，くり上がりのないたし算をしてみましょう。

例

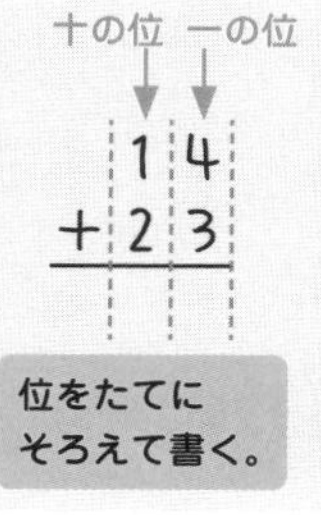


位をたてに
そろえて書く。

→

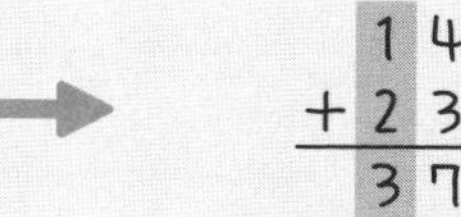


一の位の計算
4＋3＝7

→

1 4
＋ 2 3
3 7

十の位の計算
1＋2＝3

**チェック2** 次の計算を筆算でしましょう。 解答は別冊p.1へ

(1) 34＋25

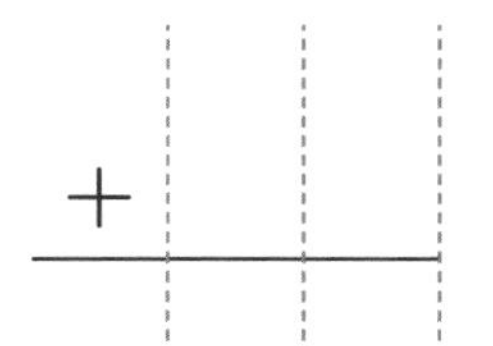

(2) 47＋31

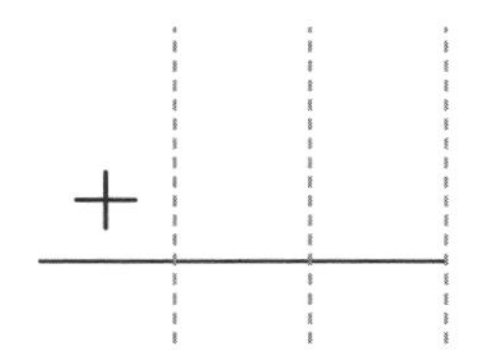

(3) 82＋16

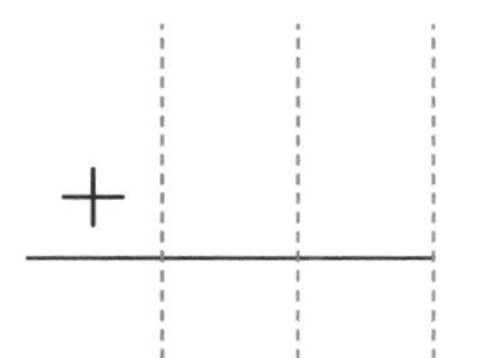

次に，くり上がりのあるたし算をしてみましょう。

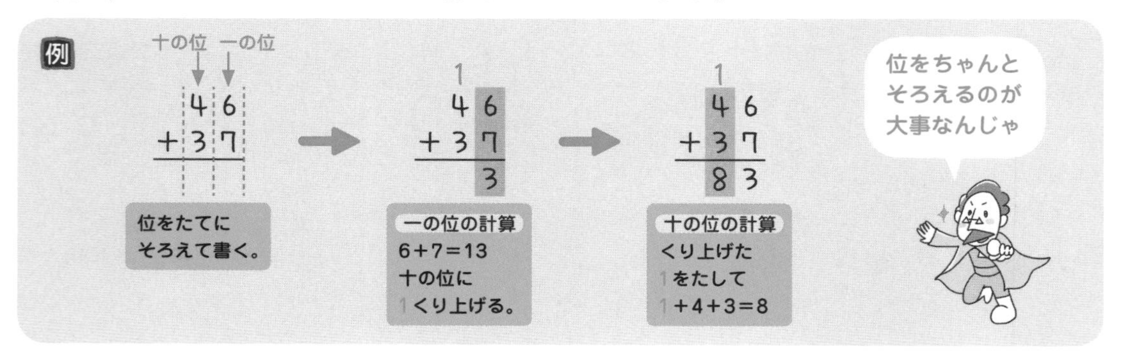


**チェック3** 次の計算を筆算でしましょう。 解答は別冊p.1へ

(1) 26＋18

(2) 65＋25

(3) 54＋49

(4) 57＋69

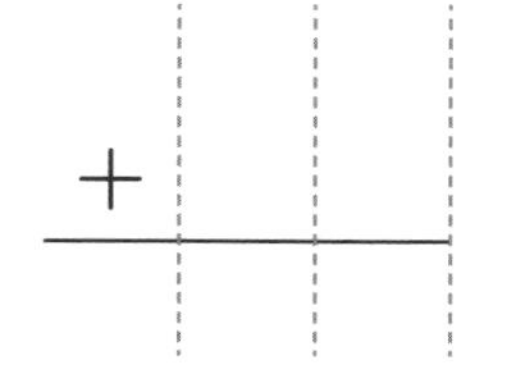

(5) 43＋87

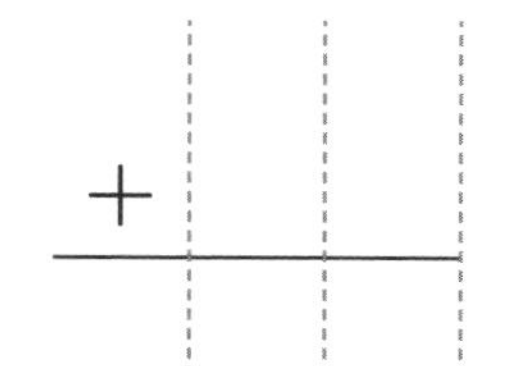

(6) 75＋98

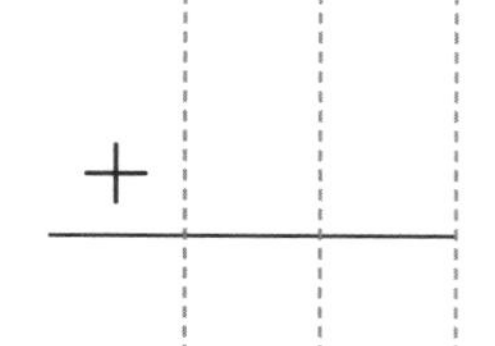

最後(さいご)に，３けた，４けたの筆算にチャレンジしてみましょう。

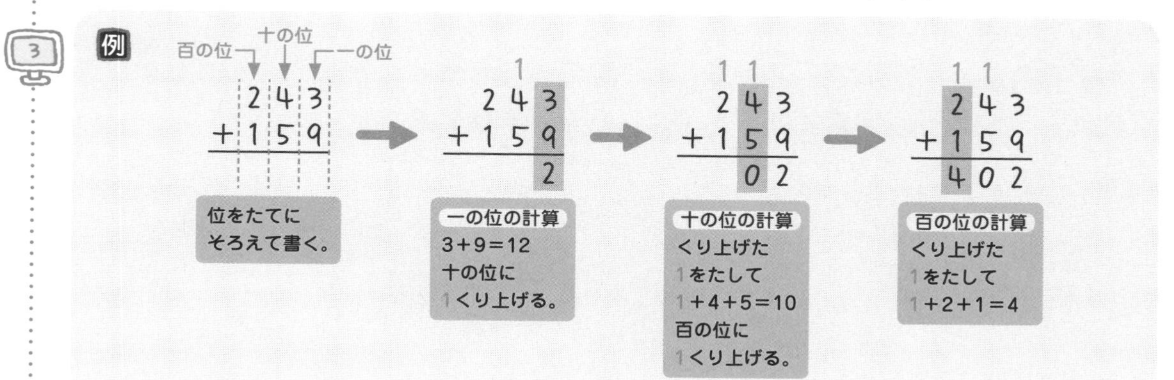


チェック４　次の計算を筆算でしましょう。　解答は別冊p.1へ

（1）　217＋438

（2）　304＋267

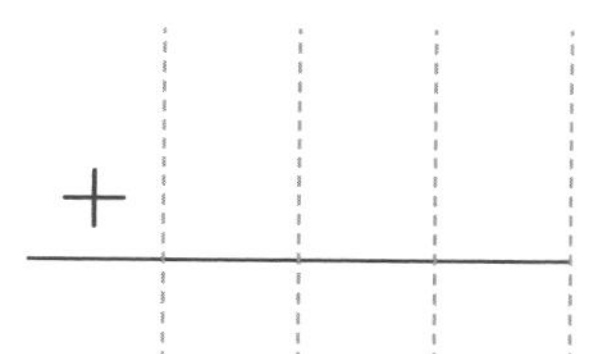

（3）　1469＋571

（4）　915＋4086

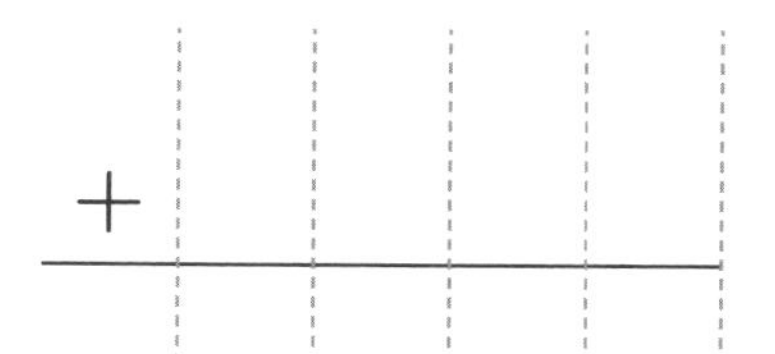

（5）　6730＋1874

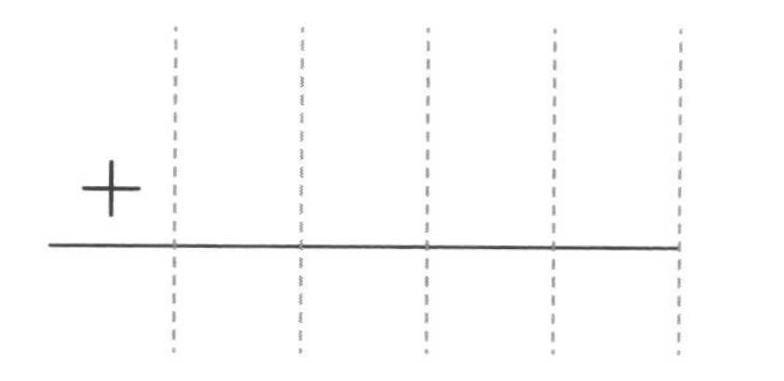

（6）　2308＋6692

# 3 たし算の文章問題［1～3年］

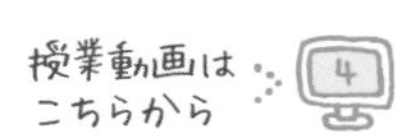

まず問題をよく読んで，求める(もと)ものの関係(かんけい)をそれぞれつかんでおきましょう。
数がふえたあとの数を求めるときは，たし算を使います。

**例** 公園で子どもが8人遊んでいました。あとから6人やってきました。全部で何人になりましたか。

〔式〕 はじめの数 ＋ ふえた数 ＝ 全部の数

8 ＋ 6 ＝ 14

はじめの数 8人　ふえた数 6人　全部の数 □ 人

答え 14人

チェック 5　ボールに小麦粉(こ)270 gと，さとう60 gを入れます。全部で何 gですか。

解答は別冊p.1へ

筆算しよう

〔式〕

答え

数がへるときでも，はじめの数を求めるときは，たし算を使います。

**例** 色紙を38まい使ったら，残り(のこ)は12まいになりました。色紙は，はじめに何まいありましたか。

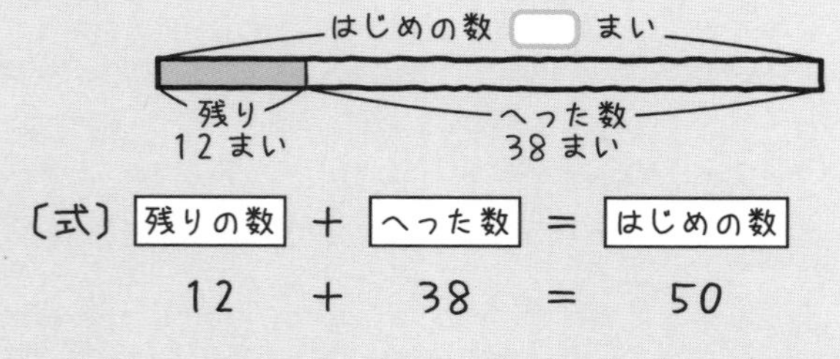


```
  1
  12
+38
  50
```

〔式〕 残りの数 ＋ へった数 ＝ はじめの数

12 ＋ 38 ＝ 50

答え 50まい

チェック 6　駐車場(ちゅうしゃじょう)があります。53台の車が出て行ったので，駐車場にとまっている車は167台になりました。はじめにとまっていた車は何台ですか。

解答は別冊p.2へ

筆算しよう

〔式〕

答え

# レッスン1の力だめし

授業動画はこちらから

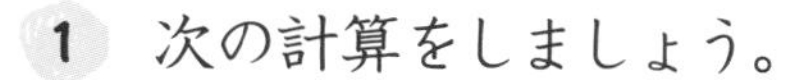

解答は別冊p.2へ

**1** 次の計算をしましょう。

(1) 17＋8　　(2) 26＋9　　(3) 6＋58

**2** 次の計算を筆算でしましょう。

(1) 43＋29　　(2) 92＋64　　(3) 567＋395

(4) 784＋528　　(5) 2183＋2649　　(6) 4254＋3746

**3** ひなたさんは，本屋で780円の本を買ったので，残りが375円になりました。ひなたさんは，はじめにいくら持っていましたか。

〔式〕

答え

筆算しよう

# ひき算［1～3年］

## このレッスンのはじめに♪

「こづかいはあと320円。160円のジュースを買ったら，残りは260円だから，明日発売の260円のマンガがちょうど買えるな。」

ちょっとまって！計算をまちがえていますよ。百の位から１くり下げているのをわすれていますね。「320－160＝160」です。

くり下がりのあるひき算はまちがえやすいので，ここでしっかり練習しましょう。サイフの中をのぞいてガッカリ…ということがないように。

## 1 ひき算 〔1・2年〕

まず，暗算でくり下がりのあるひき算をやってみましょう。

### ひき算の暗算

10のまとまりができるように分ける。

例 16－7

16 － 7
6 10

❶ 6から7はひけない。
❷ 16を6と10に分ける。
❸ 10から7をひいて3。
❹ 6と3をたして9。

例1 14－8＝6
4 10

14を4と10に分ける。
10から8をひいて2。
4と2をたして6。

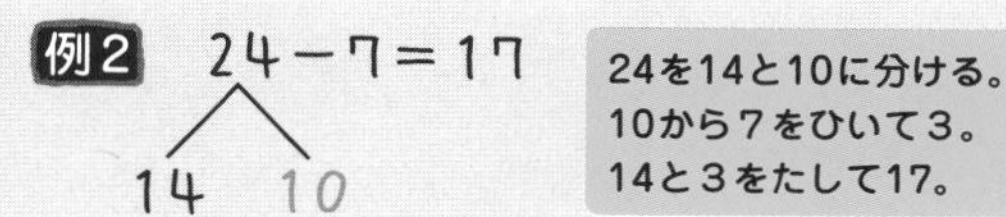


チェック 1 次の計算をしましょう。 解答は別冊p.2へ

(1) 13－5 (2) 21－4 (3) 37－8

## 2 ひき算の筆算 〔2・3年〕

大きい数のひき算は，筆算で求(もと)めましょう。

### 筆算のやり方

❶ 同じ位どうしをたてにそろえて書く。
❷ 一の位から順(じゅん)に計算する。
❸ ひけないときは，上の位から1くり下げる。

なにごとも
基本が大事
なのよ

まず，くり下がりのないひき算をしてみましょう。

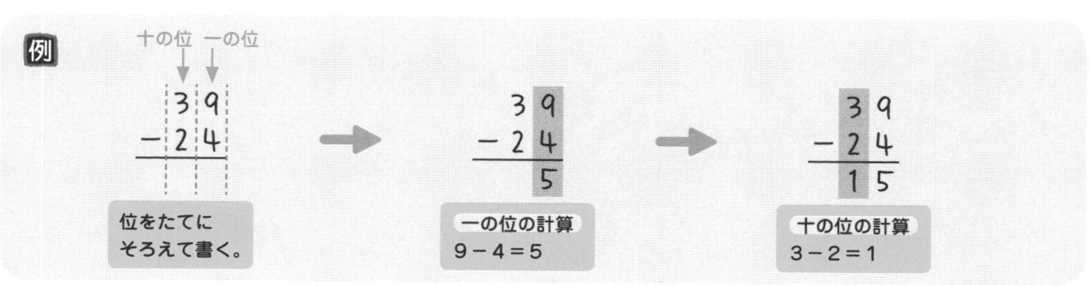

チェック 2　次の計算を筆算でしましょう。

解答は別冊p.2へ

(1)　56－13　　(2)　68－27　　(3)　45－32

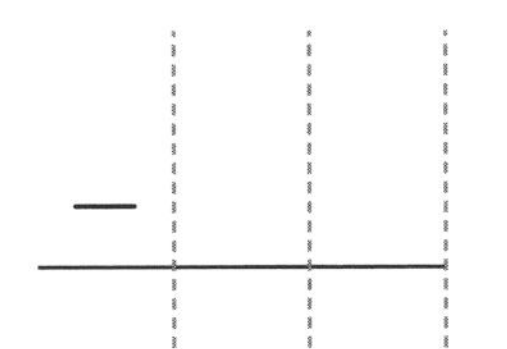
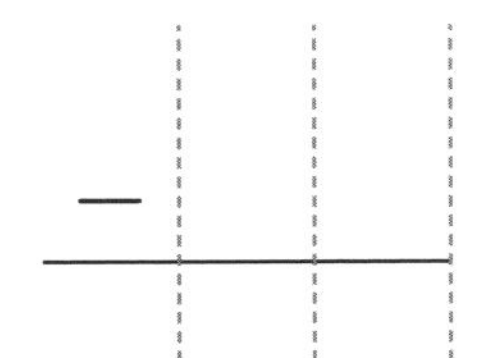
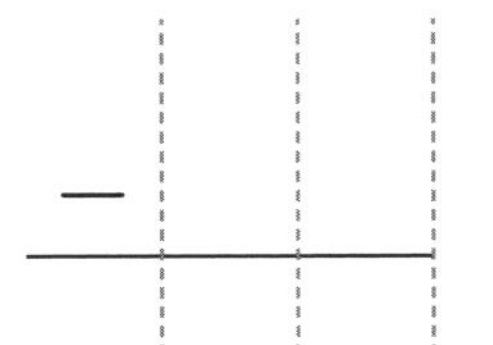

次に，くり下がりのあるひき算をしてみましょう。

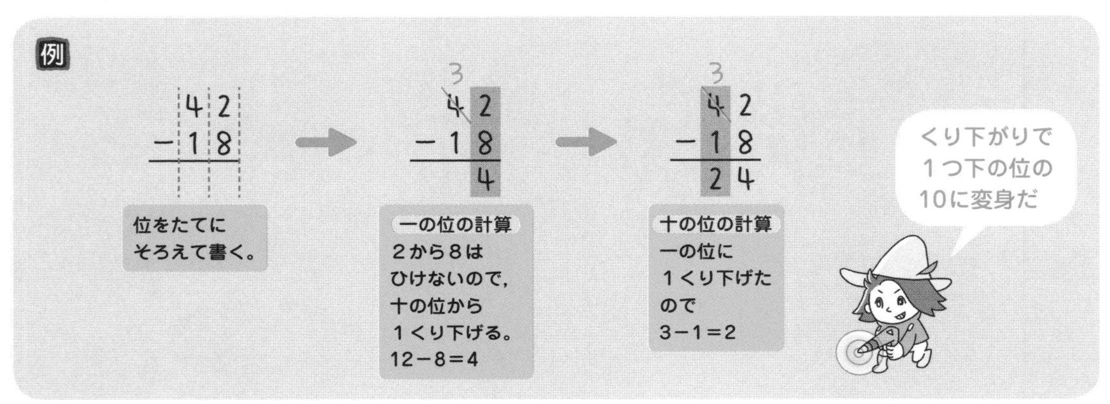


チェック 3　次の計算を筆算でしましょう。

解答は別冊p.3へ

(1)　25－19　　(2)　51－26　　(3)　74－38

(4)　36－17　　(5)　93－84　　(6)　67－59

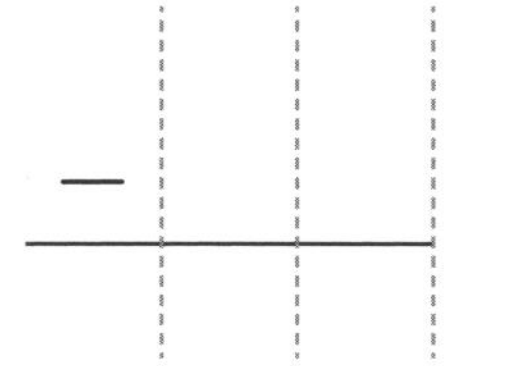
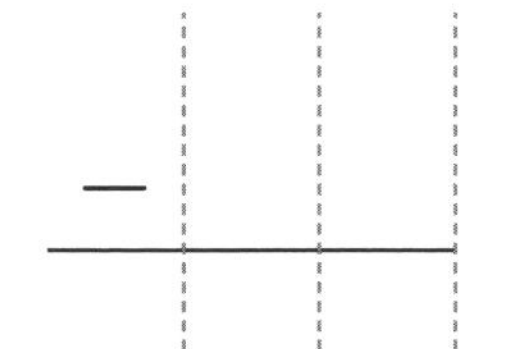
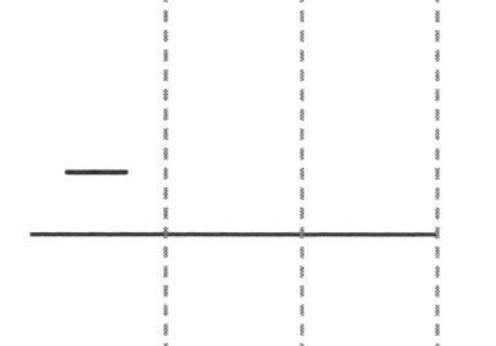

最後(さいご)に，３けた，４けたの筆算にチャレンジしてみましょう。

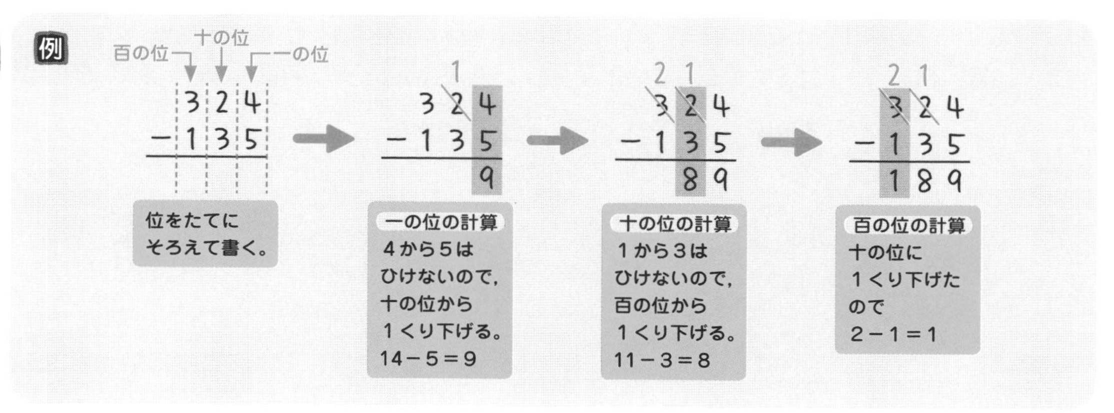


チェック 4　次の計算を筆算でしましょう。

解答は別冊p.3へ

(1)　672－256

(2)　930－489

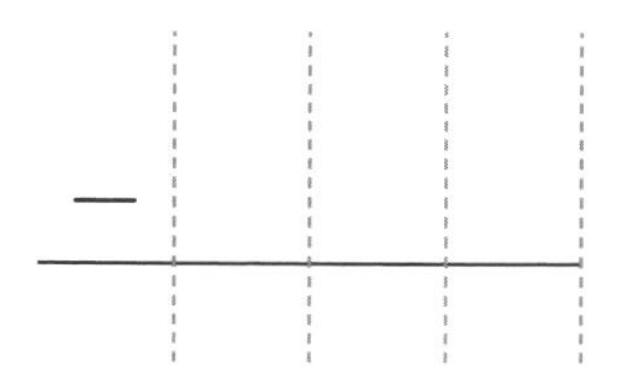

(3)　4731－362

(4)　6185－218

(5)　2403－1597

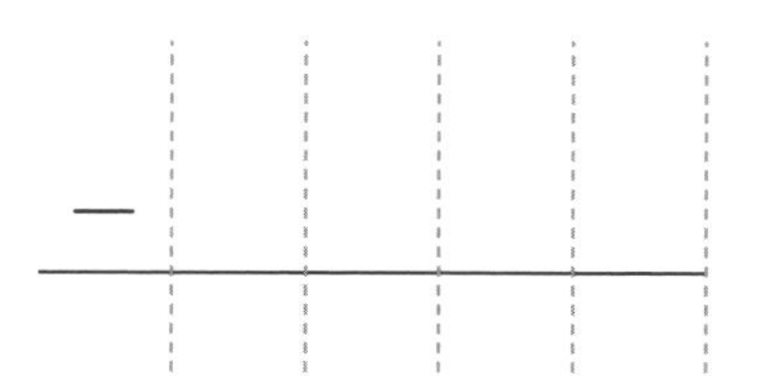

(6)　5000－2864

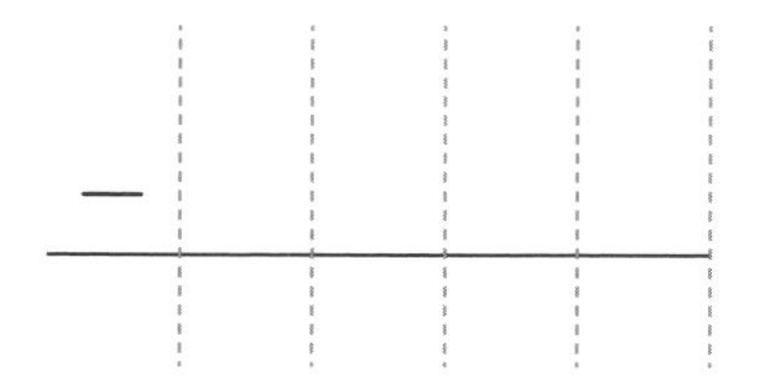

# 3 ひき算の文章問題 ［2・3年］

たし算と同じように，まず問題をよく読んで，求めるものの関係をつかみましょう。

数がへるときに，残りの数を求めるときは，ひき算を使います。

**例** 画用紙が104まいあります。図工の時間に76まい使いました。残った画用紙は何まいですか。

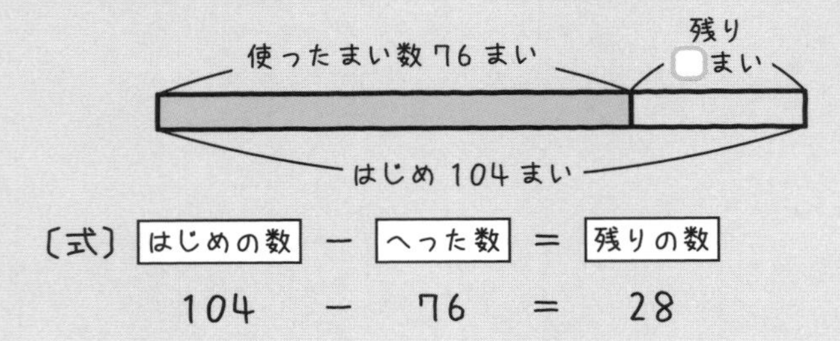


```
  9
 1̸0̸4
－ 76
  28
```

〔式〕はじめの数 － へった数 ＝ 残りの数

104 － 76 ＝ 28

答え 28まい

---

**チェック 5** りなさんは800円持っています。540円の色えん筆セットを買うと，残りは何円ですか。

解答は別冊p.3へ

筆算しよう

〔式〕

答え ＿＿＿＿

---

ちがいを求めるときは，大きい数から小さい数をひきます。

**例** 赤いリボンが48 cm，青いリボンが82 cmあります。ちがいは何cmですか。

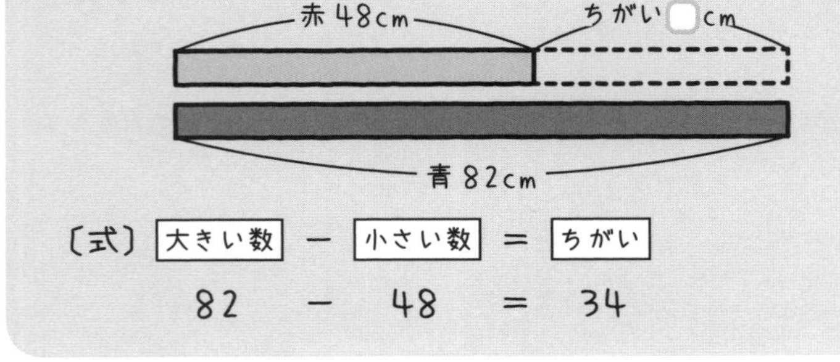


```
  7
 8̸2
－48
 34
```

〔式〕大きい数 － 小さい数 ＝ ちがい

82 － 48 ＝ 34

答え 34 cm

---

**チェック 6** 兄は6700円，弟は3250円持っています。ちがいは何円ですか。

解答は別冊p.3へ

筆算しよう

〔式〕

答え ＿＿＿＿

# レッスン2 のカだめし

授業動画は
こちらから 10

解答は別冊p.3へ

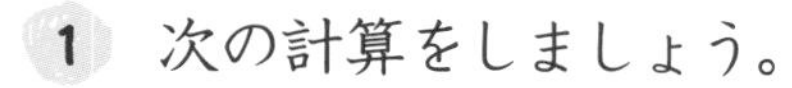

**1** 次の計算をしましょう。

(1) 12－9　　(2) 24－6　　(3) 33－7

**2** 次の計算を筆算でしましょう。

(1) 83－35　　(2) 206－79　　(3) 521－213

(4) 700－194　　(5) 1342－807　　(6) 4000－3028

**3** きのうの図書館の入館者数は823人でした。今日の入館者数は，きのうより108人少なかったそうです。今日の入館者数は何人ですか。

〔式〕

答え

筆算しよう

レッスン3

# かけ算［2〜4年］

## このレッスンのはじめに♪

「５円のあめを８こ買います。さあ，いくらでしょう。」九九を知っていれば，「五八40」だから「40円！」とすぐ答えられますね。買い物のときだけでなく，わたしたちの毎日の生活にかけ算を必要とする場面はたくさんあります。

では，「45円のガムを12こ買ったら，いくらでしょう。」九九に「45のだん」はありません。しかし，どんなに大きい数のかけ算でも，筆算を使えば計算できます。

ここでは，九九からはじめて，正しいかけ算の筆算のしかたをおぼえましょう。

## 1 九九を使ったかけ算と0のかけ算 ［2・3年］

授業動画は こちらから

かけ算の基本(きほん)は九九です。まずは1のだんから9のだんまでの九九を正しくいえるか，かくにんしましょう。九九の表にない0のかけ算についてもたしかめておきましょう。

### ポイント かけ算のきまりと暗算

● かける数とかけられる数を入れかえても，答えは同じになる。

例 2×4＝8　4×2＝8

● かける数が1ふえると，答えはかけられる数だけ大きくなる。

例 6×3＝18
　 6×4＝24　（6だけ大きくなる）

● どんな数に0をかけても，答えは0になり，0にどんな数をかけても，答えは0になる。

● 2けた×1けたの暗算

2けたの数を十の位(くらい)と一の位に分けて，かけ算し，最後(さいご)にたし算をする。

例 16×7＝10×7＋6×7＝70＋42＝112
（16 → 10　6）

2 × 3 ＝ 6
（2：かけられる数　3：かける数）

かける数（横）／かけられる数（縦）

| | 1 | 2 | 3 | 4 | 5 | 6 | 7 | 8 | 9 |
|---|---|---|---|---|---|---|---|---|---|
| 1 | 1 | 2 | 3 | 4 | 5 | 6 | 7 | 8 | 9 |
| 2 | 2 | 4 | 6 | 8 | 10 | 12 | 14 | 16 | 18 |
| 3 | 3 | 6 | 9 | 12 | 15 | 18 | 21 | 24 | 27 |
| 4 | 4 | 8 | 12 | 16 | 20 | 24 | 28 | 32 | 36 |
| 5 | 5 | 10 | 15 | 20 | 25 | 30 | 35 | 40 | 45 |
| 6 | 6 | 12 | 18 | 24 | 30 | 36 | 42 | 48 | 54 |
| 7 | 7 | 14 | 21 | 28 | 35 | 42 | 49 | 56 | 63 |
| 8 | 8 | 16 | 24 | 32 | 40 | 48 | 56 | 64 | 72 |
| 9 | 9 | 18 | 27 | 36 | 45 | 54 | 63 | 72 | 81 |

**例1** 3×3＝9　3のだんの九九を使って「三三(さざん)が9」

**例2** 5×4＝20　5のだんの九九を使って「五四(ごし)20」

**例3** 9×0＝0　0×1＝0　0は，かけても，かけられても，答えは0

**例4** 29×8＝20×8＋9×8＝160＋72＝232
（29 → 20　9）

**チェック 1** 次の計算をしましょう。　解答は別冊p.4へ

(1) 2×7　(2) 7×3　(3) 8×2
(4) 5×6　(5) 4×9　(6) 0×6
(7) 12×4　(8) 14×3　(9) 19×7

# 2 かけ算の筆算 ［3・4年］

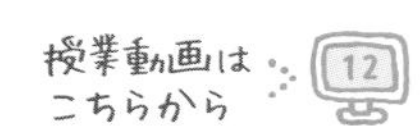

2けたより大きい数のかけ算は，筆算で求めましょう。

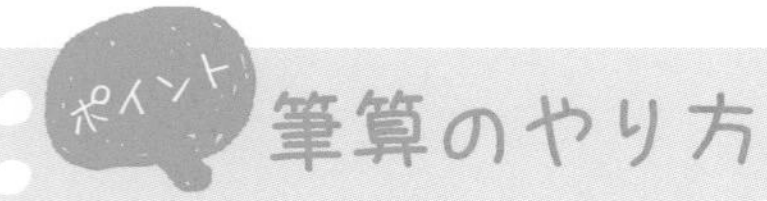


1. 同じ位どうしをたてにそろえて書く。
2. 九九を使って，一の位から順に計算する。
3. 10より大きくなるときは，上の位にくり上げる。

まず，かける数が1けたの筆算をしてみましょう。

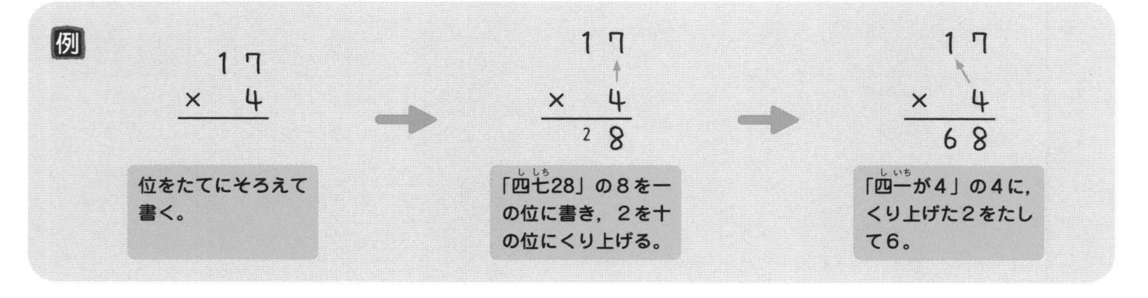


**チェック2** 次の計算を筆算でしましょう。 解答は別冊p.4へ

(1) 54×6　(2) 79×8　(3) 356×3

次に，かける数が2けたの筆算をしてみましょう。

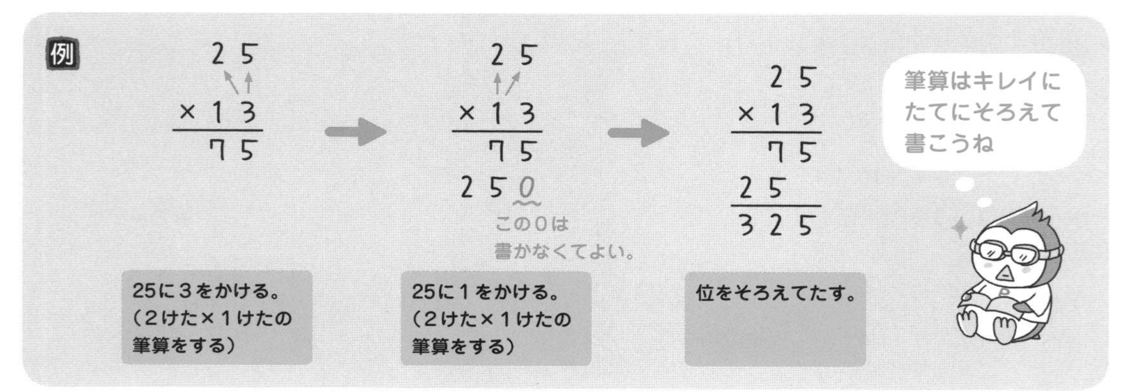

チェック 3　次の計算を筆算でしましょう。

解答は別冊p.4へ

（1）　19×21

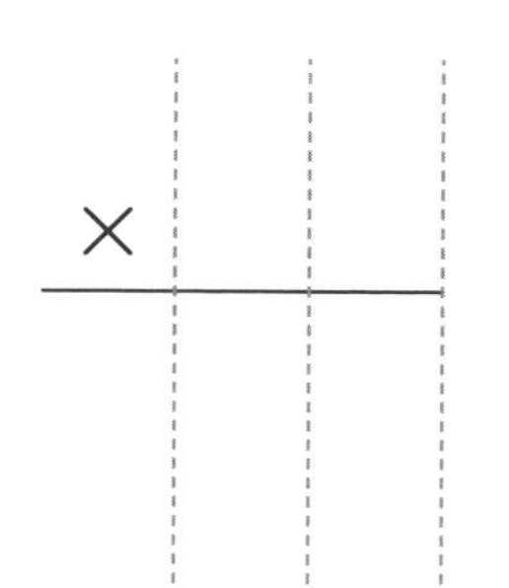


（2）　382×14

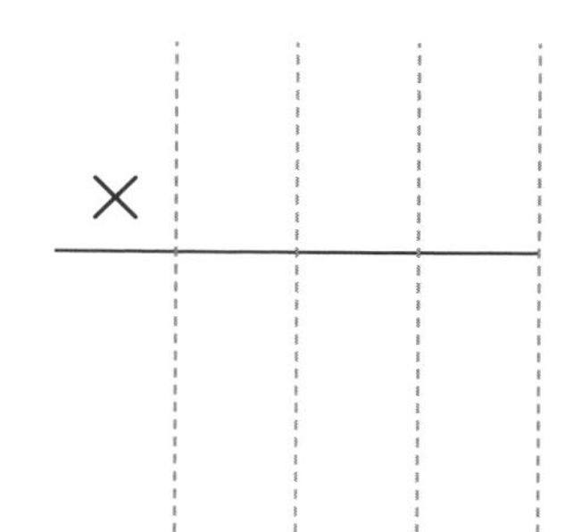


最後に，３けた×３けたの筆算にチャレンジしてみましょう。

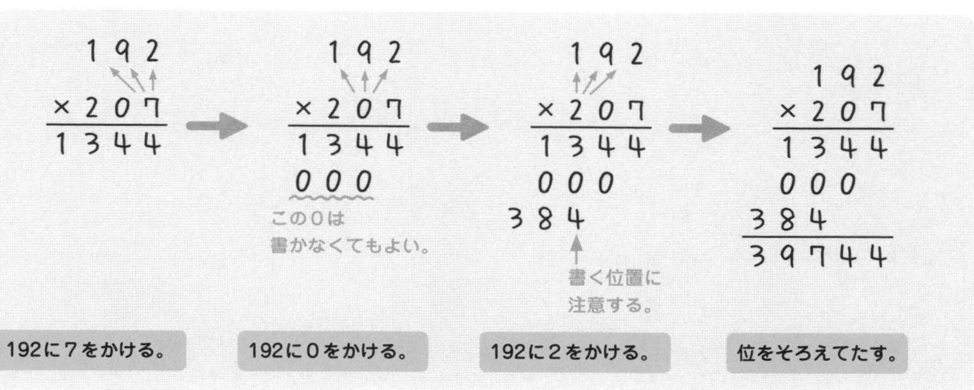


チェック 4　次の計算を筆算でしましょう。

解答は別冊p.4へ

（1）　165×143

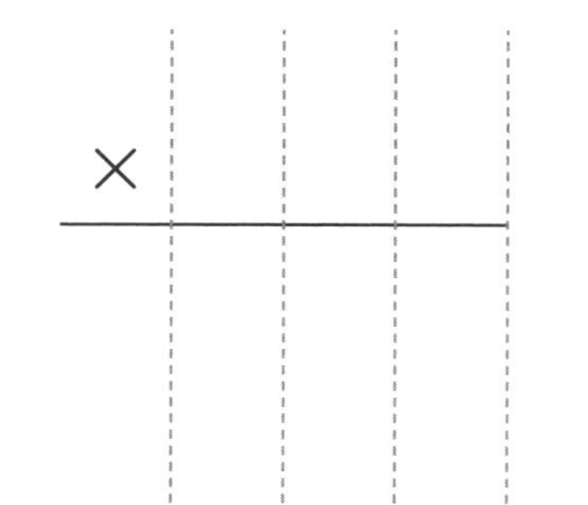


（2）　386×504

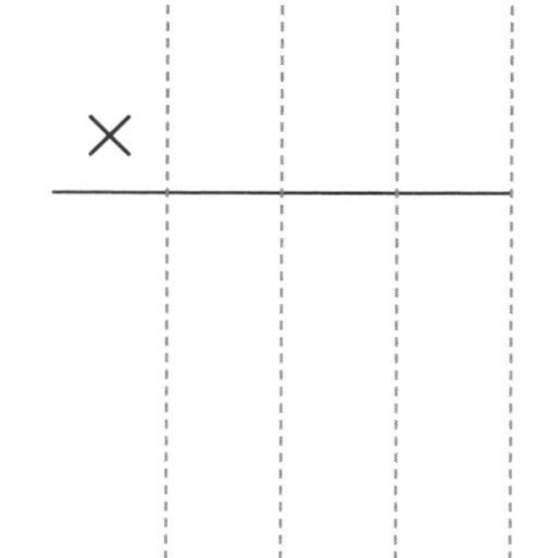

# 3 かけ算の文章問題 〔3年〕

「1つあたり■このものが▲だけある」というときは，すべてのこ数を求める のに，かけ算の式■×▲を使います。

例　1箱に12こずつチョコレートをつめます。箱は全部で8箱あります。必要なチョコレートの数は何こですか。

〔式〕 1箱に入るチョコレートの数 × 箱の数 ＝ 必要なチョコレートの数

12 × 8 ＝ 96

答え　96こ

$$\begin{array}{r} 12 \\ \times \phantom{0}8 \\ \hline 96 \end{array}$$

チェック5　1こ540gのかんづめがあります。このかんづめ15この重さは何gですか。

解答は別冊p.5へ

筆算しよう

〔式〕

答え

「●倍する」ときは「●こ分にする」と考えてかけ算をします。

例　赤いリボンの長さは60cmで，白いリボンの長さは赤いリボンの3倍です。白いリボンの長さは何cmですか。

〔式〕 赤いリボンの長さ × ●倍 ＝ 白いリボンの長さ

60 × 3 ＝ 180

答え　180cm

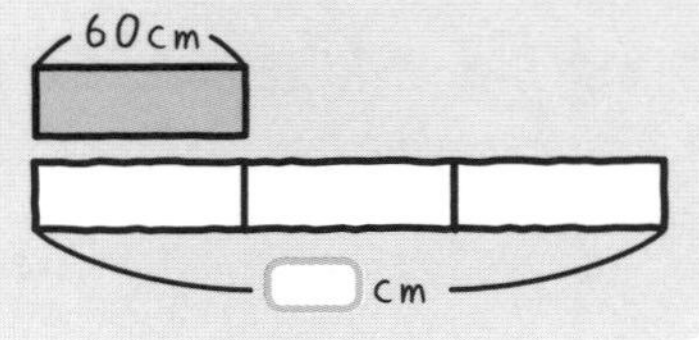


チェック6　りんごは1こ120円で，メロン1このねだんはりんごの7倍です。メロン1このねだんは何円ですか。

解答は別冊p.5へ

〔式〕

答え

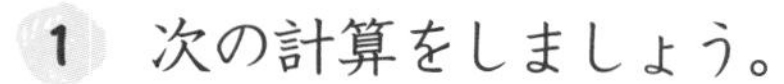

# レッスン3の力だめし

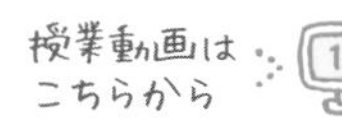

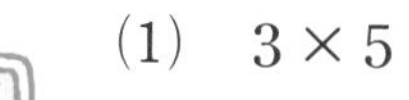

解答は別冊p.5へ

**1** 次の計算をしましょう。

(1) $3 \times 5$　(2) $6 \times 6$　(3) $4 \times 8$

(4) $9 \times 3$　(5) $8 \times 5$　(6) $7 \times 4$

(7) $5 \times 0$　(8) $0 \times 2$　(9) $0 \times 0$

**2** 次の計算を筆算でしましょう。

(1) $38 \times 7$　(2) $63 \times 15$

(3) $409 \times 26$　(4) $274 \times 702$

**3** 遠足で水族館に行きました。水族館の子ども1人の入館料(りょう)は970円で，遠足に参加した子どもの人数は172人です。入館料の合計はいくらですか。

〔式〕

答え

筆算しよう

# わり算［3・4年］

## このレッスンのはじめに♪

　たし算・ひき算・かけ算・わり算のなかで，わり算がいちばんニガテ！　という人が多いようです。たしかに，わりきれたり，わりきれなかったり，とちゅうでかけ算やひき算をしなければならなかったりして，計算が少しめんどうですね。

　わり算のやり方をもう一度たしかめて，どんな問題でも正しく答えられるようにしましょう。

# 1 わりきれるわり算［3年］

授業動画は こちらから 16

わり算で，あまりがないときを**わりきれる**といい，あまりがあるときを**わりきれない**といいます。まず，あまりのない，わりきれるわり算をやってみましょう。

## ポイント わり算(1)

● わり算は，わられる数の中に，わる数がいくつふくまれるかを表す。わり算の答えは，かけ算の九九(くく)を使って求(もと)められる。

例 8÷2 ⟶ 8÷2の答えは，8の中に2のかたまりが何こ入っているかを表す。

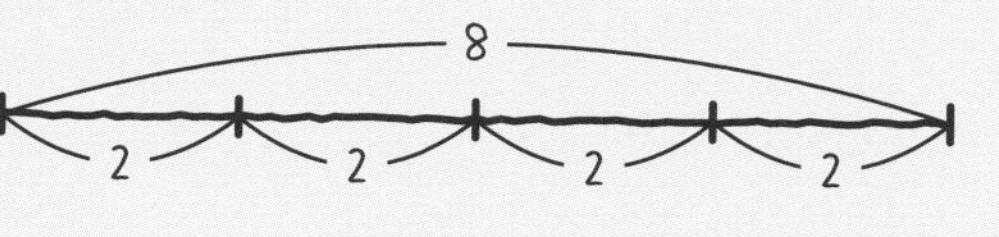


2×□こ＝8

↓

2のだんの九九を考える。

2×4＝8

● 0を，0でないどんな数でわっても，答えはいつも0。

例 0÷7＝0

例1 30÷6

6×□＝30だから，

6のだんの九九を考える。

6×5＝30

30÷6＝5

例2 72÷9

9×□＝72だから，

9のだんの九九を考える。

9×8＝72

72÷9＝8

**チェック 1** 次の計算をしましょう。

解答は別冊p.6へ

(1) 12÷3　(2) 48÷8　(3) 35÷7

(4) 63÷9　(5) 24÷4　(6) 54÷6

(7) 20÷5　(8) 0÷2　(9) 0÷13

# 2 あまりのあるわり算 ［3年］

あまりのある，わりきれないわり算では，あまりの大きさに気をつけましょう。また，答えのたしかめもしましょう。

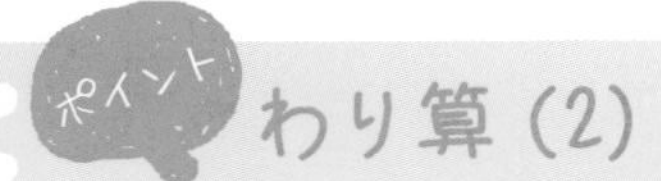


● あまりのあるわり算の式は　□÷○＝△あまり☆　と書く。

例 13÷4＝3あまり1

13の中には4のかたまりが3こ入って，1あまる。

● あまりは，わる数より小さくなるようにする。

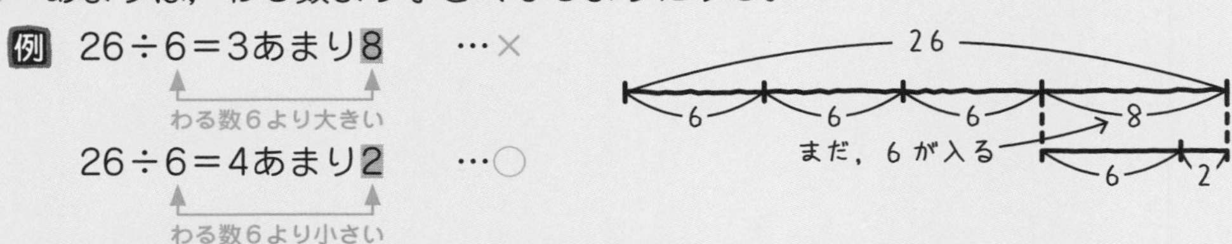


● （わる数）×（商）＋（あまり）＝（わられる数）の計算をして，答えのたしかめをする。

例 32÷5＝6あまり2　□÷○＝△あまり☆

↓　　　↓

5×6＋2＝32　○×△＋☆＝□

**つけたし**

答えのたしかめの計算を，けん算といいます。

例 19÷7＝2あまり5

❶7のだんの九九を考える。　7×1＝7，7×2＝14，7×3＝21（19より大きいから×）

❷答えを求める。　→商は2。あまりを求めると，19－14＝5

あまりの5がわる数7より小さいことをたしかめる。

❸たしかめをする。→7×2＋5が，わられる数19になるか，たしかめる。

**チェック 2**　次の計算をしましょう。また，たしかめもしましょう。　解答は別冊p.6へ

(1)　40÷6　　(2)　23÷7

(3)　38÷8　　(4)　52÷9

# 3 わり算の筆算 ［4年］

授業動画は こちらから   

大きな数のわり算は，筆算で求めましょう。

## わり算の筆算

● たてる→かける→ひく→おろす　をくり返す。

まず，1けたでわる筆算をやってみましょう。

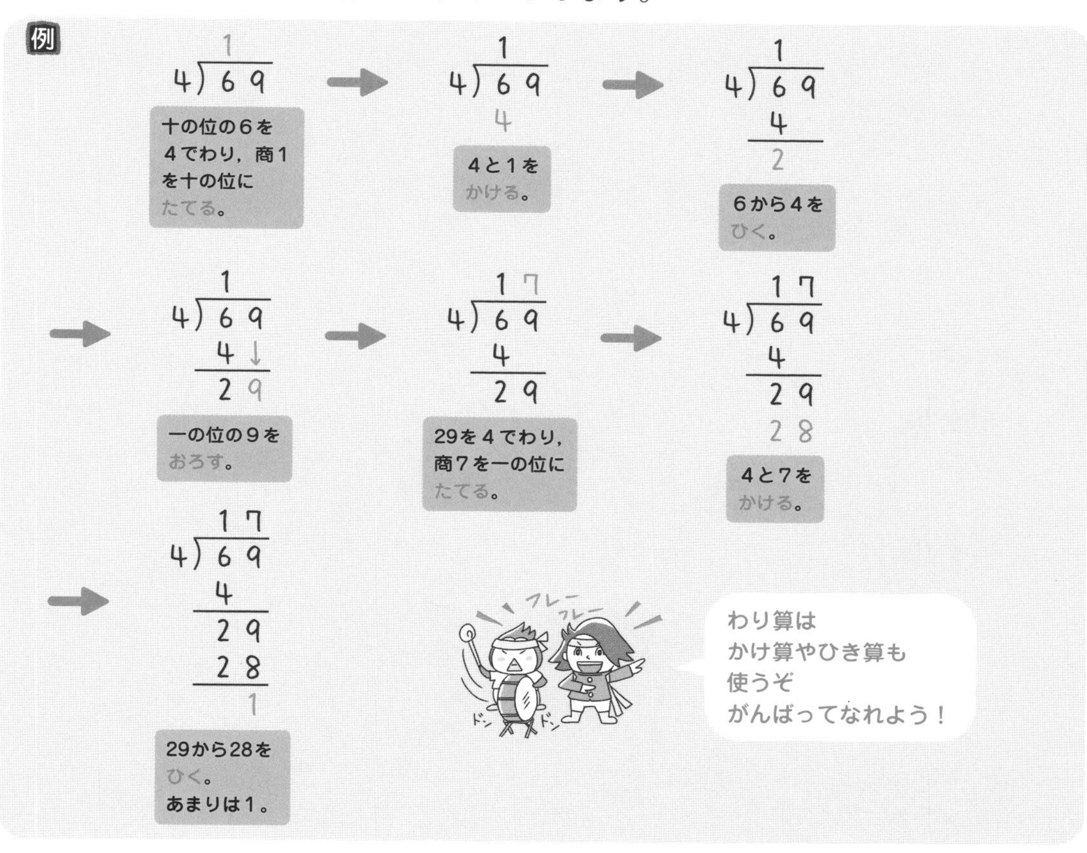


チェック 3　695÷5を筆算でしましょう。

 解答は別冊p.6へ

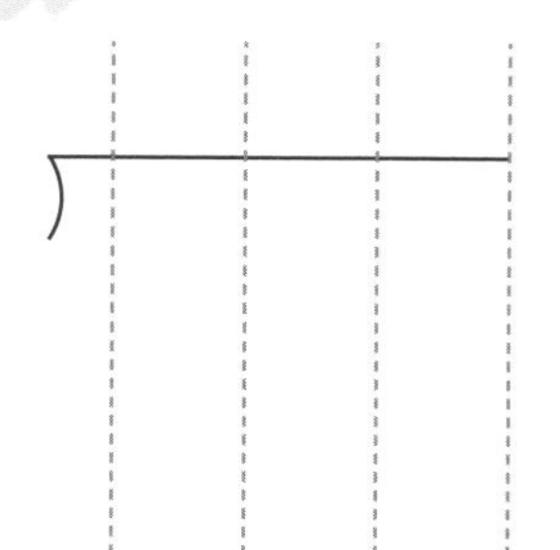

**注意**
どの位に商を
たてるとよい
か，考えます。

次は，２けたでわる筆算をやってみましょう。

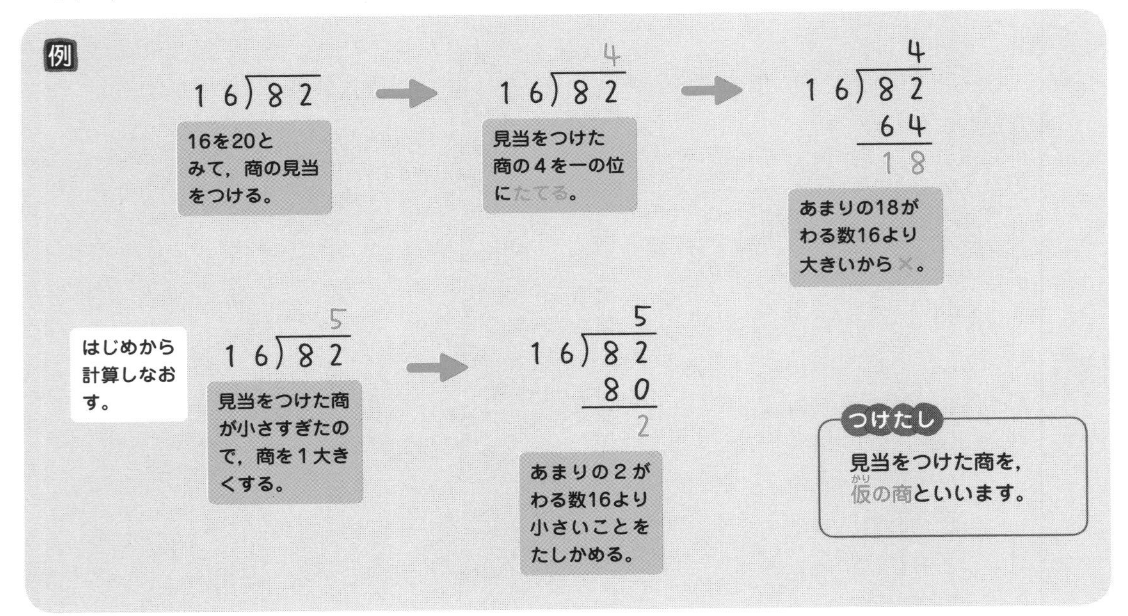


チェック４ 次の計算を筆算でしましょう。 解答は別冊p.7へ

（1） 94÷23

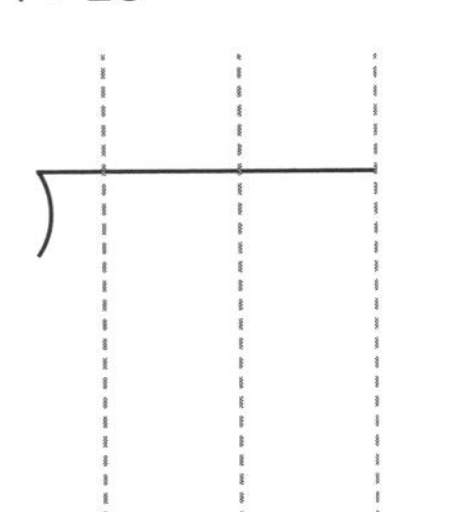

（2） 72÷12

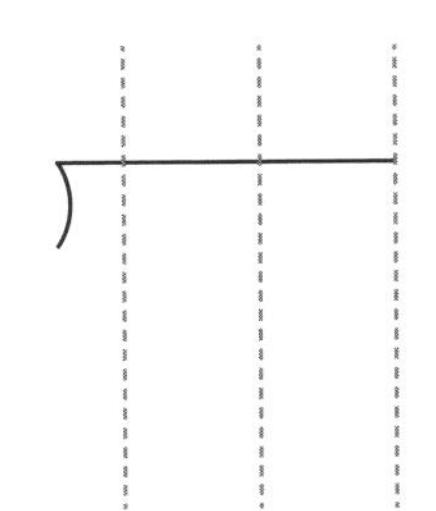

（3） 418÷34

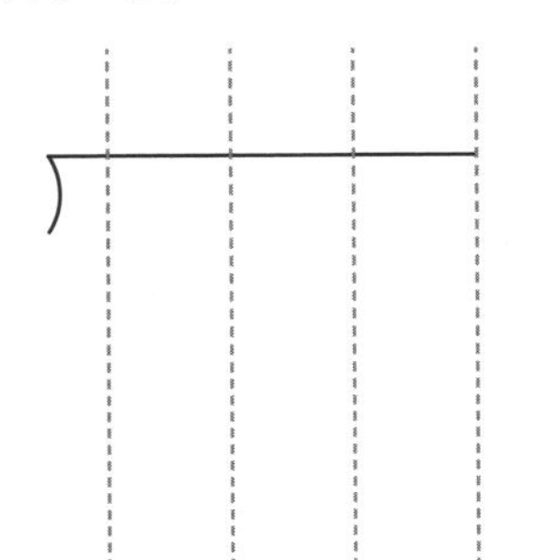

（4） 249÷45

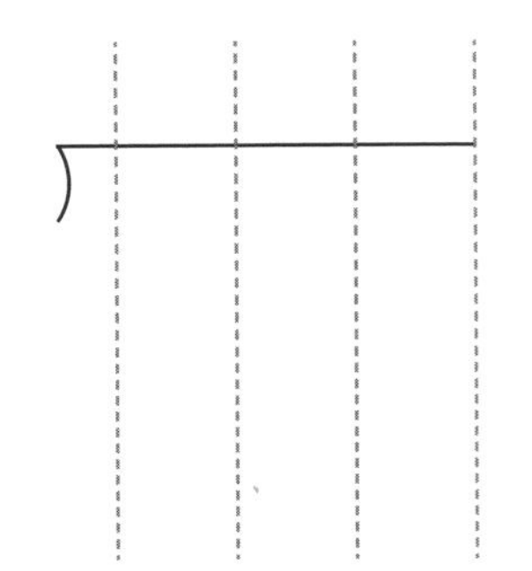

最後(さいご)に，くふうしてわり算の筆算をしましょう。

## わり算のくふう

- 商に0がたつときは，計算をはぶいてよい。
- わる数の0とわられる数の0を，同じ数ずつ消してから計算する。
あまりは，消した0をもどした数にする。

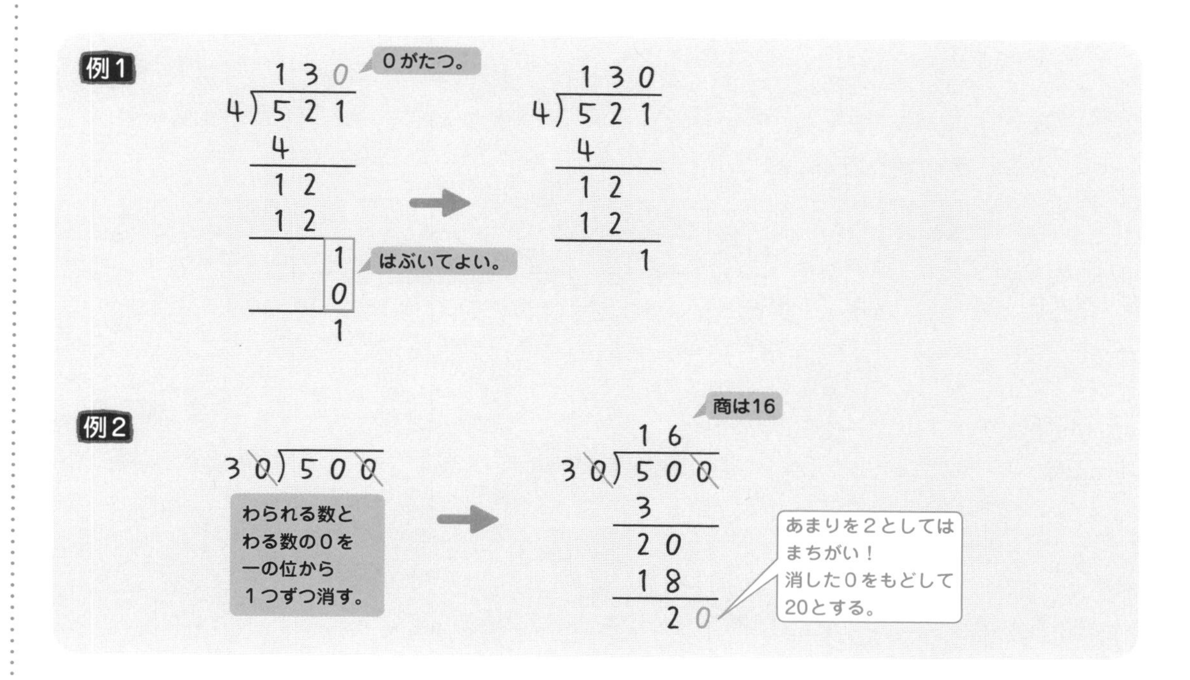

**チェック 5**　次の計算を筆算でしましょう。

解答は別冊p.7へ

(1)　302÷28

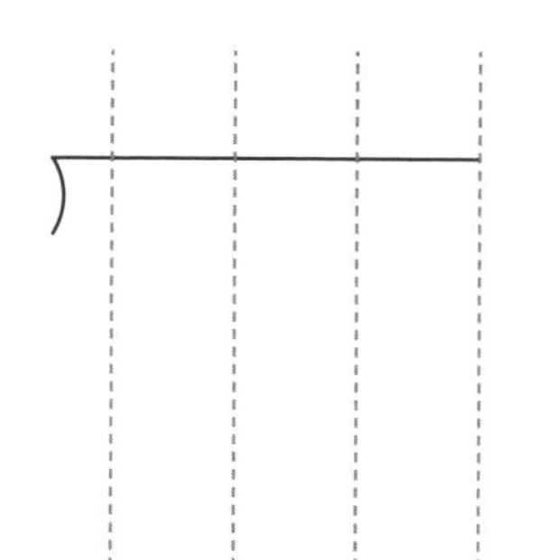

(2)　7000÷800

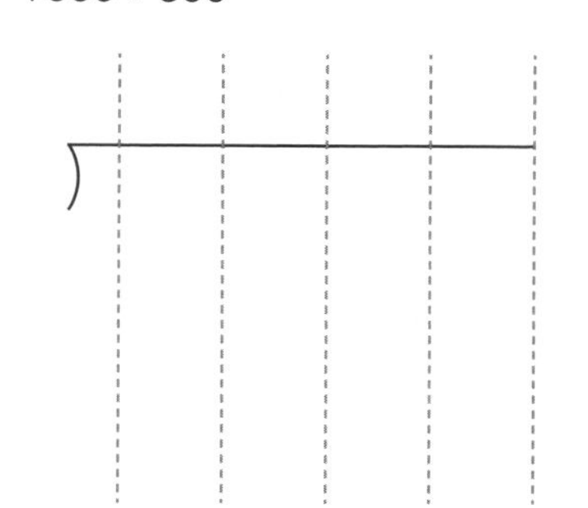

# 4 わり算の文章問題 〔3・4年〕

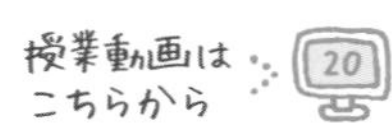

「□等分した1つ分を求める」ときや「□こずつ分けて，いくつに分けられるか」などというときは，わり算を使います。

**例** あめが45こあります。9人で同じ数ずつ分けると，1人分は何こですか。

〔式〕 全部の数 ÷ 人数 ＝ 1人分の数

45 ÷ 9等分 ＝ 5　　答え　5こ

何倍かを求めるときも，わり算を使います。

**例** 赤いリボンは72 cm，白いリボンは24 cmあります。赤いリボンは白いリボンの長さの何倍ですか。

〔式〕 72÷24＝3

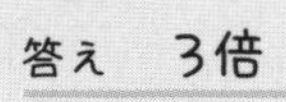


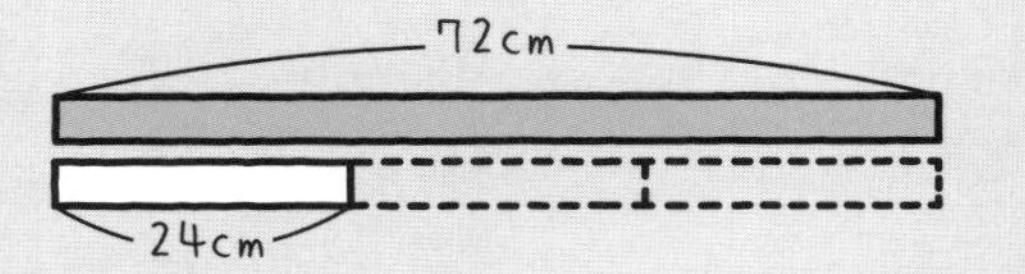


$$\begin{array}{r} 3 \\ 24\overline{)72} \\ 72 \\ \hline 0 \end{array}$$

---

**チェック 6** 姉はシールを36まい，妹は9まい持っています。姉は妹の何倍持っていますか。

解答は別冊p.7へ

〔式〕

答え ＿＿＿＿

---

答えを書くときは，問題に合った答え方をするように気をつけましょう。

**例** 6人すわれる長いすがあります。34人がみんなすわるには，長いすは何きゃくあればよいですか。

〔式〕 34÷6＝5あまり4
（人ずつ）

答えを「5きゃくで4人あまる。」としてはまちがい。あまった4人がすわる長いすがもう1きゃくいるので，全部で5＋1＝6だから，6きゃく。

答え　6きゃく

---

**チェック 7** カーネーションが50本あります。6本ずつの花たばをつくると，花たばはいくつできますか。

解答は別冊p.7へ

〔式〕

答え ＿＿＿＿

# レッスン4 の力だめし

授業動画はこちらから 21

解答は別冊p.7へ

**1** 次の計算をしましょう。

(1) 49÷7　(2) 32÷4　(3) 87÷9

(4) 52÷8　(5) 21÷6　(6) 0÷5

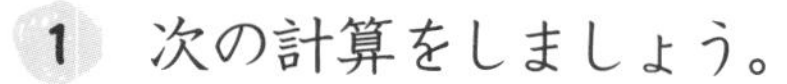

**2** 次の計算を筆算でしましょう。

(1) 130÷6　(2) 94÷12

(3) 586÷35　(4) 6200÷400

**3** 200ページある本を，1日16ページずつ読みます。全部読み終わるまでに，何日かかりますか。

〔式〕

答え

筆算しよう

# 分数のしくみ ［2～5年］

## このレッスンのはじめに♪

色紙30まいを５人で同じ数ずつ分けるとき，１人分は６まいになりますね。では，ピザ１まいを５人で同じように分けるとき，１人分は何まいでしょうか。この場合は $\frac{1}{5}$ まいですね。このように，分けた量を分数で表すことがあります。このレッスンでは，分数の表し方や大小，小数との関係をたしかめましょう。

# 1 分数のしくみ ［2・3年］

授業動画は
こちらから

1mを3等分したうちの1こ分の長さを，$\frac{1}{3}$mと書き，三分の一メートル（さんぶんのいちメートル）と読みます。

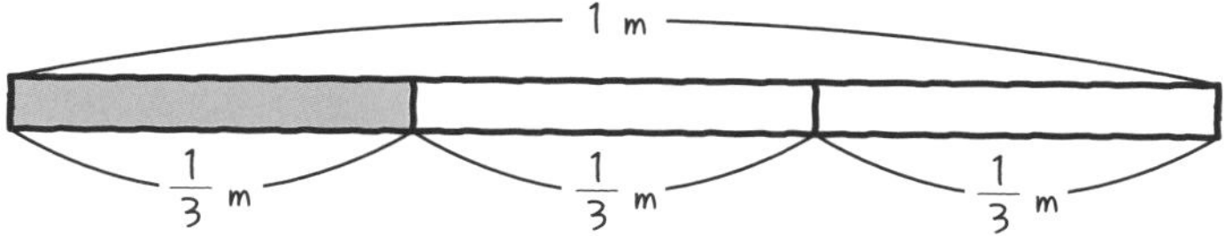


## ポイント 分数のしくみ

- 1を■等分したうちの▲こ分の大きさを，$\frac{▲}{■}$と書く。
- $\frac{1}{2}$や$\frac{2}{3}$のような数を**分数**という。

  $\frac{1}{2}$ ←分子 ←分母　分母は等分した数，分子はその何こ分かを表している。
- 分母と分子が同じ分数は1になる。

例 $\frac{2}{2}=1$，$\frac{3}{3}=1$

例

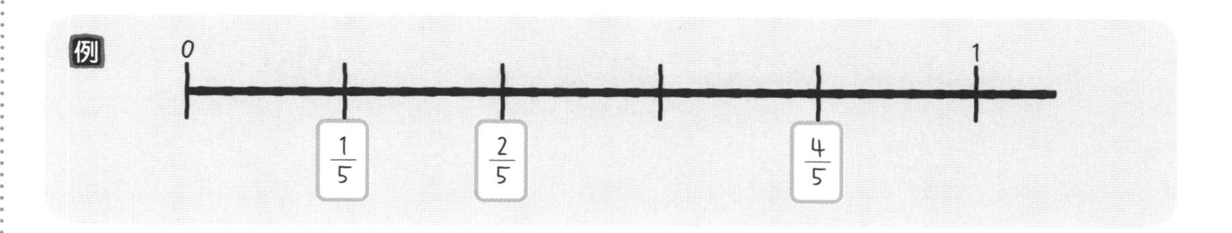


**チェック 1** ア～ウにあたる数を書きましょう。 ➡解答は別冊p.8へ

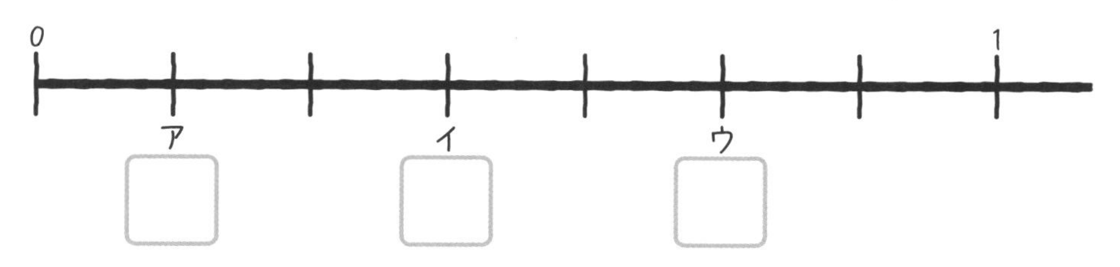


**チェック 2** □にあてはまる数を書きましょう。 ➡解答は別冊p.8へ

(1) $\frac{□}{4}=1$　(2) $\frac{7}{7}=□$　(3) $\frac{10}{□}=1$

# 2 分数の大小 ［3・4年］

授業動画は こちらから 23

$\frac{2}{5}$ は $\frac{1}{5}$ の２こ分，$\frac{2}{3}$ は $\frac{1}{3}$ の２こ分でしたね。では，$\frac{2}{5}$ と $\frac{2}{3}$ では，どちらが大きいでしょうか。**分数の大きさ**を調べてみましょう。

## 分数の大小

● 分母が同じ分数では，分子が大きい方が大きい。

例

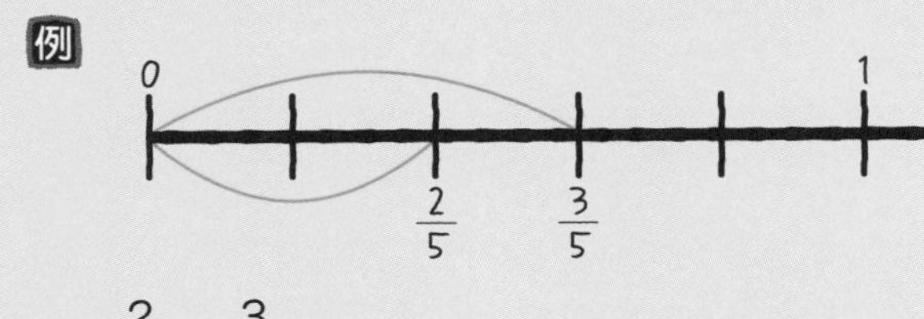


$\frac{2}{5} < \frac{3}{5}$

5つに分けたピザ

2きれ，3きれ

の方が大きいよね

● 分子が同じ分数では，分母が小さい方が大きい。

例

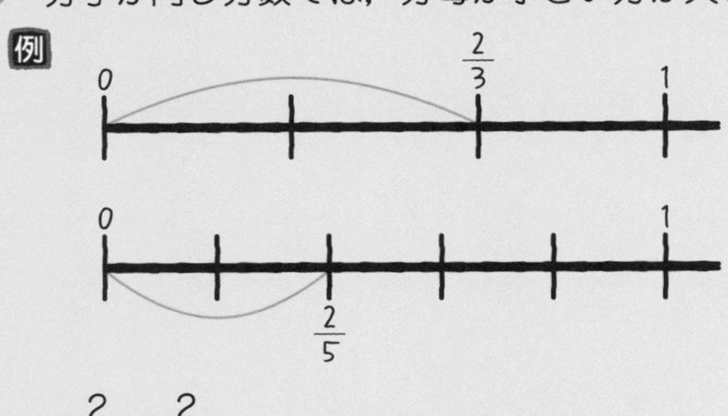


$\frac{2}{5} < \frac{2}{3}$

ケーキを5人で分けるより，3人で分けた方が，1人分は大きいよね

**チェック 3** □にあてはまる等号や不等号を書きましょう。 解答は別冊p.8へ

(1) $\frac{1}{7}$ □ $\frac{4}{7}$　　(2) $\frac{9}{10}$ □ $\frac{3}{10}$　　(3) $\frac{1}{4}$ □ $\frac{1}{3}$

(4) $\frac{5}{6}$ □ $\frac{5}{8}$　　(5) $\frac{9}{9}$ □ $\frac{2}{2}$　　(6) 1 □ $\frac{4}{5}$

# 3 いろいろな分数［4年］

分数には真(しん)分数・仮(か)分数・帯(たい)分数があります。計算するときは，帯分数を仮分数になおすことが多いので，なおし方をたしかめておきましょう。

## ポイント 分数の種類

- **真分数**…分子が分母より小さい分数。1より小さい。 例 $\frac{1}{2}$, $\frac{7}{9}$, $\frac{5}{12}$
- **仮分数**…分子と分母が等しいか，分子が分母より大きい分数。1と等しいか，1より大きい。 例 $\frac{3}{3}$, $\frac{8}{5}$, $\frac{11}{4}$
- **帯分数**…整数と真分数の和の形で表した分数。1より大きい。 例 $1\frac{1}{2}$, $3\frac{3}{4}$
- **仮分数→帯分数**…仮分数の分子÷分母を計算して，商を整数部分，あまりを分子とする。

例 $\frac{7}{4} = \boxed{1}\frac{③}{4}$

7÷4＝$\boxed{1}$あまり③

- **帯分数→仮分数**…帯分数の分母×整数部分＋分子を計算して，その答えを分子とする。

例 $2\frac{4}{5} = \frac{⑭}{5}$

5×2＋4＝14

**つけたし** 分母は変わりません。

**チェック 4** 次の数直線で，ア，イのめもりが表す数を，仮分数と帯分数で書きましょう。 解答は別冊p.9へ

ア 仮分数 □ 帯分数 □ イ 仮分数 □ 帯分数 □

**チェック 5** 次の仮分数は帯分数か整数に，帯分数は仮分数になおしましょう。 解答は別冊p.9へ

(1) $\frac{13}{2}$〔　　〕 (2) $\frac{16}{4}$〔　　〕 (3) $5\frac{2}{3}$〔　　〕

# 4 分数と小数 ［5年］

授業動画は
こちらから

分数と小数の関係(かんけい)をたしかめましょう。

## 分数と小数の関係

- 分数と小数の基本(きほん)的な関係

$$\frac{1}{10}=0.1,\ \frac{1}{100}=0.01,\ \frac{1}{1000}=0.001$$

- 分数を小数になおすときは，分子を分母でわる。

**例** $\frac{3}{5}=3\div5=0.6$　$\frac{▲}{■}=▲\div■$

またば，分子と分母に同じ数をかけても，分数の大きさは変わらないので，分母を10や100や1000にできるときはしてしまう。

**例** $\frac{3}{5}=\frac{6}{10}=0.6$（×2），$\frac{9}{20}=\frac{45}{100}=0.45$（×5）

- 小数は，10，100，1000などを分母とする分数になおすことができる。

**例** $0.3=0.1\times3=\frac{3}{10}$，　$0.23=0.01\times23=\frac{23}{100}$，

$0.203=0.001\times203=\frac{203}{1000}$

- 整数は，1などを分母とする分数になおすことができる。
ふつうは，1を分母とする分数にする。

**例** $3=3\div1=\frac{3}{1}$　$\frac{9}{3}$，$\frac{30}{10}$ などでもよい。

- 分数と小数の大きさを比(くら)べるときは，分数か小数のどちらかにそろえる。

**例** $\frac{4}{5}$ と0.6の大きさを比べる。$\frac{4}{5}=0.8$　だから，$\frac{4}{5}>0.6$

**つけたし**

おぼえておくと便利！

$\frac{1}{2}=\frac{5}{10}=0.5$

$\frac{1}{4}=\frac{25}{100}=0.25$

$\frac{3}{4}=\frac{75}{100}=0.75$

$\frac{1}{5}=\frac{2}{10}=0.2$

---

**チェック 6**　次の分数は小数で，小数や整数は分母ができるだけ小さい分数で表しましょう。

解答は別冊p.9へ

(1) $\frac{2}{5}$ 〔　　　　〕　(2) $\frac{7}{4}$ 〔　　　　〕　(3) 0.9 〔　　　　〕

(4) 0.19 〔　　　　〕　(5) 6 〔　　　　〕　(6) 14 〔　　　　〕

# レッスン5の力だめし

解答は別冊p.9へ

**1** 下の数直線を見て，答えましょう。

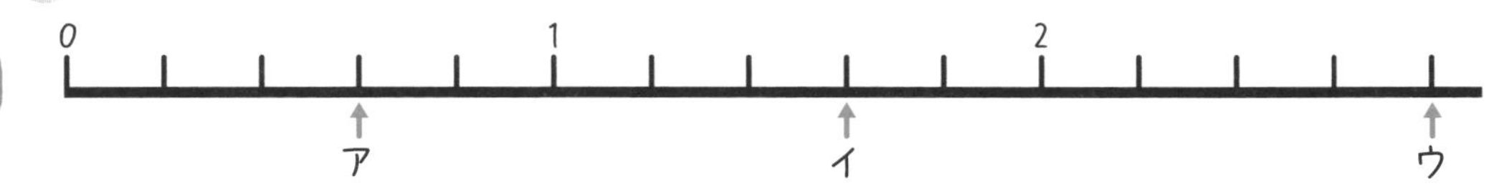


(1) アにあたる数を分数で書きましょう。 〔　　　〕

(2) イにあたる数を仮分数で書きましょう。 〔　　　〕

(3) ウにあたる数を帯分数で書きましょう。 〔　　　〕

**2** 次の□にあてはまる数を書きましょう。

(1) $1\frac{1}{4}$Lは$\frac{1}{4}$Lの□こ分のかさです。

(2) 分母が8で，分子が□の分数は，1と等しい大きさです。

(3) $\frac{11}{6}$は，1と□をあわせた数です。

**3** 次の仮分数は帯分数か整数に，帯分数は仮分数になおしましょう。

(1) $\frac{13}{8}$ 〔　　　〕 (2) $\frac{20}{5}$ 〔　　　〕 (3) $2\frac{3}{4}$ 〔　　　〕

**4** 〔　〕の中の数を，小さい方から順に書きましょう。

(1) 〔 $\frac{5}{4}$, 1, $\frac{5}{8}$ 〕 (2) 〔 1.6, 0.5, $\frac{3}{5}$, $1\frac{3}{4}$ 〕

〔　　　〕 〔　　　〕

**5** 次の数で，大きさの等しいものはどれとどれですか。3組選びましょう。

| $\frac{1}{7}$ | $\frac{7}{10}$ | $\frac{10}{7}$ | $1\frac{1}{7}$ | $1\frac{3}{7}$ | $1\frac{7}{10}$ | 0.7 | 1 | 1.7 | 7 |
|---|---|---|---|---|---|---|---|---|---|

〔　　と　　〕〔　　と　　〕〔　　と　　〕

# 分数のたし算・ひき算［3～5年］

## このレッスンのはじめに♪

分数のしくみをたしかめたところで，いよいよ分数の計算に進みましょう。分数の入った式を見るだけで，むずかしい，できない，と思ってしまう人も多いようです。ここからのレッスンで，たし算・ひき算から順に，計算のやり方をおさらいしましょう。正しいやり方をおぼえて，たくさん練習すれば，きっとできるようになりますよ。

# 1 約分・通分 〔5年〕

分数のたし算・ひき算をするときは，**分母を同じ整数**にして，分子をたしたり，ひいたりします。まず，**約分**（やくぶん）と**通分**をできるようにしておきましょう。

## ポイント 約分と通分

● 分母と分子に**同じ数をかけても**，分母と分子を**同じ数でわっても**，**分数の大きさは変わらない**。

例 $\frac{1}{2}=\frac{2}{4}$（×2）　$\frac{6}{9}=\frac{2}{3}$（÷3）

分数は小学校の算数で，いちばん大事な単元の1つじゃ

● **約分**…分母と分子をそれらの**公約数でわる**。

例 $\frac{6}{18}=\frac{3}{9}=\frac{1}{3}$（÷2，÷3）　**最大公約数**（さいだいこうやくすう）**でわると**，1回で約分できる。→ $\frac{6}{18}=\frac{1}{3}$（÷6）

● **通分**…分母がちがう分数を，**分母が同じ分数にそろえる**こと。

例 $\frac{1}{2}$と$\frac{2}{3}$を通分する。 → 2と3の最小公倍数（さいしょうこうばいすう）6を分母にする。

$\frac{1}{2}=\frac{3}{6}$（×3），$\frac{2}{3}=\frac{4}{6}$（×2）

---

**チェック 1** $\frac{3}{4}$と同じ大きさの分数を，分母の小さい方から順に3つ書きましょう。 解答は別冊p.10へ

〔　　〕〔　　〕〔　　〕

**チェック 2** 次の分数を，分母ができるだけ小さい整数になるように約分しましょう。 解答は別冊p.10へ

(1) $\frac{4}{8}$〔　　〕　(2) $\frac{10}{30}$〔　　〕　(3) $\frac{16}{56}$〔　　〕　(4) $\frac{45}{54}$〔　　〕

**チェック 3** 次の〔　　〕の中の分数を，分母ができるだけ小さい整数になるように通分しましょう。 解答は別冊p.11へ

(1)〔$\frac{2}{5}$，$\frac{1}{3}$〕〔　　〕　(2)〔$\frac{3}{4}$，$\frac{5}{6}$〕〔　　〕

# 2 分数のたし算・ひき算 (1) ［3・4年］

授業動画は こちらから

では，分母の等しい分数のたし算・ひき算からはじめましょう。

## ポイント 分母の等しい分数のたし算・ひき算

- 分母はそのままで，分子をたしたり，ひいたりする。

例 $\frac{3}{5}+\frac{1}{5}=\frac{4}{5}$　　$2\frac{3}{7}+1\frac{1}{7}=3\frac{4}{7}$

$\frac{3}{5}-\frac{1}{5}=\frac{2}{5}$　　$2\frac{3}{7}-1\frac{1}{7}=1\frac{2}{7}$

- 答えが約分（やくぶん）できるときは，約分する。

例 $\frac{1}{8}+\frac{5}{8}=\frac{\cancel{6}^{3}}{\cancel{8}_{4}}=\frac{3}{4}$　← $\frac{6}{8}$ のままでは，×

↑最大公約数（さいだいこうやくすう）2で分母・分子をわる

- 帯分数（たいぶんすう）の計算

例1 $1\frac{2}{5}+\frac{1}{5}=1\frac{3}{5}$

例2 $2\frac{1}{3}-\frac{2}{3}=\frac{7}{3}-\frac{2}{3}=\frac{5}{3}\left(1\frac{2}{3}\right)$ ←仮分数になおして計算

$2\frac{1}{3}-\frac{2}{3}=1\frac{4}{3}-\frac{2}{3}=1\frac{2}{3}$ ←帯分数のまま計算

---

**チェック 4** 次の計算をしましょう。　解答は別冊p.11へ

(1) $\frac{1}{7}+\frac{4}{7}$　　(2) $1\frac{2}{9}+\frac{2}{9}$　　(3) $2\frac{7}{10}+1\frac{1}{10}$

(4) $\frac{4}{5}-\frac{3}{5}$　　(5) $1\frac{9}{11}-\frac{6}{11}$　　(6) $2\frac{5}{6}-1\frac{1}{6}$

(7) $1\frac{3}{8}+2\frac{7}{8}$　　(8) $5\frac{1}{4}-1\frac{3}{4}$

## 3 分数のたし算・ひき算（2）〔5年〕

次は，分母がちがう分数のたし算・ひき算です。通分して分母を同じ整数にして計算しましょう。また，答えが約分（やくぶん）できるかどうかのたしかめもわすれないようにしましょう。

### ポイント 分母がちがう分数のたし算・ひき算

● 通分して，分子をたしたり，ひいたりする。

例 $\frac{2}{5}+\frac{1}{2}=\frac{4}{10}+\frac{5}{10}=\frac{9}{10}$　$\frac{2}{5}=\frac{4}{10}$（×2），$\frac{1}{2}=\frac{5}{10}$（×5）

分母を5と2の最小公倍数（さいしょうこうばいすう）10にそろえる

$\frac{3}{4}-\frac{2}{3}=\frac{9}{12}-\frac{8}{12}=\frac{1}{12}$　$\frac{3}{4}=\frac{9}{12}$（×3），$\frac{2}{3}=\frac{8}{12}$（×4）

分母を4と3の最小公倍数12にそろえる

● 答えが約分できるときは，約分する。

例 $\frac{1}{3}+\frac{5}{12}=\frac{4}{12}+\frac{5}{12}=\frac{\overset{3}{\cancel{9}}}{\underset{4}{\cancel{12}}}=\frac{3}{4}$ ←最大公約数3で分母・分子をわる

---

**チェック5** 次の計算をしましょう。 解答は別冊p.12へ

(1) $\frac{1}{4}+\frac{5}{8}$

(2) $1\frac{5}{7}+2\frac{3}{5}$

(3) $2\frac{3}{10}+2\frac{1}{6}$

(4) $\frac{2}{3}-\frac{4}{9}$

(5) $5\frac{3}{4}-1\frac{6}{7}$

(6) $4\frac{7}{15}-1\frac{11}{12}$

# 4 分数の文章問題 ［5年］

分数をふくむ文章問題も，整数と同じように考えて式をつくりましょう。
答えは仮(か)分数のままでも，帯(たい)分数になおしてもどちらでもよいです。

**例** さとうがかんに$\frac{7}{10}$kg，ふくろに$\frac{4}{5}$kg入っています。

(1) あわせて何kgですか。

〔式〕 かんの量 ＋ ふくろの量 ＝ 全部の量

$\frac{7}{10} + \frac{4}{5} = \frac{7}{10} + \frac{8}{10}$ 通分する　$\frac{4}{5} = \frac{8}{10}$（×2）

$= \frac{15}{10}$ 約分する（$\frac{\cancel{15}^{3}}{\cancel{10}_{2}}$）

$= \frac{3}{2}$

帯分数になおしてもよい

答え $\frac{3}{2}$kg（または，$1\frac{1}{2}$kg）

(2) ちがいは何kgですか。

〔式〕 多い方の量 － 少ない方の量 ＝ ちがい

$\frac{4}{5} - \frac{7}{10} = \frac{8}{10} - \frac{7}{10}$

$= \frac{1}{10}$

$\frac{4}{5}$の方が大きい

答え $\frac{1}{10}$kg

---

**チェック 6** 家からバスに乗って図書館に行きます。家からバス停(てい)までは$\frac{1}{2}$km，家から図書館までは$2\frac{1}{4}$kmです。バス停から図書館までは何kmですか。

解答は別冊p.13へ

〔式〕

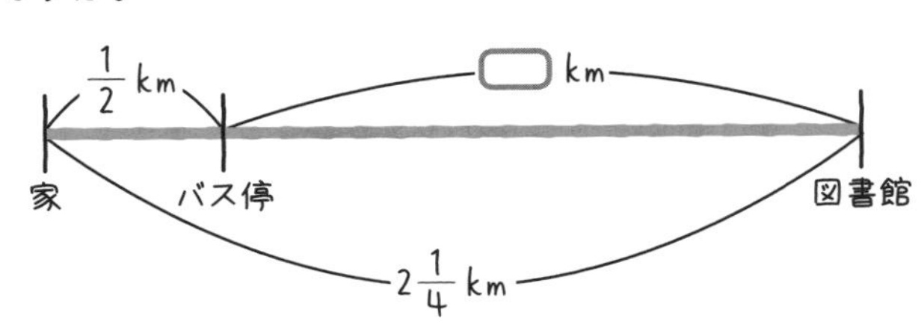


答え

# レッスン6の力だめし

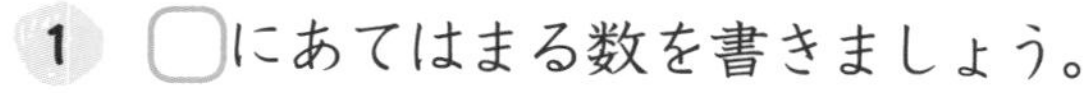

解答は別冊p.13へ

**1** □にあてはまる数を書きましょう。

(1) $\frac{4}{6}=\frac{\boxed{ア}}{3}=\frac{20}{\boxed{イ}}$　　(2) $\frac{24}{40}=\frac{6}{\boxed{ウ}}=\frac{\boxed{エ}}{5}$

ア〔　　　〕 イ〔　　　〕　　ウ〔　　　〕 エ〔　　　〕

**2** 次の分数を，分母ができるだけ小さい整数になるように約分(やくぶん)しましょう。

(1) $\frac{8}{28}$　　(2) $\frac{35}{42}$　　(3) $\frac{27}{36}$

〔　　　〕　〔　　　〕　〔　　　〕

**3** 次の〔　　〕の中の分数を，分母ができるだけ小さい整数になるように通分しましょう。

(1) 〔 $\frac{7}{6}$ ， $\frac{4}{9}$ 〕　　(2) 〔 $\frac{3}{2}$ ， $\frac{1}{3}$ ， $\frac{4}{5}$ 〕

〔　　　〕　〔　　　〕

**4** 次の計算をしましょう。

(1) $\frac{8}{13}+\frac{3}{13}$　　(2) $\frac{15}{16}-\frac{7}{16}$　　(3) $4\frac{1}{9}-\frac{2}{9}$

(4) $\frac{5}{18}+\frac{2}{9}$　　(5) $\frac{11}{20}-\frac{1}{12}$　　(6) $2\frac{3}{8}-1\frac{5}{6}$

**5** $1\frac{1}{2}$Lの入りのジュースがあります。きのう，$\frac{2}{5}$L飲み，今日，$\frac{1}{4}$L飲みました。残(のこ)りは何Lですか。

〔式〕

答え

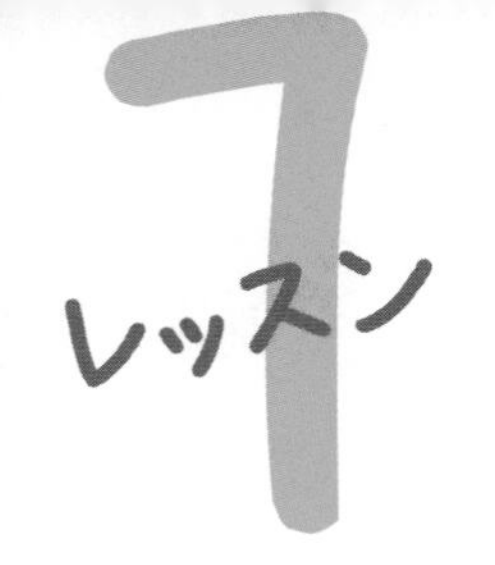

# レッスン7 分数のかけ算・わり算［6年］

## このレッスンのはじめに♪

$\frac{1}{6} \div \frac{4}{5}$ の計算はできますか？正しい計算のしかたは，$\frac{1}{6} \div \frac{4}{5} = \frac{1}{6} \times \frac{5}{4} = \frac{5}{24}$ です。わり算のはずなのに，かけ算に変わっていますね。

分数のわり算は，「わる数の分母と分子を入れかえて，かけ算の式にする」のがポイント。これをわすれて，まちがえてしまう人が多いようです。このレッスンで「わり算→かけ算」のクセを身につけてしまいましょう。

# 1 分数のかけ算 ［6年］

32

分数のかけ算は，分母どうし，分子どうしをかけます。

## 分数のかけ算のやり方

- 分母どうし，分子どうしをかける。　$\frac{○}{□}\times\frac{△}{☆}=\frac{○\times△}{□\times☆}$

例　$\frac{2}{3}\times\frac{5}{7}=\frac{10}{21}$ ← $\frac{2\times5}{3\times7}$

- 整数は，1を分母とする分数とみる。

例　$\frac{3}{4}\times5=\frac{3}{4}\times\frac{5}{1}=\frac{15}{4}$ ← $\frac{3\times5}{4\times1}$　　$3\times\frac{2}{5}=\frac{3}{1}\times\frac{2}{5}=\frac{6}{5}$ ← $\frac{3\times2}{1\times5}$

- 約分（やくぶん）できるときは，計算のとちゅうで約分する。

例　$\frac{8}{9}\times\frac{3}{4}=\frac{\overset{2}{\cancel{8}}}{\underset{3}{\cancel{9}}}\times\frac{\overset{1}{\cancel{3}}}{\underset{1}{\cancel{4}}}=\frac{2}{3}$

**チェック 1**　次の計算をしましょう。　　解答は別冊p.15へ

(1)　$\frac{3}{5}\times\frac{1}{2}$

(2)　$\frac{5}{6}\times\frac{2}{7}$

(3)　$\frac{4}{9}\times8$

(4)　$7\times\frac{5}{4}$

(5)　$\frac{5}{8}\times\frac{4}{7}$

(6)　$\frac{3}{2}\times\frac{8}{9}$

# 2 分数のわり算 ［6年］

分数のわり算は，かけ算の式に変えて計算します。

## ポイント 分数のわり算のやり方

- わる数の分母と分子を入れかえて，かけ算の式にする。 $\dfrac{○}{□}\div\dfrac{△}{☆}=\dfrac{○}{□}\times\dfrac{☆}{△}$

逆数…$\dfrac{△}{☆}\times\dfrac{☆}{△}=1$のとき，$\dfrac{△}{☆}$は$\dfrac{☆}{△}$の逆数，$\dfrac{☆}{△}$は$\dfrac{△}{☆}$の逆数という。

例 $\dfrac{3}{7}\div\dfrac{2}{5}=\dfrac{3}{7}\times\dfrac{5}{2}=\dfrac{15}{14}$ ← $\dfrac{2}{5}$の逆数$\dfrac{5}{2}$をかける

- 整数は，1を分母とする分数とみる。

例 $\dfrac{3}{2}\div4=\dfrac{3}{2}\div\dfrac{4}{1}=\dfrac{3}{2}\times\dfrac{1}{4}=\dfrac{3}{8}$

- 約分（やくぶん）できるときは，計算のとちゅうで約分する。

例 $\dfrac{4}{3}\div\dfrac{5}{9}=\dfrac{4}{3}\times\dfrac{9}{5}=\dfrac{4}{\cancel{3}_1}\times\dfrac{\cancel{9}^3}{5}=\dfrac{12}{5}$

分数は
たし算・ひき算と
かけ算・わり算で
ルールがちがうから
練習して覚えないと

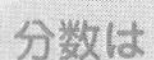

**チェック 2** 次の計算をしましょう。 解答は別冊p.15へ

(1) $\dfrac{5}{4}\div\dfrac{2}{9}$

(2) $\dfrac{1}{6}\div\dfrac{3}{5}$

(3) $\dfrac{5}{7}\div8$

(4) $3\div\dfrac{10}{11}$

(5) $\dfrac{7}{2}\div\dfrac{9}{8}$

(6) $\dfrac{3}{10}\div\dfrac{6}{5}$

## 3 帯分数や小数がまじった計算［6年］

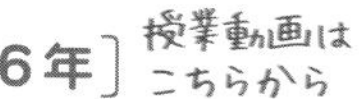

帯分数は仮分数に，小数は分数になおして計算します。

### ポイント 帯分数や小数がまじった計算のやり方

- 帯分数は仮分数になおして，計算する。

例 $1\frac{4}{5}\times\frac{3}{4}=\frac{9}{5}\times\frac{3}{4}=\frac{27}{20}$

- 小数は分数になおして，計算する。

例 $0.2\div\frac{7}{8}=\frac{1}{5}\times\frac{8}{7}=\frac{8}{35}$

（$\frac{1}{5}$ ← $\frac{2}{10}$）

**チェック 3** 次の計算をしましょう。 解答は別冊p.15へ

(1) $\frac{5}{6}\times1\frac{1}{7}$

(2) $1\frac{2}{9}\div\frac{5}{8}$

(3) $\frac{1}{4}\times1.4$

(4) $\frac{6}{11}\div0.9$

## 4 積や商の大きさ［6年］

授業動画は
こちらから

かけたり，わったりする分数の大きさで，積や商の大きさがわかります。

### ポイント 積や商の大きさ

- かける数が1より大きいとき，積はかけられる数より大きくなる。
- かける数が1より小さいとき，積はかけられる数より小さくなる。
- わる数が1より大きいとき，商はわられる数より小さくなる。
- わる数が1より小さいとき，商はわられる数より大きくなる。

**例1** 積(せき)が7より大きくなるのは，ア．$7\times\frac{2}{3}$ とイ．$7\times\frac{3}{2}$ のどちらですか。

ア $7\times\frac{2}{3}=\frac{7}{1}\times\frac{2}{3}=\frac{14}{3}=4\frac{2}{3}$
1より小さい

イ $7\times\frac{3}{2}=\frac{7}{1}\times\frac{3}{2}=\frac{21}{2}=10\frac{1}{2}$
1より大きい

イ

**例2** 商が5より大きくなるのは，ア．$5\div\frac{5}{9}$ とイ．$5\div\frac{9}{5}$ のどちらですか。

ア $5\div\frac{5}{9}=\frac{5}{1}\times\frac{9}{5}=9$
1より小さい

イ $5\div\frac{9}{5}=\frac{5}{1}\times\frac{5}{9}=\frac{25}{9}=2\frac{7}{9}$
1より大きい

ア

**チェック 4** □にあてはまる不等号(ふとうごう)を書きましょう。 解答は別冊p.16へ

(1) $2\times\frac{9}{8}$ □ 2　(2) $9\div\frac{4}{5}$ □ 9　(3) $\frac{7}{10}\div\frac{11}{10}$ □ $\frac{7}{10}$

## 5 分数の利用 〔6年〕

36

「割合(わりあい)」や「倍」を分数で表すことがあります。

**例** ある本を64ページ読みました。これは，本全体の $\frac{4}{9}$ にあたります。

この本は全部で何ページありますか。

〔式〕 比べられる量 ÷ 割合 ＝ もとにする量 ★P.167にのっています。

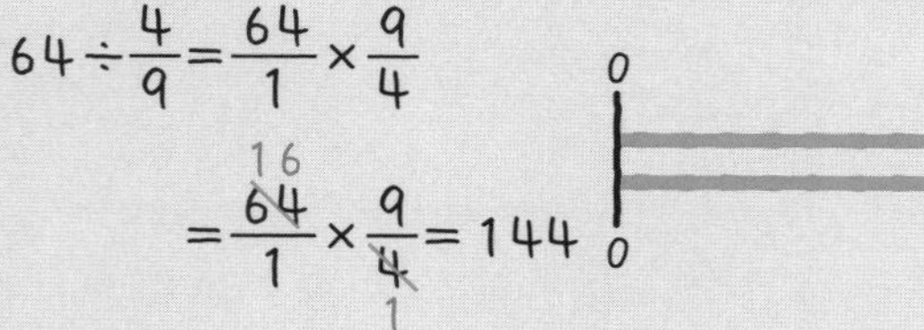
$64\div\frac{4}{9}=\frac{64}{1}\times\frac{9}{4}$
$=\frac{64}{1}\times\frac{9}{4}=144$

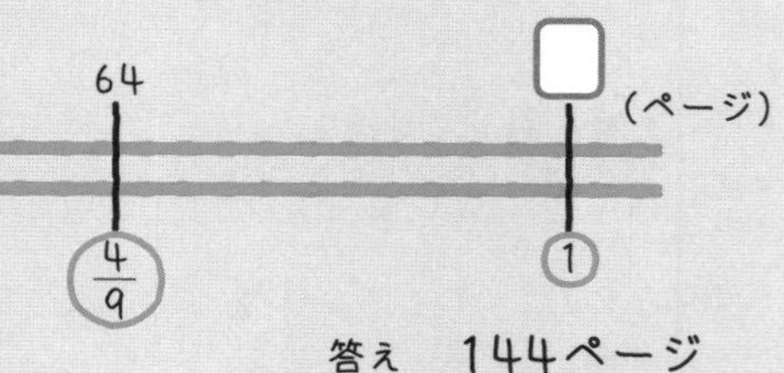


答え 144ページ

**チェック 5** $\frac{4}{3}km^2$ の広場のうち，$\frac{2}{5}km^2$ はしばふです。しばふの面積(めんせき)は，広場の何倍ですか。 解答は別冊p.16へ

〔式〕

答え

レッスン7の力だめし

授業動画はこちらから

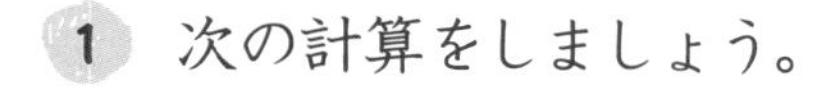

解説は別冊p.16へ

**1** 次の計算をしましょう。

(1) $\frac{7}{8}\times\frac{3}{4}$　　(2) $\frac{5}{7}\div\frac{4}{5}$

(3) $\frac{7}{12}\times\frac{9}{14}$　　(4) $\frac{2}{9}\div\frac{7}{18}$

(5) $\frac{1}{3}\times4\div\frac{16}{15}$　　(6) $2\frac{3}{5}\div1\frac{5}{8}$

(7) $0.8\times1\frac{1}{6}\times0.75$　　(8) $\frac{5}{24}\div1.25\times\frac{2}{7}$

**2** 次のア～エのうち，答えが16より大きくなるものはどれですか。すべて選(えら)びましょう。

ア　$16\times\frac{4}{5}$　　イ　$16\times\frac{8}{3}$　　ウ　$16\div\frac{11}{6}$　　エ　$16\div\frac{5}{7}$

〔　　　　　　　　〕

**3** きのう，お茶を $\frac{9}{20}$ L飲みました。今日はきのうの $\frac{4}{3}$ 倍飲みました。今日は何L飲みましたか。

〔式〕

答え ＿＿＿＿＿＿

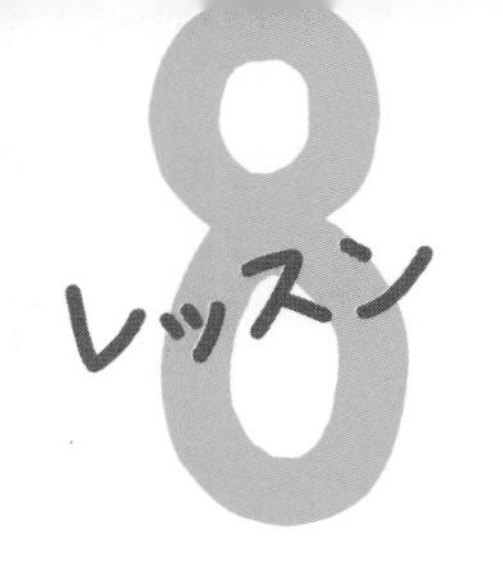


# 小数のしくみ ［3・4年］

## このレッスンのはじめに♪

身長145.8 cm，体重39.3 kg，50 m走の記録9.05秒，ソフトボール投げの記録30.16 mなど，小数を目にすることは意外に多いものです。では，0.8 cmや0.3 kg，0.05秒とはどんな大きさでしょうか。ここで，はしたの数を表す小数のしくみをたしかめておきましょう。

# 1 小数の表し方 ［3・4年］

1Lを10等分した1こ分のかさを，0.1Lと書き，**れい点一リットル**と読みます。

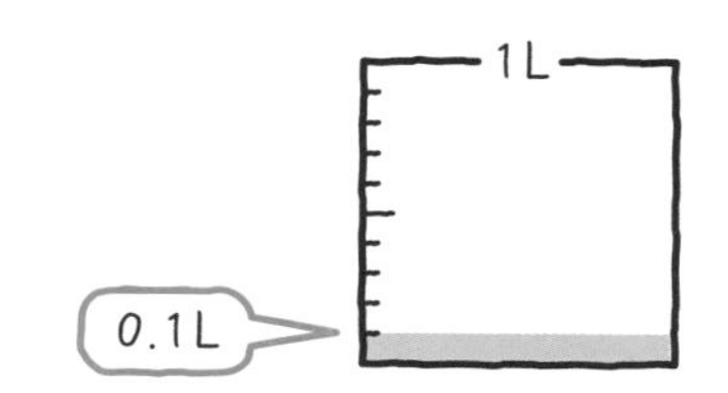


## ポイント 小数の表し方

● 小数点から右の位（くらい）は，順（じゅん）に，$\frac{1}{10}$ の位，$\frac{1}{100}$ の位，$\frac{1}{1000}$ の位，または**小数第一位**（しょうすうだいいちい），**小数第二位**，**小数第三位**という。

| 1 | . | 4 | 2 | 5 |
|---|---|---|---|---|
| 一の位 | 小数点 | $\frac{1}{10}$の位 | $\frac{1}{100}$の位 | $\frac{1}{1000}$の位 |

0.01は，**れい点れい一**，
0.001は，**れい点れいれい一**と読む。

**例** 4.367は，1を4こ，0.1を3こ，0.01を6こ，0.001を7こあわせた数である。

4　…1　を4こ
0.3　…0.1　を3こ
0.06　…0.01　を6こ
0.007…0.001を7こ
あわせると，4.367になる。

**チェック 1** □にあてはまる数を書きましょう。 解答は別冊p.17へ

(1)　1を8こ，0.1を5こ，0.01を4こあわせた数は，□です。
〔　　　〕

(2)　0.1を3こ，0.01を2こ，0.001を9こあわせた数は，□です。
〔　　　〕

(3)　7.152は，ア を7こ，イ を1こ，ウ を5こ，エ を2こあわせた数です。
ア〔　　　〕 イ〔　　　〕 ウ〔　　　〕 エ〔　　　〕

(4)　0.806は，ア を8こ，イ を6こあわせた数です。
ア〔　　　〕 イ〔　　　〕

例 2.18は，0.01を218こ集めた数である。
2　…0.01を200こ
0.1　…0.01を 10こ
0.08…0.01を　8こ　集めた数だから，
0.01を218こ集めると，2.18になる。

**チェック 2**　次の数は，0.01を何こ集めた数ですか。　解答は別冊p.17へ

(1)　0.45　〔　　　　〕　(2)　6.2　〔　　　　〕　(3)　1.09　〔　　　　〕

**チェック 3**　次の数は，0.001を何こ集めた数ですか。　解答は別冊p.17へ

(1)　0.203　〔　　　　〕　(2)　0.94　〔　　　　〕　(3)　3.7　〔　　　　〕

## 2 小数点 〔4年〕

授業動画はこちらから 39

小数も整数と同じように，10倍すると位は1けた上がります。また，$\frac{1}{10}$にすると位は1けた下がります。小数点のうつり方をたしかめましょう。

### ポイント 小数点のうつり方

● **10倍，100倍**すると，位はそれぞれ**1けた，2けた上がる**。小数点は右へ，それぞれ1けた，2けたうつる。

● $\frac{1}{10}$，$\frac{1}{100}$にすると，位はそれぞれ**1けた，2けた下がる**。小数点は左へ，それぞれ1けた，2けたうつる。

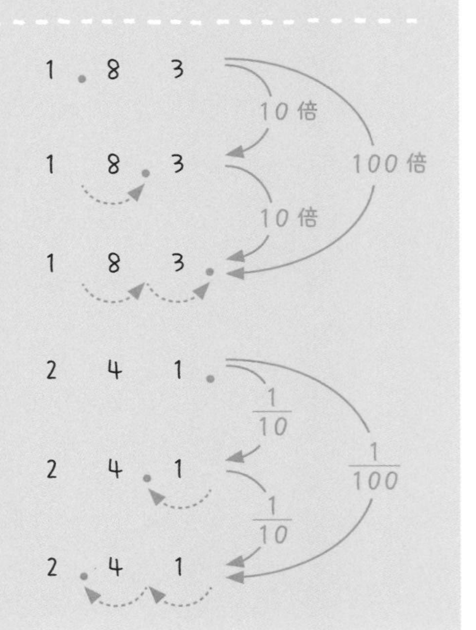

**チェック 4**　次の数を，10倍，100倍した数を書きましょう。　解答は別冊p.17へ

（1）0.96

10倍〔　　　〕
100倍〔　　　〕

（2）1.2

10倍〔　　　〕
100倍〔　　　〕

**チェック 5**　次の数を，$\frac{1}{10}$，$\frac{1}{100}$にした数を書きましょう。　解答は別冊p.18へ

（1）107

$\frac{1}{10}$〔　　　〕
$\frac{1}{100}$〔　　　〕

（2）58

$\frac{1}{10}$〔　　　〕
$\frac{1}{100}$〔　　　〕

## 3 小数の大小〔3・4年〕

授業動画は こちらから 40

小数も整数と同じように，上の位から順（じゅん）に同じ位どうしを比（くら）べて，大きさを比べることができます。

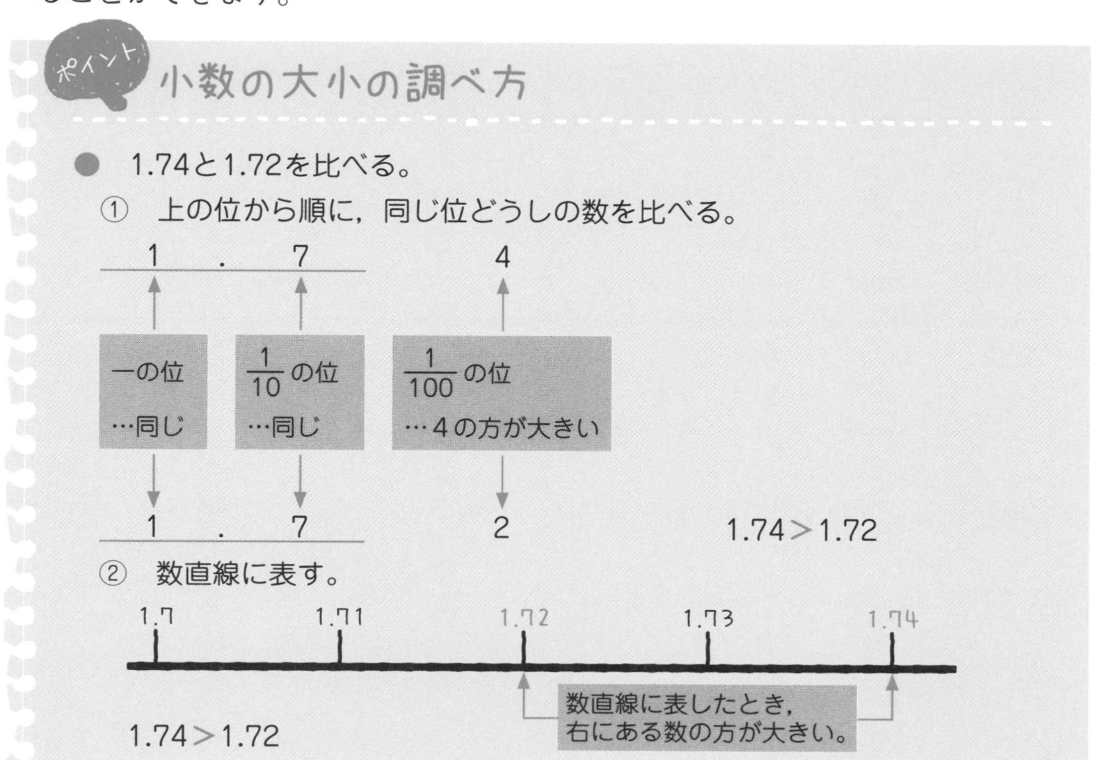

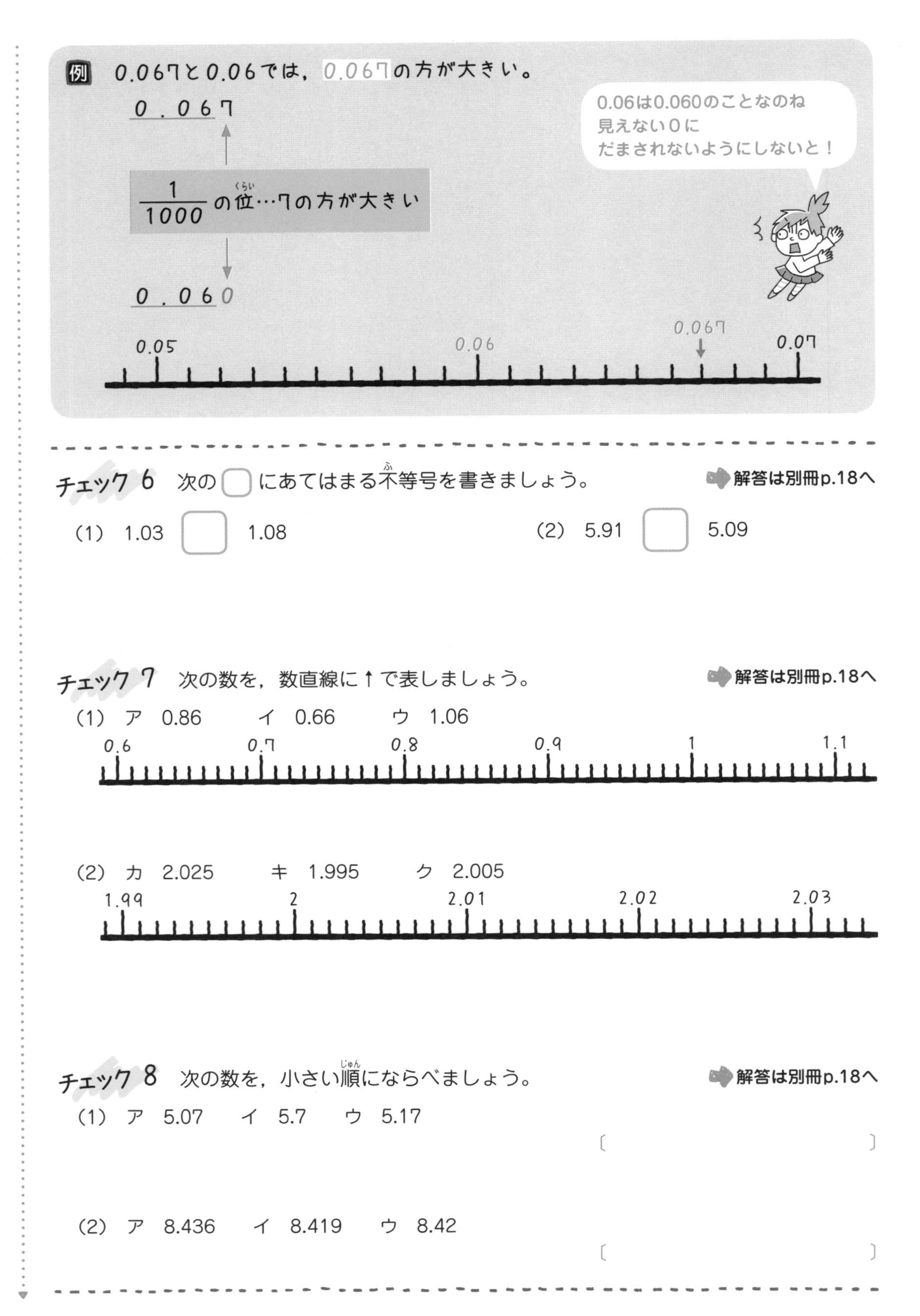


チェック6 次の□にあてはまる不等号を書きましょう。 解答は別冊p.18へ

(1) 1.03 □ 1.08 (2) 5.91 □ 5.09

チェック7 次の数を，数直線に↑で表しましょう。 解答は別冊p.18へ

(1) ア 0.86 イ 0.66 ウ 1.06

0.6 0.7 0.8 0.9 1 1.1

(2) カ 2.025 キ 1.995 ク 2.005

1.99 2 2.01 2.02 2.03

チェック8 次の数を，小さい順にならべましょう。 解答は別冊p.18へ

(1) ア 5.07 イ 5.7 ウ 5.17

〔　　　　　　〕

(2) ア 8.436 イ 8.419 ウ 8.42

〔　　　　　　〕

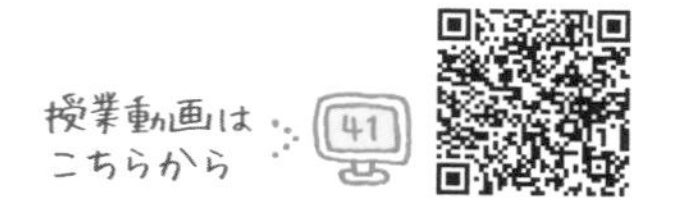


# レッスン8の力だめし

解説は別冊p.18へ

**1** 次の数を書きましょう。

(1) 0.1を5こ，0.01を1こ，0.001を9こ集めた数　〔　　　〕

(2) 0.1を8こ，0.001を2こ集めた数　〔　　　〕

(3) 1を10こ，0.01を4こ，0.001を6こ集めた数　〔　　　〕

(4) 1を7こ，0.001を13こ集めた数　〔　　　〕

**2** 次の数は，0.01を何こ集めた数ですか。

(1) 0.28　〔　　　〕　(2) 4.93　〔　　　〕

(3) 0.7　〔　　　〕　(4) 6.1　〔　　　〕

**3** 次の数を，10倍，100倍，$\frac{1}{10}$，$\frac{1}{100}$にした数を書きましょう。

(1) 3.04

10倍〔　　　〕　100倍〔　　　〕　$\frac{1}{10}$〔　　　〕　$\frac{1}{100}$〔　　　〕

(2) 0.5

10倍〔　　　〕　100倍〔　　　〕　$\frac{1}{10}$〔　　　〕　$\frac{1}{100}$〔　　　〕

**4** 次のア～カのめもりの表す数を書きましょう。

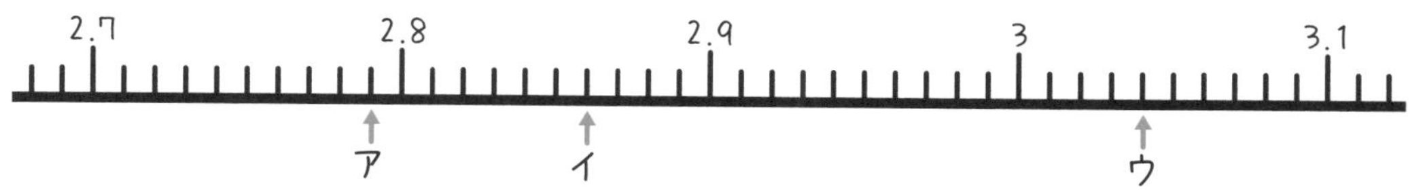


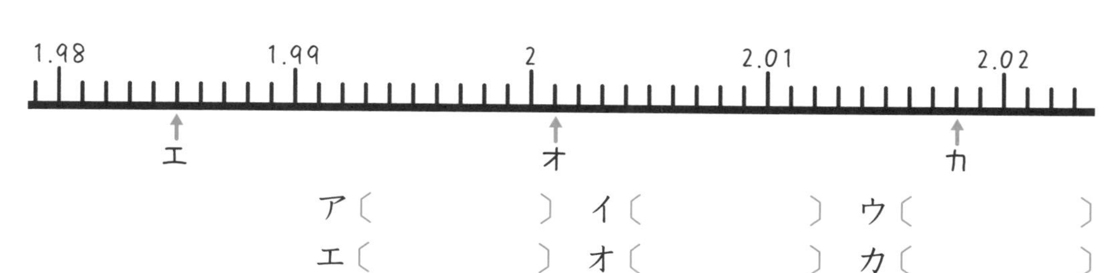


ア〔　　　〕　イ〔　　　〕　ウ〔　　　〕

エ〔　　　〕　オ〔　　　〕　カ〔　　　〕

**5** 次の数を小さい順にならべましょう。

ア　0.01　　イ　0　　ウ　0.009　　エ　0.014　　オ　0.12

〔　　　〕

# 小数のたし算・ひき算［3・4年］

## このレッスンのはじめに♪

2.65＋1.3の答えは，2.78でしょうか，3.95でしょうか。小数のたし算・ひき算は，整数と同じように，同じ位どうしでたしたり，ひいたりしなくてはいけません。だから，一の位の２と１，小数第一位の６と３，小数第二位の５と０をたした3.95が正しい答えです。小数点の位置に注意して，たし算·ひき算の練習をしましょう。

# 1 小数のたし算［3・4年］

まず，たし算をやってみましょう。

## ポイント 小数のたし算

● 0.1，0.01の何こ分かを考える。

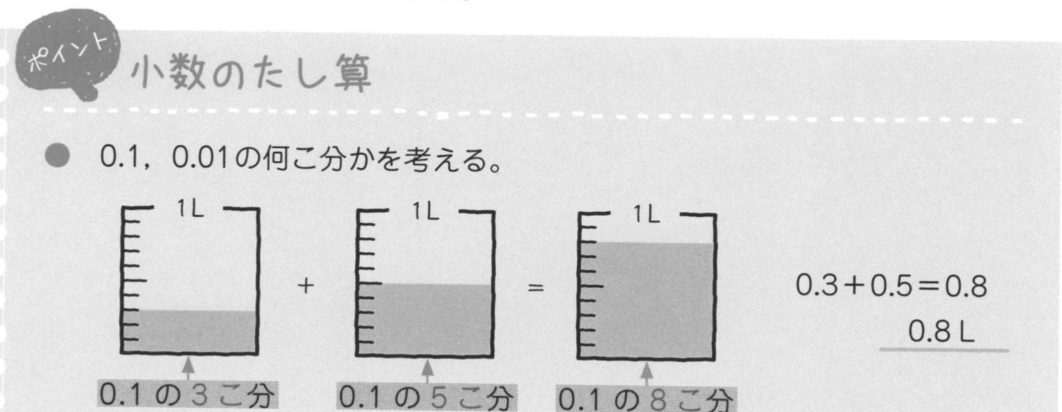


**例1**　0.2　＋　0.7　＝　0.9

0.1をもとにすると，2＋7＝9　0.1の9こ分

**例2**　0.04　＋　0.03　＝　0.07

0.01をもとにすると，4＋3＝7　0.01の7こ分

---

**チェック 1**　次の計算をしましょう。

解答は別冊p.19へ

(1)　0.8＋0.1

(2)　0.06＋0.72

(3)　1.5＋0.4

(4)　0.54＋0.13

---

整数と同じように，小数のたし算も筆算で計算することができます。

## ポイント 筆算のやり方

❶ 位をそろえて書く。

❷ 上の小数点にそろえて，答えの小数点をうつ。

❸ 整数と同じように計算する。

小数点をうつのをわすれないために，はじめに小数点をうっておこう！

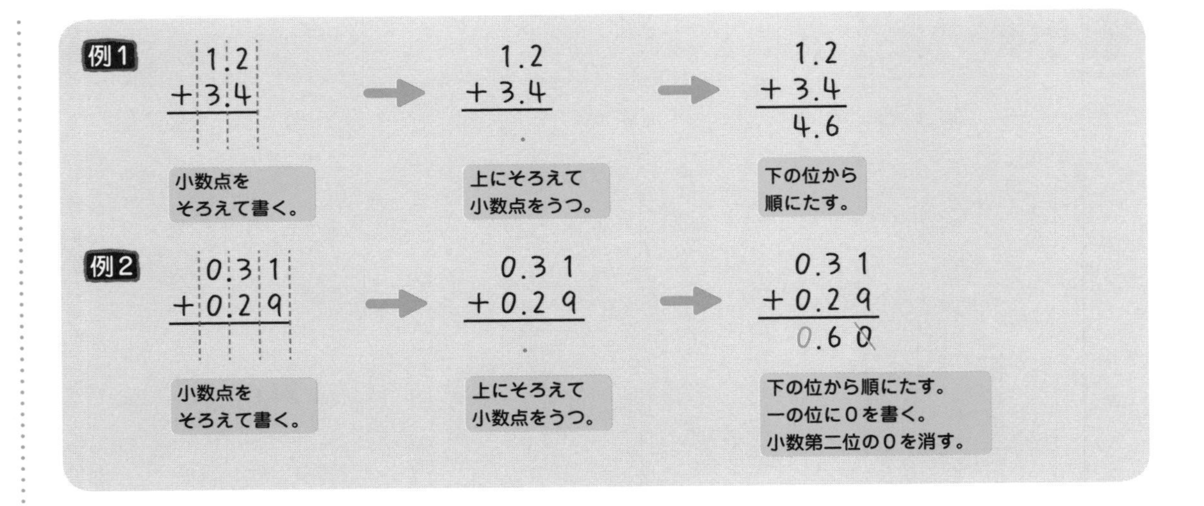


チェック 2　次の計算を筆算でしましょう。 解答は別冊p.19へ

(1)　7.6＋2.9

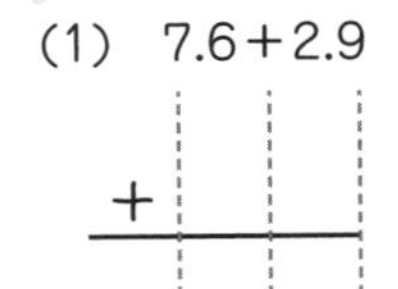

(2)　0.35＋0.47

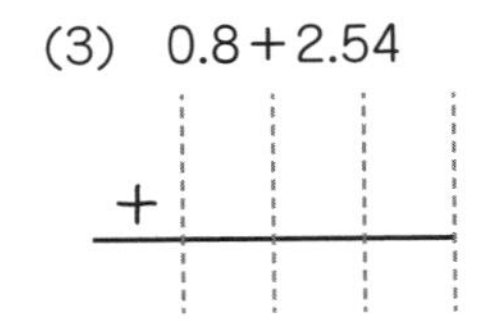

(3)　0.8＋2.54

## 2 小数のひき算［3・4年］

授業動画は
こちらから

次は，ひき算です。

ポイント 小数のひき算

● 0.1，0.01の何こ分かを考える。

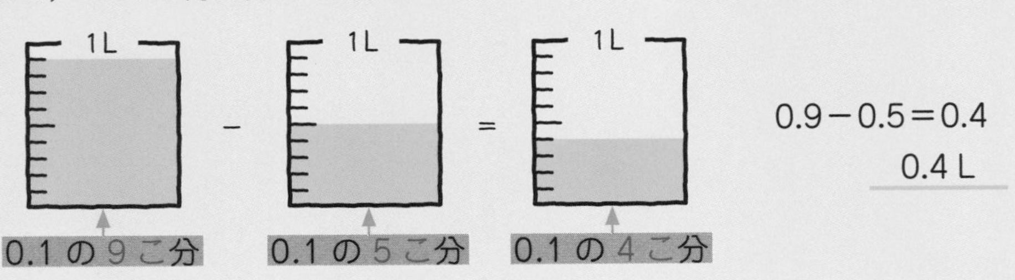


0.9−0.5＝0.4

0.4 L

例1　0.7 − 0.4 ＝ 0.3

0.1をもとにすると，7−4＝3　0.1の3こ分

**例2**　$0.05 - 0.02 = 0.03$

0.01をもとにすると，$5-2=3$　0.01の3こ分

---

**チェック3**　次の計算をしましょう。

解答は別冊p.19へ

(1)　0.8－0.6

(2)　0.54－0.13

(3)　1.3－0.2

(4)　0.26－0.04

---

たし算と同じように，小数のひき算を筆算でしてみましょう。

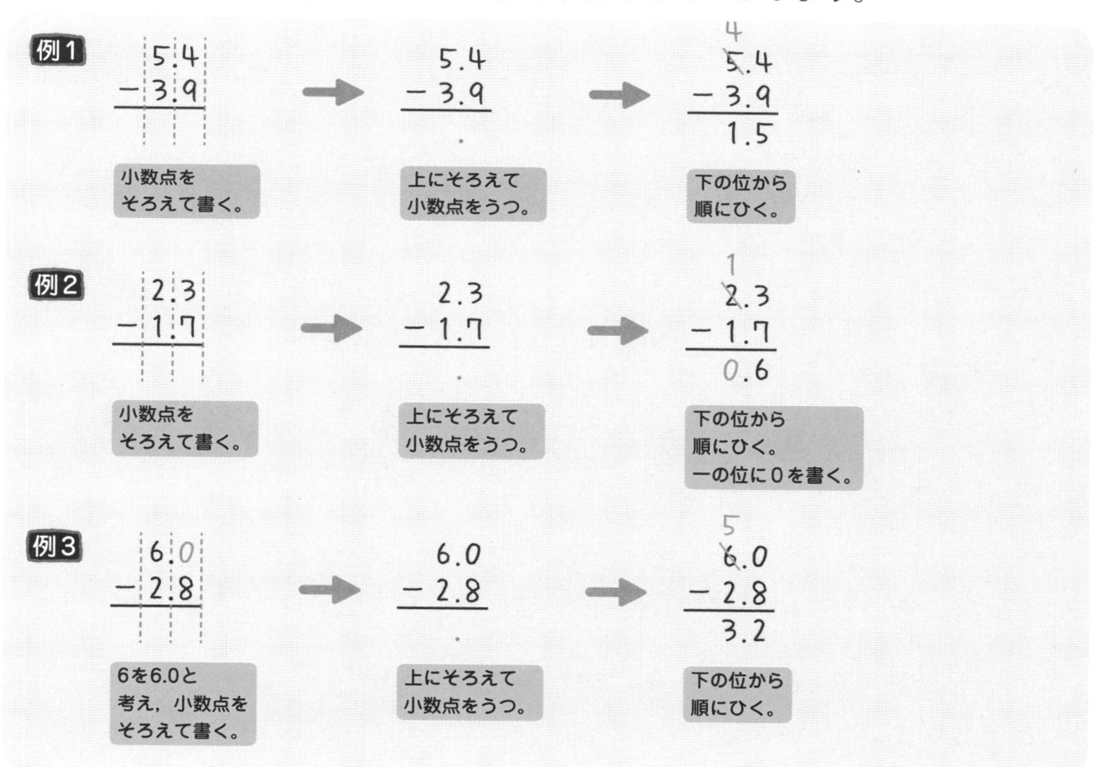


小数点をうつのを
わすれないように
しないと……

チェック 4　次の計算を筆算でしましょう。

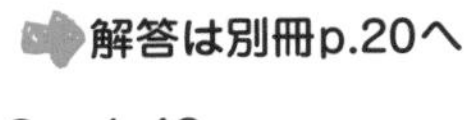


(1)　6.5－4.6　　(2)　4.81－3.73　　(3)　3－1.42

## 3 小数のたし算・ひき算の文章問題［3・4年］

授業動画はこちらから 44

整数の文章問題と同じように考えましょう。

例　赤いテープが4.5 m，白いテープが3.6 mあります。

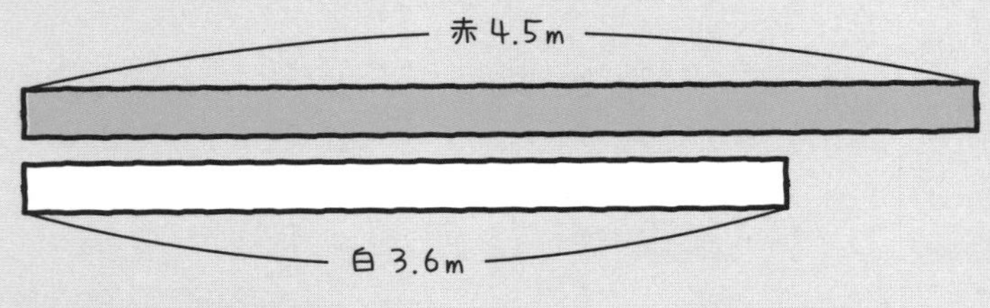


(1)　あわせて何mですか。

〔式〕　4.5＋3.6＝8.1

答え　8.1 m

$$\begin{array}{r} 4.5 \\ +\ 3.6 \\ \hline 8.1 \end{array}$$

(2)　ちがいは何mですか。

〔式〕　4.5－3.6＝0.9

答え　0.9 m

$$\begin{array}{r} 4.5 \\ -\ 3.6 \\ \hline 0.9 \end{array}$$

チェック 5　図のように，家からゆうびん局まで2.4 km，ゆうびん局から市役所まで1.63 kmです。家から市役所まで何kmですか。

解答は別冊p.20へ

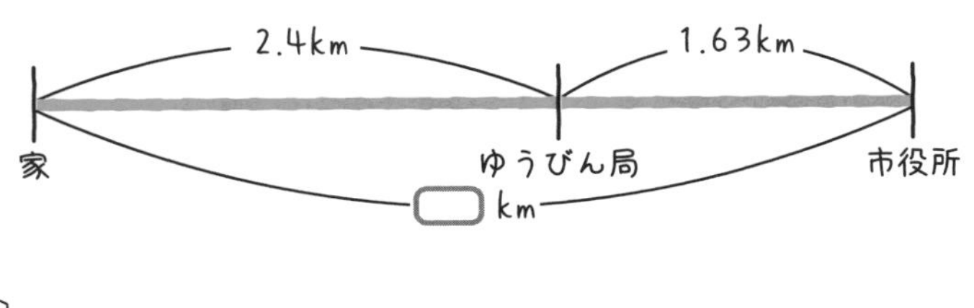


筆算しよう

〔式〕

答え

# レッスン9の力だめし

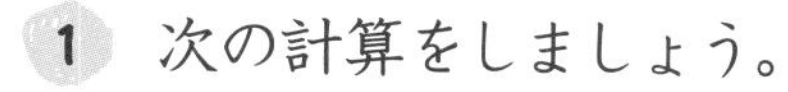

解答は別冊p.20へ

**1** 次の計算をしましょう。

(1) 0.3＋0.7　(2) 1.5－0.9　(3) 2.86－1.01

**2** 次の計算を筆算でしましょう。

(1) 5.7＋1.86　(2) 12.48＋3.12　(3) 0.71＋4.29

(4) 7.35－2.5　(5) 1.46－0.98　(6) 6.2－3.74

**3** ペンキが4 Lあります。このうち，何Lか使ったら，残(のこ)りは1.6 Lになりました。使ったペンキは何Lですか。

〔式〕

答え

筆算しよう

# 小数のかけ算・わり算［5年］

## このレッスンのはじめに♪

小数のかけ算・わり算では，積や商の小数点をどこにうつかがポイントです。小数点をうちまちがえたり，わすれたりして，まちがえてしまったことはありませんか。このレッスンで，小数点のうち方をたしかめましょう。

# 1 小数のかけ算 ［5年］

小数のかけ算は，かけられる数やかける数を10倍，100倍して整数になおして計算します。そして，その積を $\frac{1}{10}$，$\frac{1}{100}$ にします。

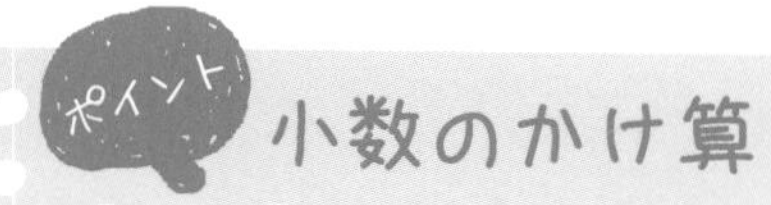


## 小数のかけ算

● 整数になおして計算する。

**例1** 整数×小数

$4\times1.6=6.4$

↓10倍　　↑ $\frac{1}{10}$

$4\times16=64$

**例2** 小数×小数

$1.3\times0.5=0.65$

↓10倍　↓10倍　　↑ $\frac{1}{100}$

$13\times5=65$

**チェック 1** 次の計算をしましょう。 解答は別冊p.21へ

(1) 3.2×3

(2) 2.5×0.2

小数のかけ算の筆算では，まず整数と同じように計算し，最後(さいご)に小数点をうちます。

## 筆算のやり方

❶ 小数点がないものとして計算する。

❷ 答えの小数点は，**かけられる数とかける数の小数点の右にあるけた数の和だけ，右から数えてうつ。**

**例1**

小数点の位置

```
    1.3 2 ─100倍→    1 3 2 …右へ2けたうつる。
 ×    1.4 ─10倍 →  ×   1 4 …右へ1けたうつる。
 ─────────         ─────────
    5 2 8             5 2 8      ↓ 2+1=3
  1 3 2             1 3 2
 ─────────         ─────────
  1.8 4 8 ─1000倍→  1 8 4 8 …左へ3けたうつる。
```

$\frac{1}{1000}$

**例2**

```
    1.8    …1けた
×  2.5    …1けた
    9 0
  3 6
  4.5 0̸   …2けた
```

0を消す。

**例3**

```
   0.3   …1けた
× 0.2   …1けた
   0.0 6  …2けた
```

0を2つつける。

## チェック 2 次の計算を筆算でしましょう。

解答は別冊p.21へ

(1) 0.6×0.8

(2) 0.24×0.5

(3) 2.8×6.3

(4) 5.47×3.6

(5) 17.5×4.09

(6) 0.52×8.4

(7) 1.64×2.35

(8) 0.75×1.32

# 2 小数のわり算 ［5年］

授業動画は
こちらから

小数のわり算では，わられる数とわる数に同じ数をかけても商は変わらないことを利用して，整数と同じように計算します。

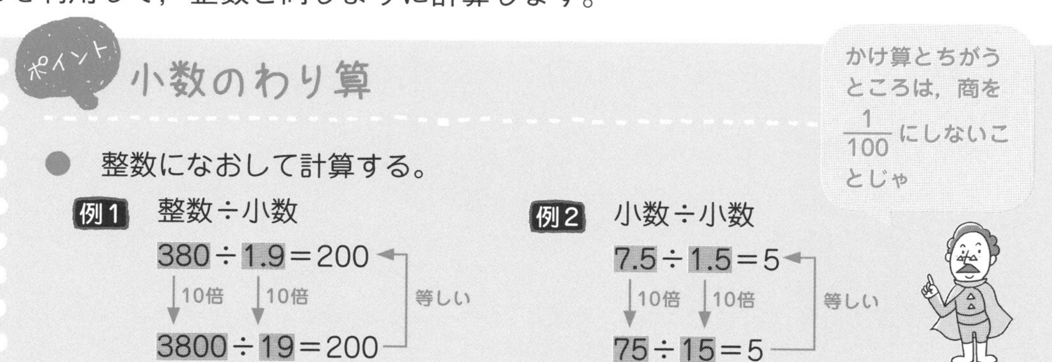

チェック 3 次の計算をしましょう。 解答は別冊p.21へ

(1) 5.6÷0.7

(2) 0.36÷0.12

小数のわり算の筆算では，商の小数点やあまりの小数点をうつ位置（いち）に注意しましょう。

## ポイント 筆算のやり方

❶ わる数の小数点を右にうつして，整数になおす。

❷ わられる数の小数点も，**わる数の小数点をうつしたけた数だけ**右にうつす。

❸ 商の小数点は，**わられる数の右にうつした小数点**にそろえてうつ。

❹ わる数が整数のときと同じように計算する。あまりの小数点は，**わられる数のもとの小数点**にそろえてうつ。

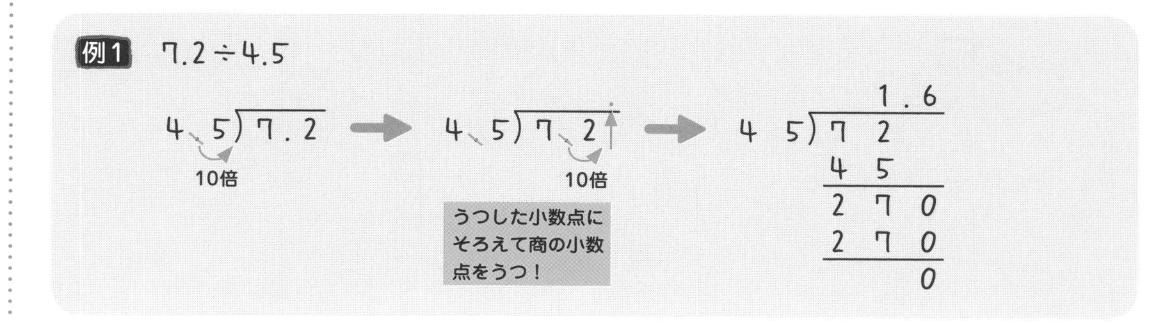

**例2**　2.4÷3.2

```
         0.                 0.75
3.2)2.4    →   32)2400
                   224
                    160
                    160
                      0
```

一の位に商がたたないので，0を書く。

0をつけたしてわり進む。

**チェック4**　次の計算を筆算でしましょう。　解答は別冊p.21へ

(1)　1.2÷0.8　　(2)　2.1÷2.5

小数のわり算でも，あまりがある場合や，商を四捨五入して概数で求める場合があります。

**例**　4.3÷1.9

(1)　商は一の位まで求めて，あまりも出しましょう。

```
        2
1.9)4.3
     38
     0.5
```

0をつける

**ここをチェック**

あまりの小数点は，わられる数のもとの小数点の位置にそろえる。

4.3÷1.9＝2あまり0.5

(2)　商は四捨五入して，上から2けたの概数で表しましょう。

```
       3
      2.2̸6̸
1.9)4.3
     38
      50
      38
      120
      114
        6
```

上から3けたまで，求める。

約2.3

**チェック 5**　(1)は，商は一の位まで求めて，あまりも出しましょう。
(2)は，商は四捨五入して，上から２けたの概数で表しましょう。

解答は別冊p.22へ

(1)　15÷7.4

(2)　6.8÷4.3

小数のわり算でも，整数のわり算と同じように，けん算をして答えのたしかめをしましょう。

**例**　12.7÷5.6の商を一の位まで求めて，あまりも出しましょう。
また，答えのたしかめもしましょう。

12.7÷5.6＝2あまり1.5　　　2あまり1.5

<けん算>

(わる数)×(商)＋(あまり)＝(わられる数)

5.6 × 2 ＋ 1.5 ＝ 12.7

$$\begin{array}{r} 2 \\ 5.6\overline{)12.7} \\ 11\,2 \\ \hline 1.5 \end{array}$$

**チェック 6**　次の商を小数第一位まで求めて，あまりも出しましょう。また，答えのたしかめもしましょう。

解答は別冊p.22へ

(1)　9÷10.5

(2)　17.8÷8.4

# 3 小数の利用 〔5年〕

授業動画は こちらから 49

小数で「割合(わりあい)」や「倍」を表すことがあります。

**例1** まいさんは12さいです。おじいさんの年れいは，まいさんの年れいの5.5倍です。おじいさんは何さいですか。

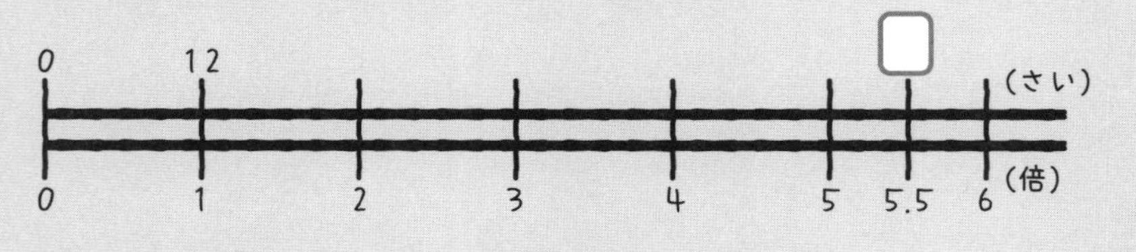


$$\begin{array}{r} 12 \\ \times\ 5.5 \\ \hline 60 \\ 60\phantom{0} \\ \hline 66.0 \end{array}$$

〔式〕 もとにする量 × 倍（割合） ＝ 比べられる量

12×5.5＝66

★P.167にのっています。

答え　66さい

**例2** 1.5 mの代金が360円のリボンがあります。1 mのねだんはいくらですか。

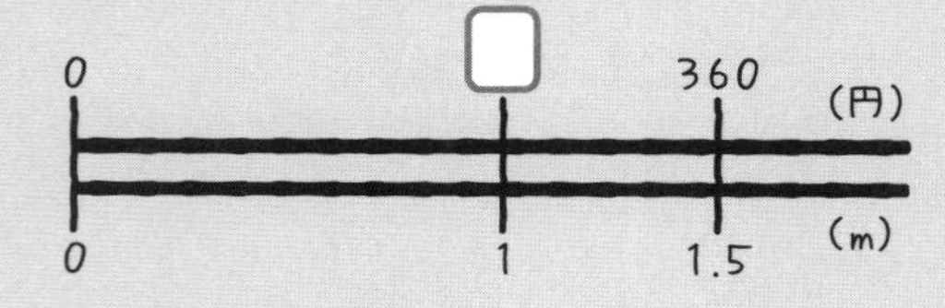


$$\begin{array}{r} 240 \\ 1.5\overline{)3600} \\ 30\phantom{0} \\ \hline 60 \\ 60 \\ \hline 0 \end{array}$$

〔式〕 代金 ÷ 買った長さ ＝ 1 mのねだん

360÷1.5＝240

答え　240円

---

**チェック 7** さくらの木の高さは6.5 mで，いちょうの木はさくらの木の1.4倍です。いちょうの木の高さは何mですか。

解答は別冊p.22へ

〔式〕

答え

筆算しよう

# レッスン10 の力だめし

授業動画は こちらから

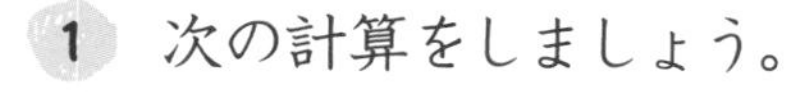

解説は別冊p.22へ

**1** 次の計算をしましょう。

(1) 5.8×3.2　(2) 0.96×0.4　(3) 0.35×0.28

**2** わりきれるまで計算しましょう。

(1) 3.9÷2.6　(2) 4.2÷0.8　(3) 19.5÷7.5

**3** 商は $\frac{1}{10}$ の位（くらい）まで求めて，あまりも出しましょう。

(1) 8.7÷5.4　(2) 7.6÷9.2　(3) 11.3÷4.9

**4** A町の面積（めんせき）は24 km²で，B町の面積の0.75倍にあたります。B町の面積は何km²ですか。

〔式〕

答え

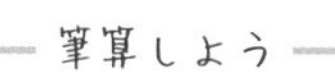

レッスン11

# 数のしくみ［3・4年］

## このレッスンのイントロ♪

「人口127082819人」これを一億二千七百八万二千八百十九人と読みますが，数が大きすぎてわかりにくいですね。このような場合，一千万の位までの概数にして，約１億3000万人とするとわかりやすくて便利です。そのほか，買い物をするときなど私たちは毎日の生活でよく概数を使っています。このレッスンで，大きい数や概数について学びましょう。

# 1 整数のしくみ ［4年］

51

## 大きい数

● 整数は，位(くらい)が1つ左へ進むごとに，10倍になる。

| | 千兆の位 | 百兆の位 | 十兆の位 | 一兆の位 | 千億の位 | 百億の位 | 十億の位 | 一億の位 | 千万の位 | 百万の位 | 十万の位 | 一万の位 | 千の位 | 百の位 | 十の位 | 一の位 |
|---|---|---|---|---|---|---|---|---|---|---|---|---|---|---|---|---|
| 1000万 | | | | | | | | | 1 | 0 | 0 | 0 | 0 | 0 | 0 | 0 |
| 1億 | | | | | | | | 1 | 0 | 0 | 0 | 0 | 0 | 0 | 0 | 0 |
| 10億 | | | | | | | 1 | 0 | 0 | 0 | 0 | 0 | 0 | 0 | 0 | 0 |
| 100億 | | | | | | 1 | 0 | 0 | 0 | 0 | 0 | 0 | 0 | 0 | 0 | 0 |
| 1000億 | | | | | 1 | 0 | 0 | 0 | 0 | 0 | 0 | 0 | 0 | 0 | 0 | 0 |
| 1兆(ちょう) | | | | 1 | 0 | 0 | 0 | 0 | 0 | 0 | 0 | 0 | 0 | 0 | 0 | 0 |

10倍
10倍
10倍
10倍
10倍

右から4けたごとに，万，億，兆となり，それぞれについて，一，十，百，千がくり返される。

**例1** 3820001405900000は，三千八百二十兆十四億五百九十万と読む。

兆　億　万
3820|0014|0590|0000 ←0になっている位は読まなくてよい。

**例2** 四兆七千六百億二千一万五千を数字で書くと，4760020015000となる。

兆　億　万
4|7600|2001|5000 ←0を書きわすれないようにする。

● 0，1，2，3，4，5，6，7，8，9の10この数字を使うと，どんな大きさの整数でも表すことができる。

**チェック 1** (1)の数を読みましょう。また，(2)を数字で表しましょう。 解答は別冊p.23へ

(1) 60830054107000

〔　　　　　　　〕

(2) 百二十兆千五億七千四百万三千八

〔　　　　　　　〕

## ポイント 整数のしくみ

● **大きい数**…千万を10こ集めた数を１億といい，100000000と書く。
千億を10こ集めた数を１兆といい，1000000000000と書く。

例 (1)　１億を120こ集めた数は120億である。
(2)　3075600000000は１兆を３こ，１億を756こあわせた数である。

● 整数を10倍すると，位は１けたずつ上がる。
整数を $\frac{1}{10}$ にすると，位は１けたずつ下がる。

| 一兆の位 | 千億の位 | 百億の位 | 十億の位 | 一億の位 | 千万の位 | 百万の位 | 十万の位 | 一万の位 | 千の位 | 百の位 | 十の位 | 一の位 |
|---|---|---|---|---|---|---|---|---|---|---|---|---|
| | | 1 | 8 | 0 | 0 | 0 | 0 | 0 | 0 | 0 | 0 | 0 |
| | | | 1 | 8 | 0 | 0 | 0 | 0 | 0 | 0 | 0 | 0 |
| | | | | 1 | 8 | 0 | 0 | 0 | 0 | 0 | 0 | 0 |

10倍　18億×10
$\frac{1}{10}$　18億÷10

● **大きい数のかけ算**…終わりに０のある数のかけ算は，０を省いて計算し，
その積の右に，省いた０の数だけ０をつける。

例 270×9000＝27×10×9×1000
＝27×９×10×1000
＝243×10000＝2430000

---

**チェック２**　□にあてはまる数を数字で書きましょう。　解答は別冊p.23へ

(1)　千万を24こ集めた数は□です。　〔　　　〕

(2)　１兆を10こ，１億を320こ，千を59こあわせた数は□です。
〔　　　〕

**チェック３**　次の数を10倍した数，$\frac{1}{10}$ にした数を数字で書きましょう。　解答は別冊p.24へ

(1)　6億　　10倍〔　　　〕　$\frac{1}{10}$〔　　　〕

(2)　15兆　　10倍〔　　　〕　$\frac{1}{10}$〔　　　〕

**チェック４**　計算をしましょう。　解答は別冊p.24へ

(1)　1400×300　　(2)　890×6000　　(3)　4800×250

## 2 数直線，等号と不等号 ［3年］

授業動画はこちらから 52

52

### 数直線，等号と不等号

● 下のような数の線を**数直線**という。

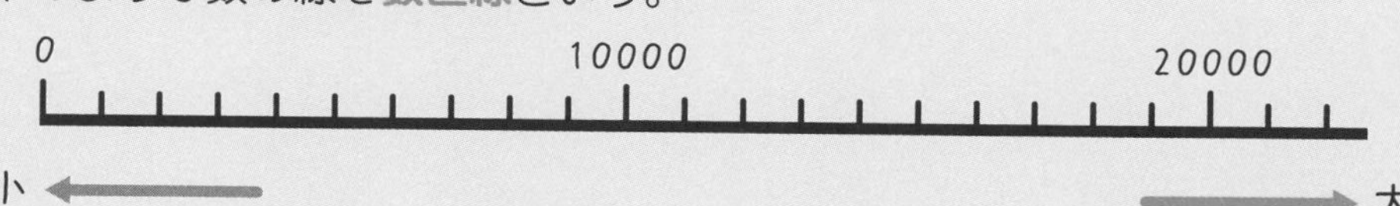


・数直線上では，右にある数ほど大きい。

・数直線のめもりをよむときは，いちばん小さい1めもりがいくつかを考える。

● ＝の記号を**等号**，＞，＜の記号を**不等号**(ふとうごう)という。

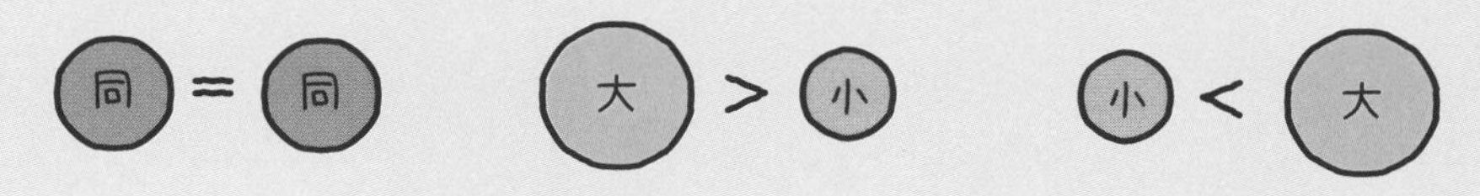


**チェック 5** ア，イにあたる数を書きましょう。 解答は別冊p.24へ

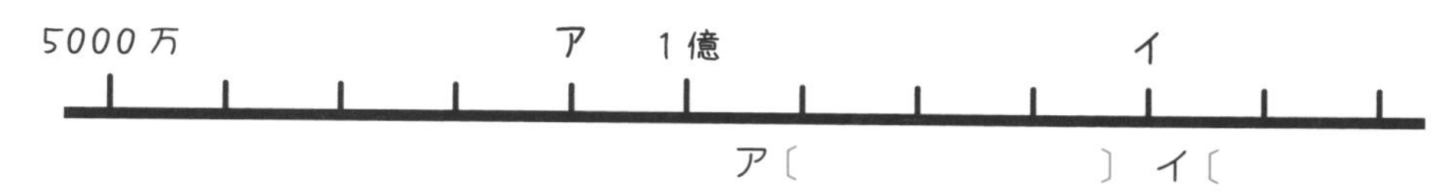


ア〔　　　　　　　〕 イ〔　　　　　　　〕

**チェック 6** □にあてはまる等号，不等号を書きましょう。 解答は別冊p.24へ

(1)　3億＋7億 □ 12億　　　(2)　3000万 □ 8000万－6000万

## 3 概数 ［4年］

授業動画はこちらから 53

### 概数

● **概数**(がいすう)…およその数

**例** 1998は2000に近いので，およそ2000といえる。
およそ2000のことを「約(やく)2000」ともいう。

およその数は買い物のときに役立つわよ

● 切り捨て…求める位より下の位の数をすべて0にする。

● 切り上げ…求める位の数を1大きくし，それより下の位の数をすべて0にする。

● 四捨五入…ある位までの概数にするとき，一つ下の位の数字が

0，1，2，3，4→切り捨てる　5，6，7，8，9→切り上げる

※求める位より下の位がすべて0のときは，切り捨て，切り上げ，四捨五入しても数は変わらない。

例 8415を千の位までの概数にしましょう。

切り捨て…8415 → 8000　切り上げ…8415 → 9000

四捨五入…8415 → 8000
→0～4のときは切り捨て

例1 927305を四捨五入して，一万の位までの概数にする。

| 9 | 2 | 7 | 3 | 0 | 5 |
|---|---|---|---|---|---|
| 十万 | 万 | 千 | 百 | 十 | 一 |

→千の位で四捨五入　930000

例2 41068を四捨五入して，上から1けたの概数にする。
↑上から1つめの位までの概数で表すこと

| 4 | 1 | 0 | 6 | 8 |
|---|---|---|---|---|
| ① | ② | ③ | ④ | ⑤ |

→上から2つめの位で四捨五入　40000

チェック7 四捨五入して，(1)を千の位までの概数，(2)を上から2けたの概数にしましょう。

解答は別冊p.24へ

(1) 137265〔　　　　〕　(2) 6558310〔　　　　〕

## ポイント 概数の表すはんい

● 概数の表すはんい…以上，未満，以下を使って表す。

例 一の位で四捨五入して90になるはんいを求めましょう。

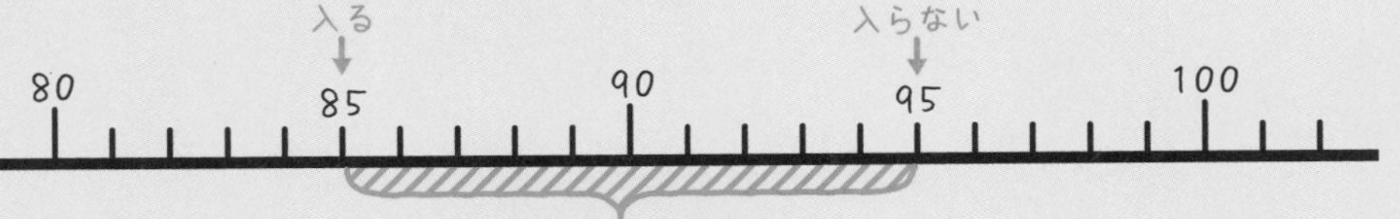


85以上95未満

●以上…●と等しいか，それより大きい

▲未満…▲より小さい（▲は入らない）

□以下…□と等しいか，それより小さい

**チェック 8** 四捨五入して，百の位までの概数にすると，400になる整数のうち，いちばん小さい数といちばん大きい数はそれぞれいくつですか。

解答は別冊p.25へ

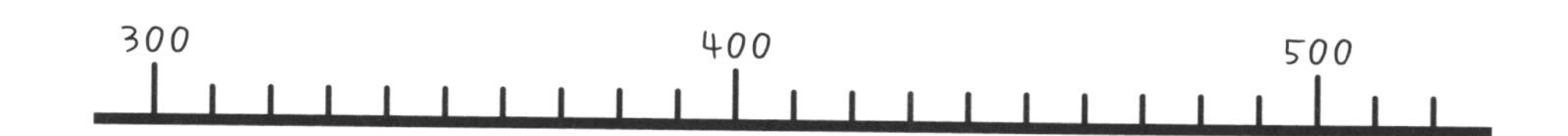


いちばん小さい数〔　　　　〕　いちばん大きい数〔　　　　〕

## 4 計算の見積もり〔4年〕

授業動画はこちらから

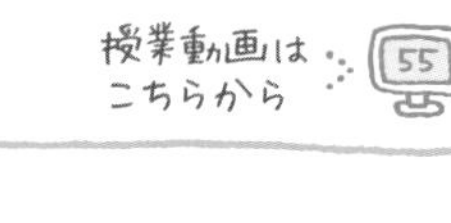

### ポイント 和や差の見積もり

- 和や差を，ある位までの概数で求めたいときは，それぞれの数を求めようと思う位までの概数にしてから，たし算・ひき算をする。
  概数にするには，目的に合ったやり方を選(えら)ぶ。

**例** 198円のポテトチップスと238円のチョコレートを買う場合

・代金を見積(みつ)もりたい→十の位の数字を**四捨五入**。

198円→200円，238円→200円，

200＋200＝400　　およそ400円

・500円しか持っていないので，500円でたりるか知りたい

→多めに考える。十の位の数字を**切り上げ**。

198円→200円，238円→300円

200＋300＝500　　たりる

・500円以上買うと，おまけがつくので，500円をこえるようにしたい

→少なめに考える。十の位の数字を**切り捨て**。

198円→100円，238円→200円

100＋200＝300　　こえない

> 本当の代金より少なく見積もりたいときは，切り捨て，
> 本当の代金より多く見積もりたいときは，切り上げる。

チェック 9 筆箱980円，はさみ420円，スケッチブック630円を買うとき，次の①～③を求める計算にあてはまるものはどれですか。下のア～エの式からそれぞれ選びましょう。

解答は別冊p.25へ

①代金の合計のおよその金額　②2000円でたりるかどうか　③代金の合計の金額

ア　980＋420＋630　　イ　1000＋500＋700

ウ　1000＋400＋600　　エ　900＋400＋600

①〔　　　〕②〔　　　〕③〔　　　〕

## ポイント 積や商の見積もり

56

● 複雑なかけ算の積やわり算の商を見積もるときは，概数にしてから計算する。

**例1** 854×319　上から1けたの概数にして，積を見積もる。

900×300＝270000　←854×319＝272426

**例2** 7276÷68　上から1けたの概数にして，商を見積もる。

7000÷70＝100　←7276÷68＝107

チェック 10 四捨五入して上から1けたの概数にして，積や商を見積もりましょう。

解答は別冊p.25へ

(1)　547×2634

〔　　　〕

(2)　60125÷381

〔　　　〕

チェック 11 遠足で水族館に行きます。子どもの入館料は1人643円です。6年生148人が参加するとき，入館料の合計はおよそいくらですか。上から2けたの概数にしてから，見積もりましょう。

解答は別冊p.25へ

〔　　　〕

チェック 12 北海道の面積は83457 km²，香川県の面積は1862 km²です。北海道の面積は，香川県の面積のおよそ何倍ですか。上から1けたの概数にしてから，見積もりましょう。

解答は別冊p.25へ

〔　　　〕

# レッスン11の力だめし

解説は別冊p.25へ

**1** 右の数について答えましょう。　3290470018000

(1) この数の読みを漢字で書きましょう。〔　　〕

(2) いちばん左の数字は何の位(くらい)ですか。〔　　〕

(3) 百億(おく)の位の数字を書きましょう。〔　　〕

(4) 左から6番めの7は，何が7こあることを表していますか。

〔　　〕

(5) この数を10倍，$\frac{1}{10}$にした数をそれぞれ数字で書きましょう。

10倍〔　　〕　$\frac{1}{10}$〔　　〕

**2** 74601359を四捨五入して次の概数で表しましょう。

(1) 一万の位までの概数　〔　　〕

(2) 上から2けたの概数　〔　　〕

**3** □にあてはまる不(ふ)等号を書きましょう。

(1) 234016920 □ 234016789

(2) 1億－6千万 □ 5千万

**4** 次の問いに答えましょう。

(1) 四捨五入して十の位までの概数にすると，70になる整数は全部でいくつありますか。〔　　〕

(2) 四捨五入して上から2けたの概数にすると，300になるはんいを，以上(いじょう)，未満(みまん)を使って表しましょう。

〔　　〕以上〔　　〕未満

**5** サッカーの試合(しあい)にバスで行きます。サッカークラブの人数は46人で，バス1台を借(か)りるのに72500円かかります。1人分のバス代はおよそ何円ですか。四捨五入して上から1けたの概数にしてから，計算しましょう。

〔　　〕

# レッスン12 いろいろな単位 ［2～6年］

## このレッスンのイントロ♪

身長145 cm，体重40 kgなどものの長さや重さなどを表すときは，mやgなど単位を使って表します。同じ長さでも，短い長さを表すときはmm，長い長さを表すときはkmなど，単位を使い分けると長さがわかりやすくなります。このレッスンで，量の単位のしくみや関係，使い方を身につけましょう。

# 1 時間 〔2・3年〕

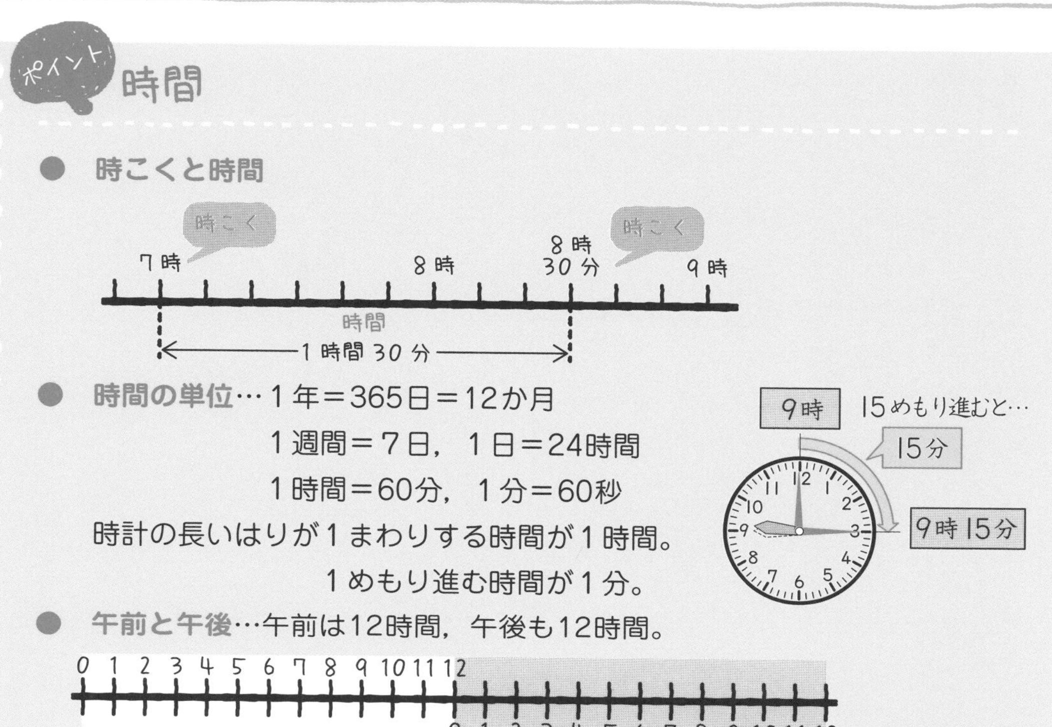

## ポイント 時間

● **時こくと時間**



● **時間の単位**…1年＝365日＝12か月

1週間＝7日，1日＝24時間

1時間＝60分，1分＝60秒

時計の長いはりが1まわりする時間が1時間。

1めもり進む時間が1分。



● **午前と午後**…午前は12時間，午後も12時間。



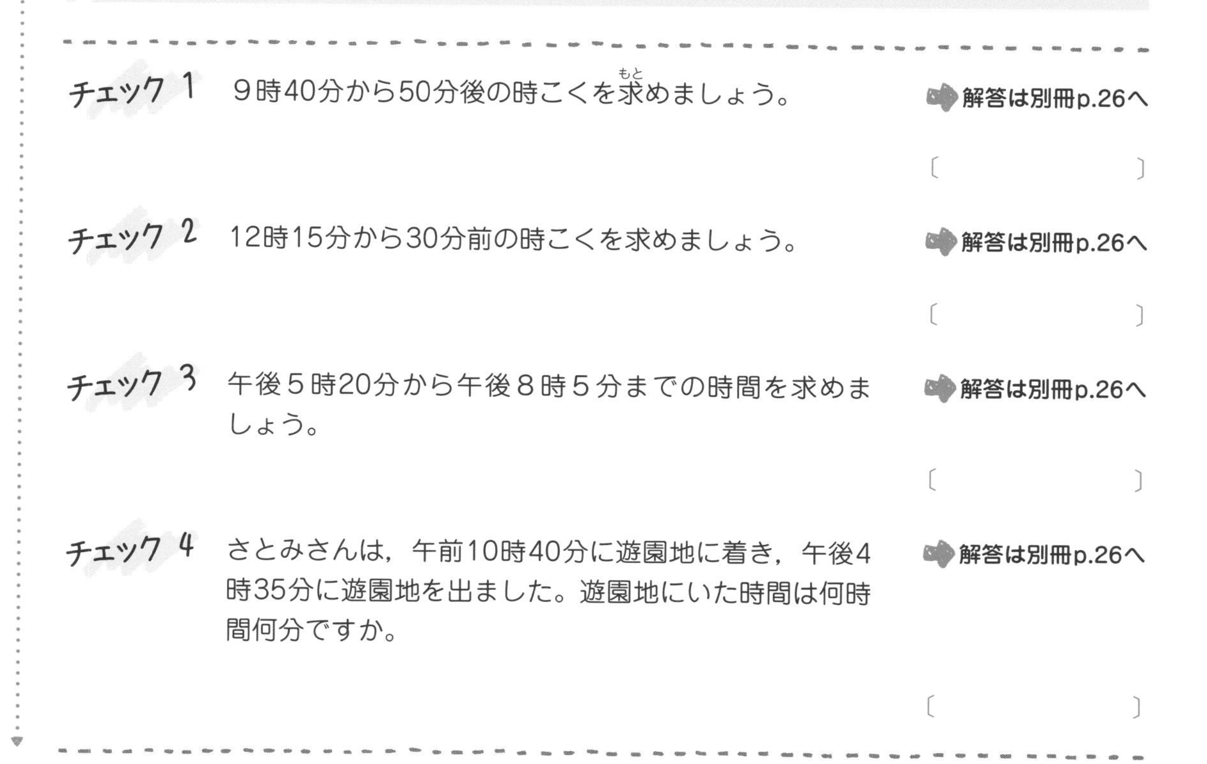

**チェック 1**　9時40分から50分後の時こくを求(もと)めましょう。

解答は別冊p.26へ

〔　　　　　〕

**チェック 2**　12時15分から30分前の時こくを求めましょう。

解答は別冊p.26へ

〔　　　　　〕

**チェック 3**　午後5時20分から午後8時5分までの時間を求めましょう。

解答は別冊p.26へ

〔　　　　　〕

**チェック 4**　さとみさんは，午前10時40分に遊園地に着き，午後4時35分に遊園地を出ました。遊園地にいた時間は何時間何分ですか。

解答は別冊p.26へ

〔　　　　　〕

# 2 長さ ［2・3年］

## 長さ

- 道のりときょり
  - ・**道のり**…道にそってはかった長さ
  - ・**きょり**…まっすぐにはかった長さ

ペンタに乗れば
遠い道のりでも
ラクに行ける！

**例** 右の地図で，Aさんの家から学校までの

道のりは

300＋400＝700（m）

きょりは

500 m

道のりときょりのちがいは

700－500＝200（m）

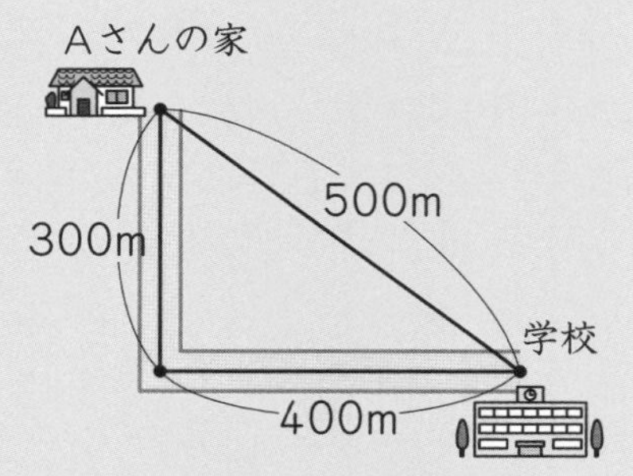


- **長さの単位**…m（メートル）を使って表す。

- **長さの計算**…同じ単位どうしで計算する。

逆のパターンは
つらい…

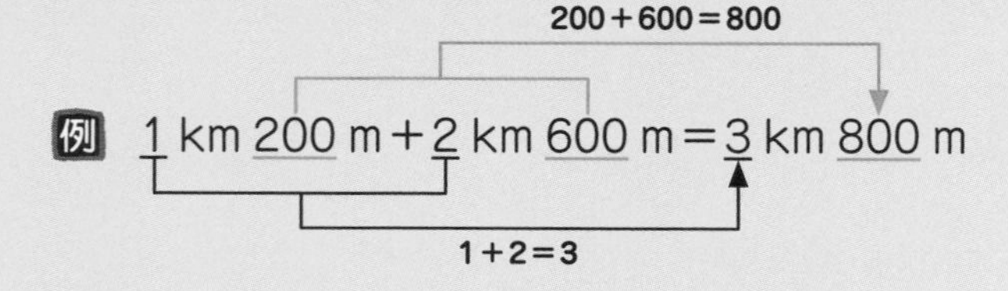

**チェック 5** 右の地図を見て，次の問いに答えましょう。

解答は別冊p.26へ

（1） 駅から学校までの道のりは何mですか。

〔　　　　　　〕

（2） 駅から市役所までのきょりは何mですか。

〔　　　　　　〕

（3） 駅から市役所までの道のりときょりのちがいは何m
ですか。

〔　　　　　　〕

学校
200m
公園
400m
市役所
900m
600m
駅

## チェック 6　□ にあてはまる数を書きましょう。

解答は別冊p.27へ

（1）　1500 m＝□ km □ m　　（2）　2 m 30 cm＝□ cm

（3）　74 mm＝□ cm □ mm　　（4）　8 km 60 m＝□ m

## チェック 7　計算をしましょう。

解答は別冊p.27へ

（1）　16 cm 2 mm＋5 cm 7 mm

（2）　3 m 80 cm＋40 cm

（3）　9 km 600 m－8 km 200 m

（4）　6 km 100 m－500 m

## チェック 8　リボンが 7 m 50 cmあります。4 m 90 cm使いました。残（のこ）りは何m何cmですか。

解答は別冊p.27へ

〔式〕

答え ＿＿＿＿＿＿

授業動画はこちらから

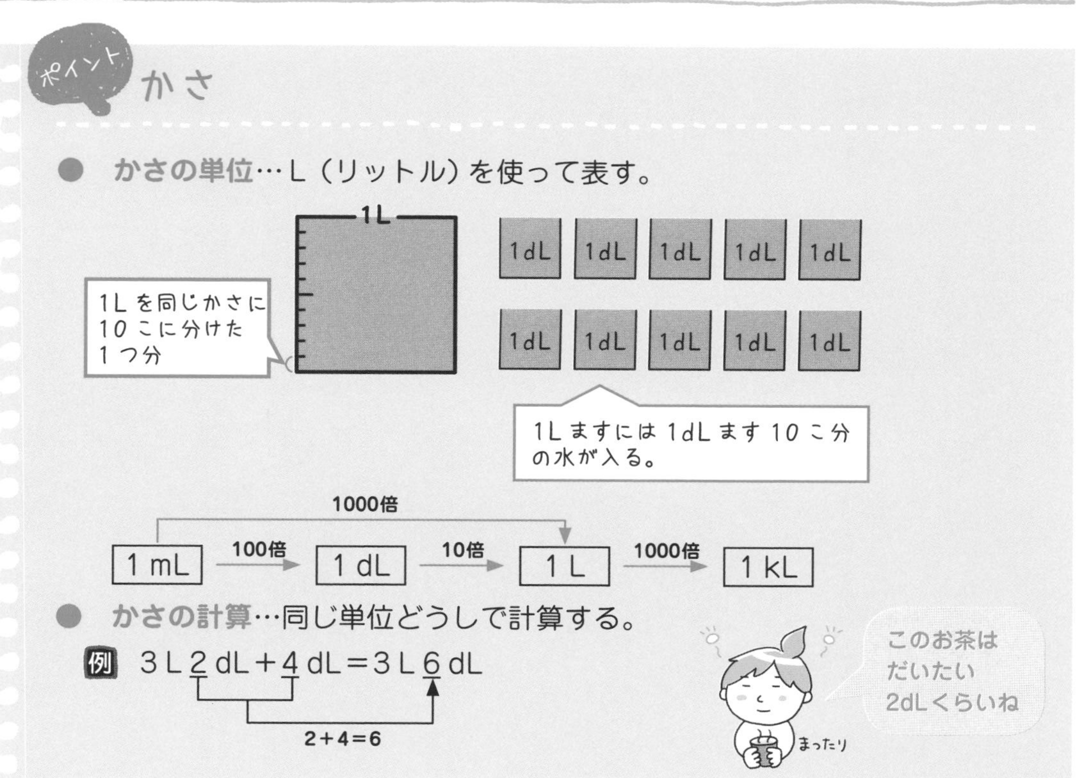

チェック9　次の水のかさは，どれだけですか。□にあてはまる数を書きましょう。

解答は別冊p.28へ

（1）1L

□dL

（2）1L　1L

□L□dL

（3）1dL 1dL 1dL 1dL 1dL 1dL 1dL 1dL 1dL 1dL 1dL 1dL 1dL

□L□dL

（4）1000mL

□mL

チェック10　□にあてはまる数を書きましょう。

解答は別冊p.28へ

（1）3 L＝□dL

（2）24 dL＝□L□dL

（3）6000 mL＝□L

（4）4 dL＝□mL

チェック11　計算をしましょう。

解答は別冊p.28へ

（1）4 L 1 dL＋4 dL

（2）5 L 9 dL＋2 L 3 dL

（3）2 L 9 dL－1 L 2 dL

（4）13 L－6 L 7 dL

チェック12　ジュースがペットボトルに1.8 L，かんに5 dL，びんに9 dL入っています。次の問いに答えましょう。

解答は別冊p.28へ

（1）ジュースはあわせて何L何dLありますか。

〔式〕

答え

（2）ペットボトルに入っているジュースのかさは，びんに入っているジュースのかさより何dL多いですか。

〔式〕

答え

# 4 重さ［3・6年］

授業動画は こちらから 61

## ポイント 重さ

● 重さの単位…g（グラム）を使って表す。

1 mg →(1000倍)→ 1 g →(1000倍)→ 1 kg →(1000倍)→ 1 t

● 重さの計算…同じ単位どうしで計算する。

例 3 kg 600 g − 2 kg 400 g = 1 kg 200 g

600 − 400 = 200

3 − 2 = 1

**チェック 13** 右のはかりを見て，次の問いに答えましょう。 解答は別冊p.29へ

(1) 何kgまではかることができますか。

〔　　　　　　〕

(2) 1めもりは何gですか。

〔　　　　　　〕

(3) はりのさしている重さは何kg何gですか。

〔　　　　　　〕

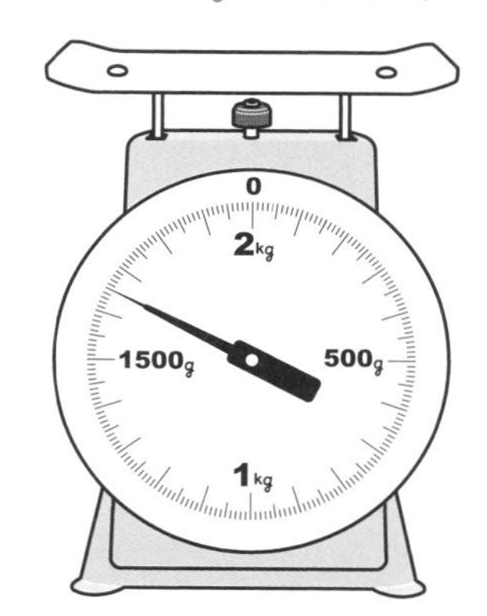


**チェック 14** □ にあてはまる数を書きましょう。 解答は別冊p.29へ

(1) 4000 g = □ kg

(2) 3 kg 180 g = □ g

(3) 2 t = □ kg

(4) 9 kg 60 g = □ g

**チェック 15** 計算をしましょう。 解答は別冊p.29へ

(1) 1 kg 250 g + 300 g

(2) 3 t 600 kg + 4 t 700 kg

(3) 8 kg 900 g − 450 g

(4) 12 kg 100 g − 10 kg 800 g

チェック 16　20 kg 600 gの重さの大きい荷物と，7 kg 500 gの重さの小さい荷物があります。あわせて何kg何gありますか。

解答は別冊p.29へ

〔式〕

答え

## 5 量の単位のしくみ ［4・5年］

授業動画はこちらから 62

もっとくわしく

| 大きさを表すことば | ミリ m | センチ c | デシ d | | デカ da | ヘクト h | キロ k |
|---|---|---|---|---|---|---|---|
| 意味 | $\frac{1}{1000}$ | $\frac{1}{100}$ | $\frac{1}{10}$ | 1 | 10倍 | 100倍 | 1000倍 |

● 長さの単位の関係

10mm＝1cm　100cm＝1m　1000m＝1km

● 面積の単位の関係

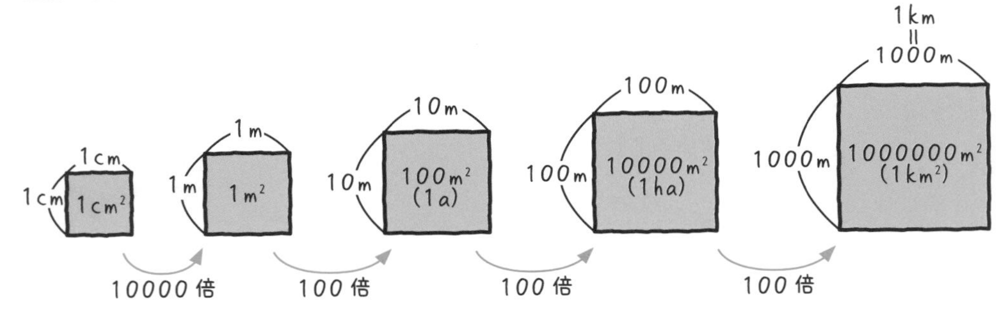


● 重さと体積の単位の関係
※すべて立方体

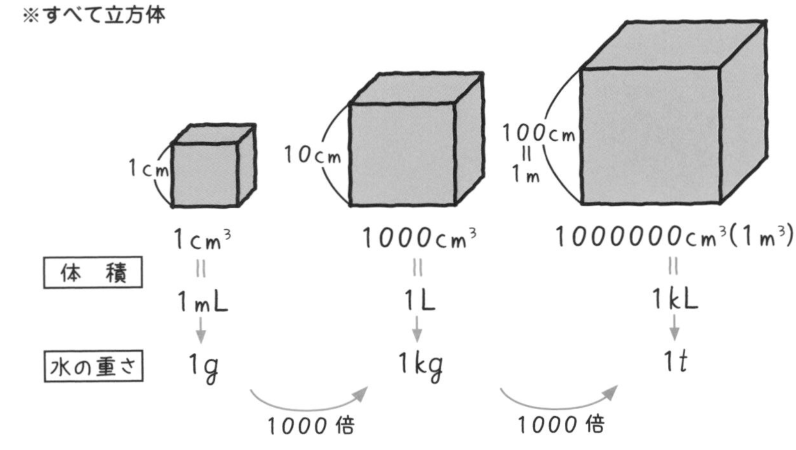

# レッスン12 の力だめし

解説は別冊p.30へ

63

**1** □にあてはまる数を書きましょう。

・長さ　1 cm=①mm　　1 m=②cm　　1 km=③m

・かさ　1 L=④dL　　1 L=⑤mL　　1 dL=⑥mL

・重さ　1 g=⑦mg　　1 kg=⑧g　　1 t=⑨kg

①〔　　〕②〔　　〕③〔　　〕

④〔　　〕⑤〔　　〕⑥〔　　〕

⑦〔　　〕⑧〔　　〕⑨〔　　〕

**2** しょうたさんは家を出て15分歩き，午後 2 時10分に駅に着きました。しょうたさんが家を出た時こくを求(もと)めましょう。

〔　　〕

**3** 右の地図を見て，次の問いに答えましょう。

(1) 学校から図書館までの道のりは何mですか。

〔　　〕

(2) 学校から図書館までの道のりときょりのちがいは何mですか。

〔　　〕

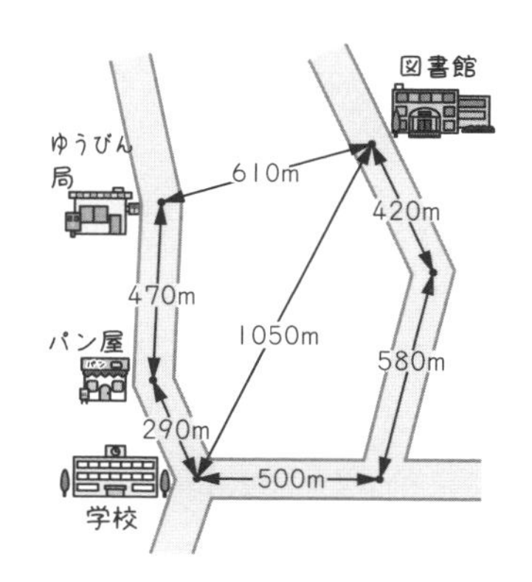


**4** お茶がペットボトルに2L入っています。250 mL飲みました。残(のこ)りは何L何mLですか。

〔式〕

答え

**5** 重さ300 gの箱に，840 gの荷物を入れて送ります。全体の重さは何kg何gになりますか。

〔式〕

答え

# レッスン13 図形［2～5年］

## このレッスンのイントロ♪

　みなさんがもっている三角じょうぎは，その名のとおり「三角形」の形をしたじょうぎです。２種類の三角じょうぎのうち，（図）の形を直角三角形，（図）の形を直角二等辺三角形といいます。２つの三角形のちがいは何でしょうか。三角形や四角形にはいろいろな種類があります。ここで，いろいろな図形の特ちょうについて学びましょう。

# 1 三角形［2・3年］

授業動画は
こちらから 64

## ポイント 三角形

- 3本の直線でかこまれた形。

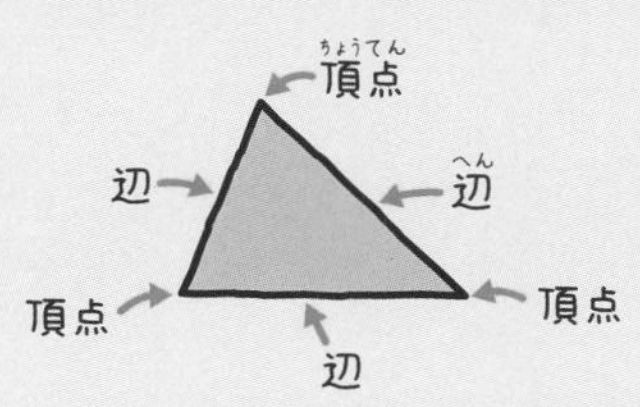


- **二等辺三角形…2つの辺の長さが等しい**三角形。

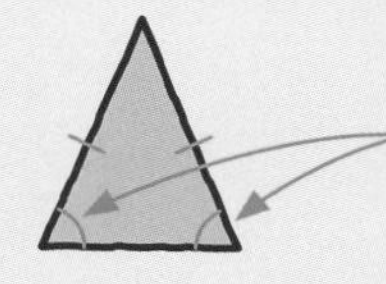

2つの角の大きさが等しい。

このレッスンでは
じょうぎと
コンパス，分度器
を使うんじゃ！

- **正三角形…3つの辺の長さが等しい**三角形。

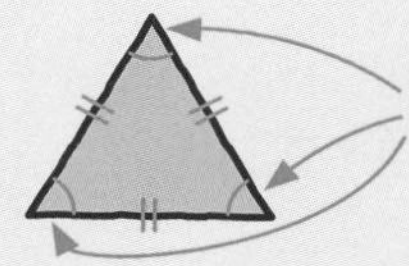

3つの角の大きさが等しい。

- **直角三角形…1つの角が直角**である三角形。

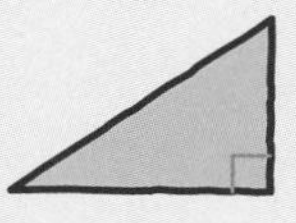

**つけたし**

2つの辺の長さが等しい直角三角形を
直角二等辺三角形といいます。

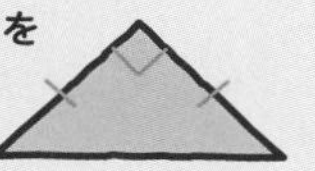

**例1** 辺の長さが2cm，3cm，3cmの二等辺三角形ABCをかきましょう。

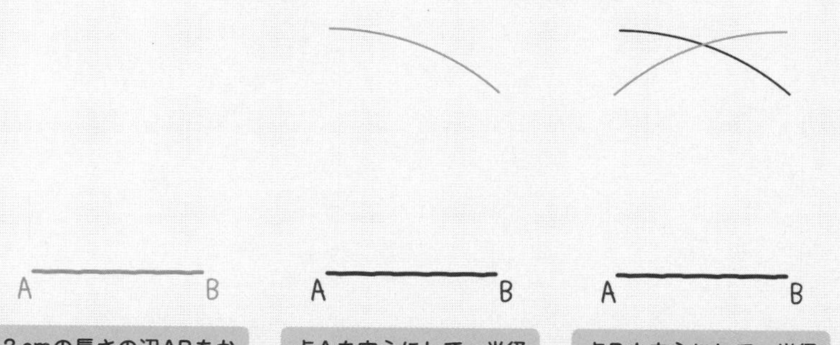


2cmの長さの辺ABをかく。

点Aを中心にして，半径3cmの円をかく。

点Bを中心にして，半径3cmの円をかく。

2つの円の交わるところをCとして，CとA，Bをむすぶ。

**例2** 1辺の長さが4 cmの正三角形ABCをかきましょう。

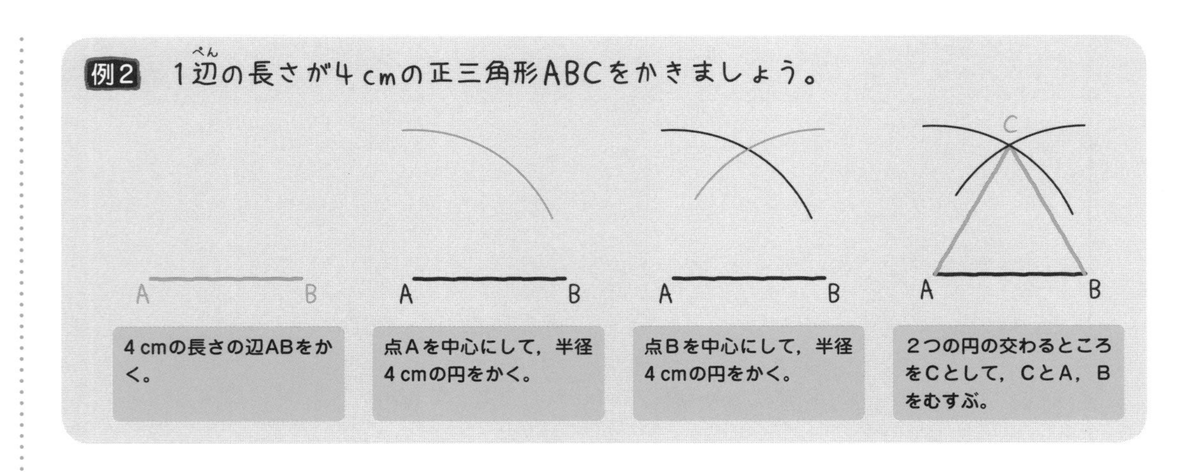


**チェック 1** 次のア〜オから，下の三角形を1つずつ選びましょう。 解答は別冊p.30へ

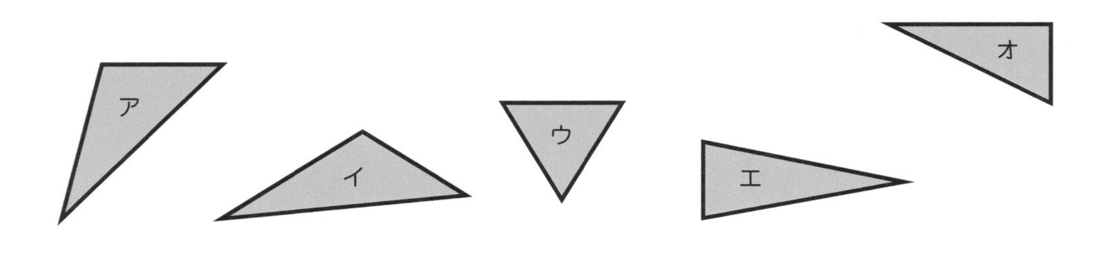


二等辺三角形〔　　　〕 正三角形〔　　　〕 直角三角形〔　　　〕

**チェック 2** 次の三角形で，大きさの等しい角をすべて選びましょう。 解答は別冊p.30へ

(1)　　　　(2)

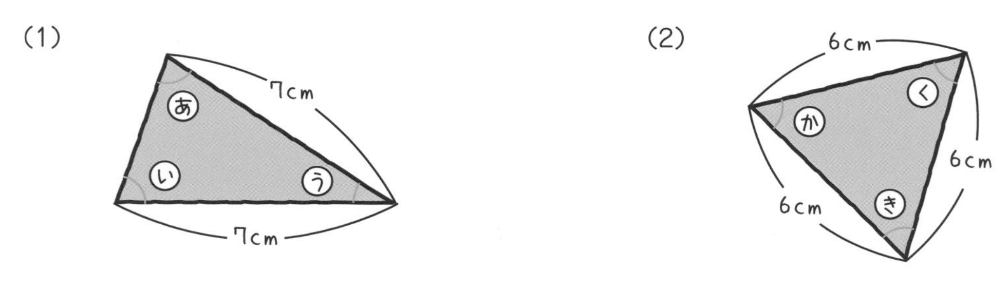


〔　　　　〕　　　　〔　　　　〕

## 2 四角形［2・4年］

### 四角形

- 4本の直線でかこまれた形。
- **長方形…4つの角がすべて直角**である四角形。

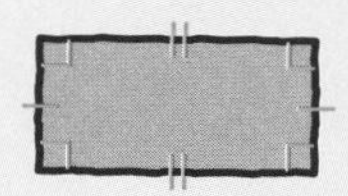

・向かい合った2組の辺が平行（へいこう）。
・向かい合った2組の辺の長さは等しい。

- **正方形…4つの角がすべて直角で，4つの辺の長さがすべて等しい**四角形。

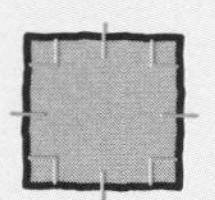

・向かい合った2組の辺が平行。

- **台形（だいけい）…向かい合った1組の辺が平行**である四角形。

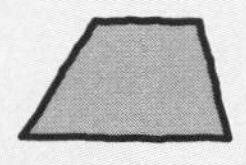

- **平行四辺形（へいこうしへんけい）…向かい合った2組の辺が平行**である四角形。

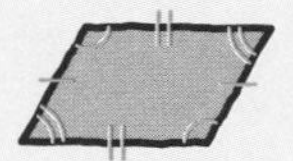

・向かい合った辺の長さは等しい。
・向かい合った角の大きさは等しい。

- **ひし形（がた）…4つの辺の長さがすべて等しい**四角形。

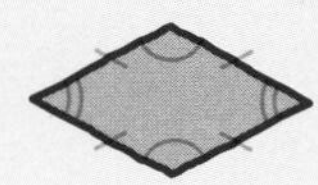

・向かい合った辺は平行。
・向かい合った角の大きさは等しい。

**例** 右の平行四辺形ABCDをかきましょう。

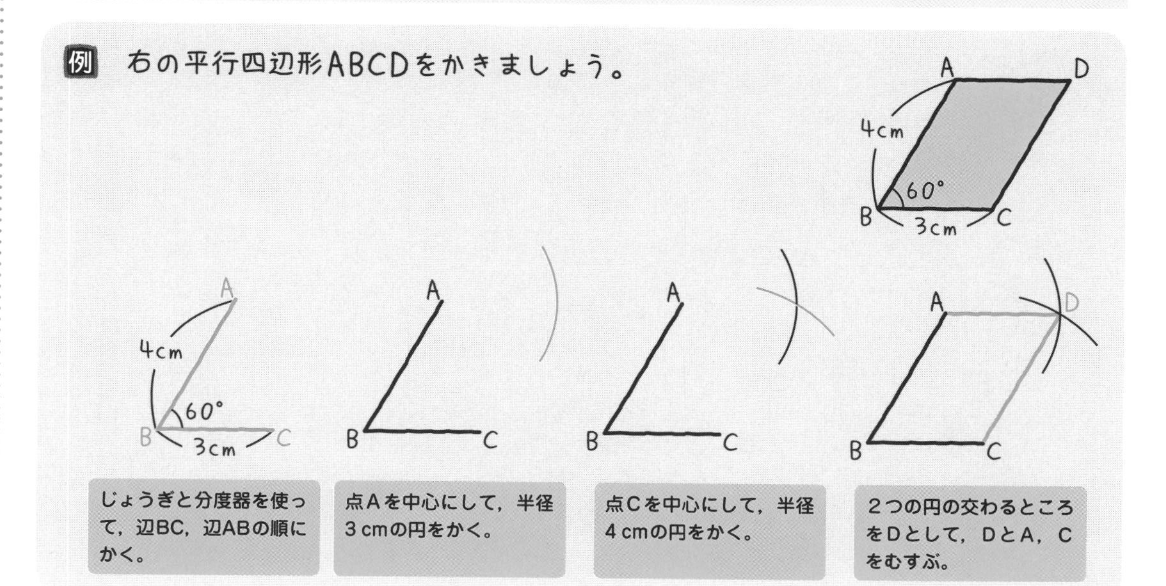

## チェック 3　次のア～キから，下の四角形を1つずつ選びましょう。

解答は別冊p.31へ

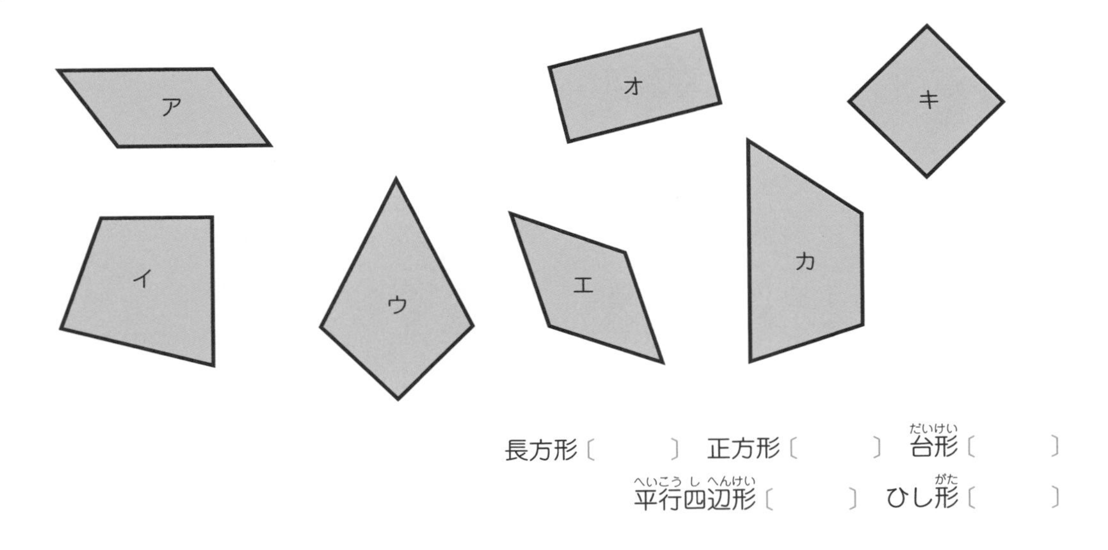


長方形〔　　〕　正方形〔　　〕　台形〔　　〕
平行四辺形〔　　〕　ひし形〔　　〕

## チェック 4　次の台形をかきましょう。

解答は別冊p.31へ

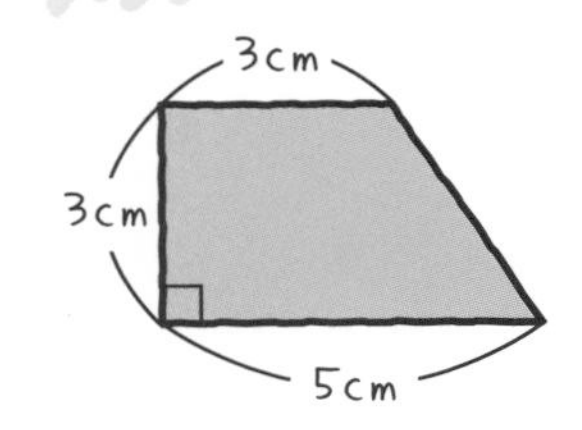


## チェック 5　次のア～ウの角の大きさや辺の長さを求めましょう。

解答は別冊p.31へ

(1)　平行四辺形

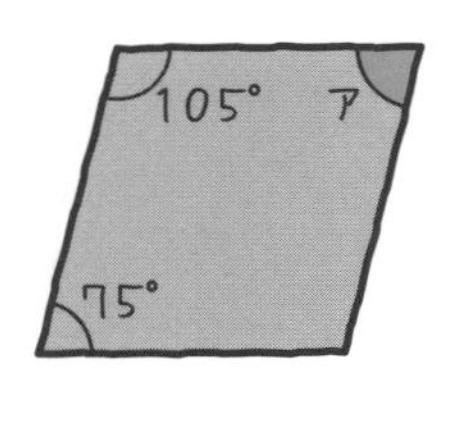


〔　　〕

(2)　ひし形

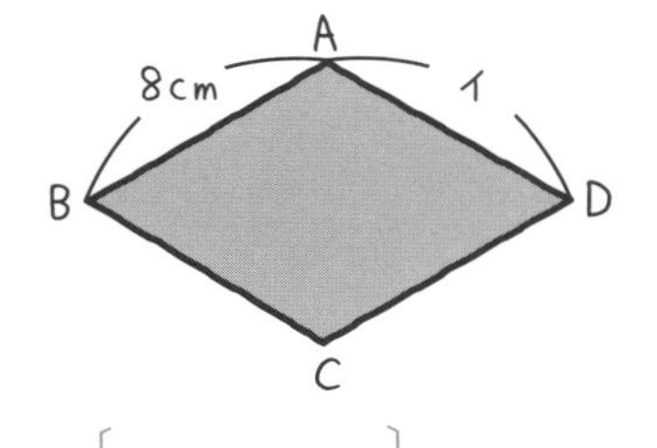


〔　　〕

(3)　長方形

〔　　〕

# 3 対角線 〔4年〕

## 四角形の対角線

- 平行四辺形…２本の対角線(たいかくせん)は，それぞれの真ん中の点で交わる。
- ひし形…２本の対角線は，それぞれの真ん中の点で直角に交わる。
- 長方形…２本の対角線の長さは等しく，それぞれの真ん中の点で交わる。
- 正方形…２本の対角線の長さは等しく，それぞれの真ん中の点で直角に交わる。

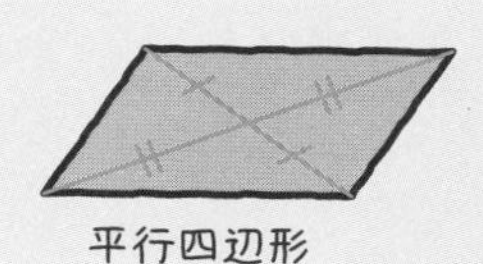
平行四辺形

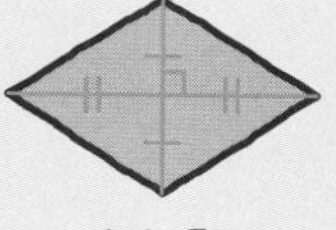
ひし形

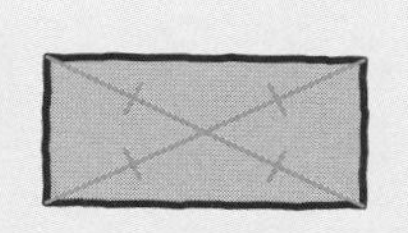
長方形

正方形

**例** 次の表は，四角形の対角線の特(とく)ちょうをまとめたものです。①～③の特ちょうが，いつでもあてはまるものに○をかきましょう。

| | 台形 | 平行四辺形 | ひし形 | 長方形 | 正方形 |
|---|---|---|---|---|---|
| ①２本の対角線の長さが等しい。 | | | | ○ | ○ |
| ②２本の対角線がそれぞれの真ん中の点で交わる。 | | ○ | ○ | ○ | ○ |
| ③２本の対角線が直角に交わる。 | | | ○ | | ○ |

チェック 6　２本の対角線が次の図のように交わっている四角形は，何という四角形ですか。 解答は別冊p.31へ

(1)

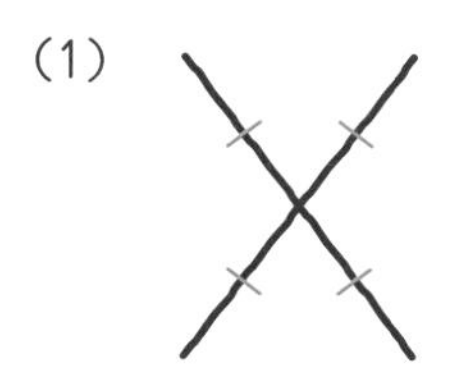

〔　　　　〕

(2)

〔　　　　〕

(3)

〔　　　　〕

# 4 多角形［5年］

授業動画は こちらから 67

## ポイント 多角形

- 多角形（たかくけい）…三角形，四角形，五角形などのように，直線でかこまれた図形。

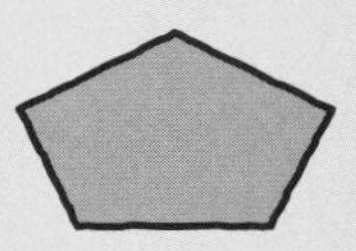
…

- 正多角形…辺（へん）の長さがすべて等しく，角の大きさもすべて等しい多角形。

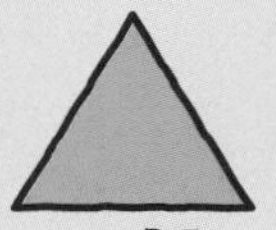
正三角形

正四角形（正方形）

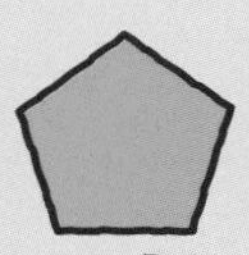
正五角形

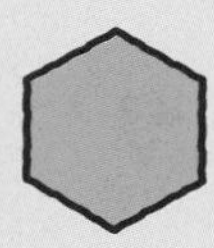
正六角形

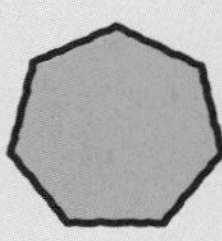
正七角形

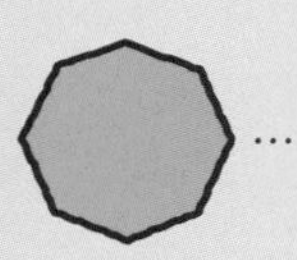
正八角形
…

**例** 正五角形をかきましょう。

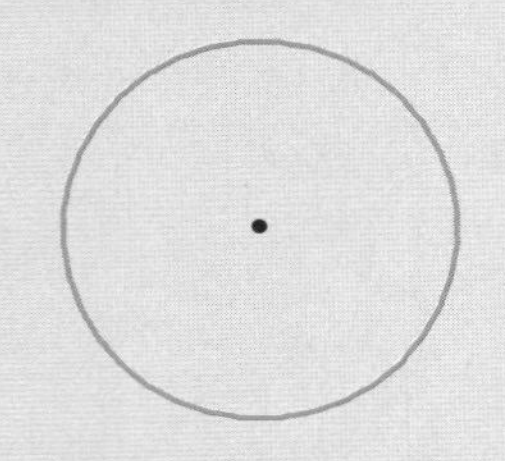
円をかく。

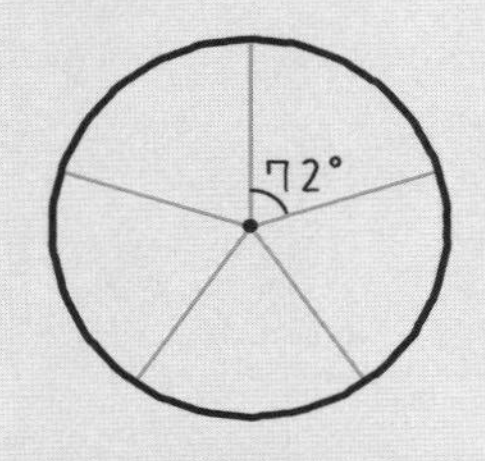

円の中心のまわりの角を5等分する。

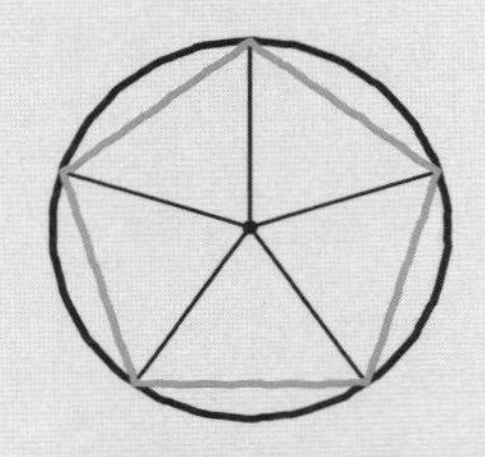
半径のはしを直線でむすぶ。

**つけたし**
円の中心のまわりの角を等分して半径をかき，円と交わった点を頂点（ちょうてん）にします。

**チェック 7** コンパスを使って，次の円の中に正六角形をかきましょう。

解答は別冊p.31へ

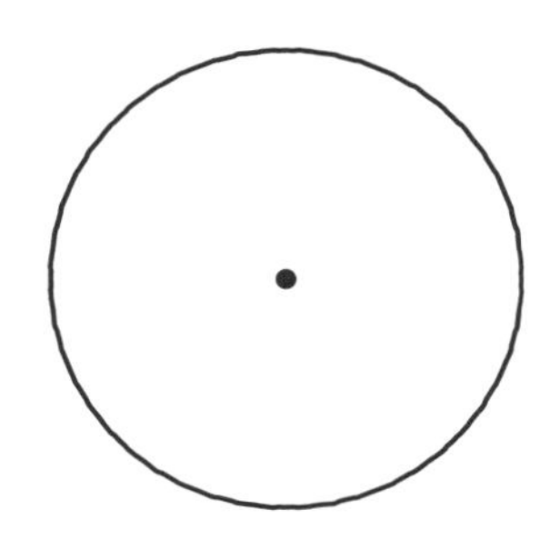

**つけたし**
正六角形の１辺の長さは，半径の長さと等しいです。

# レッスン13の力だめし

授業動画はこちらから

解説は別冊p.32へ

**1** 次の図形をかきましょう。

(1) 1辺の長さが4 cm，4 cm，5 cmの二等辺三角形

(2) 対角線(たいかくせん)の長さが5 cmの正方形

**2** 下の図の四角形の中にある色をぬった三角形の名前を書きなさい。

(1)

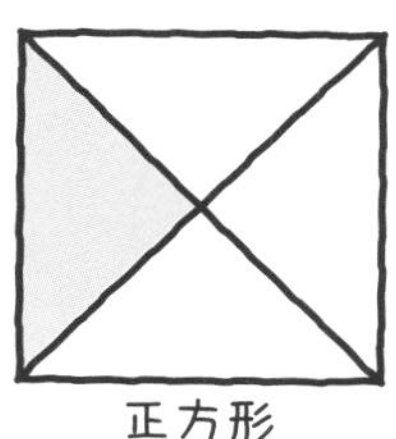


〔　　　　　　　〕

(2)

〔　　　　　　　〕

(3)

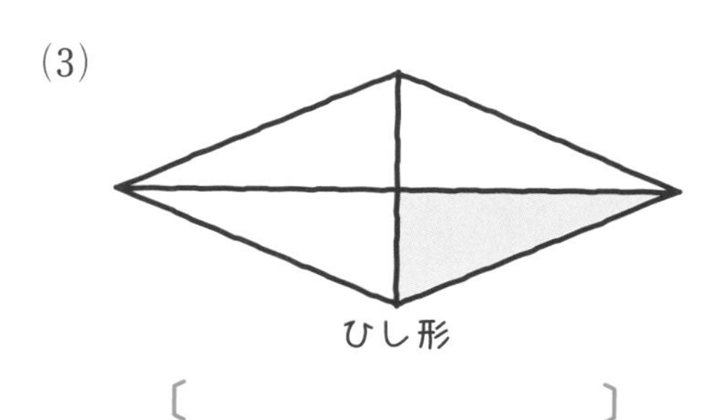


〔　　　　　　　〕

**3** 右の図は，直径(ちょっけい)12 cmの円を使ってかいた正六角形です。

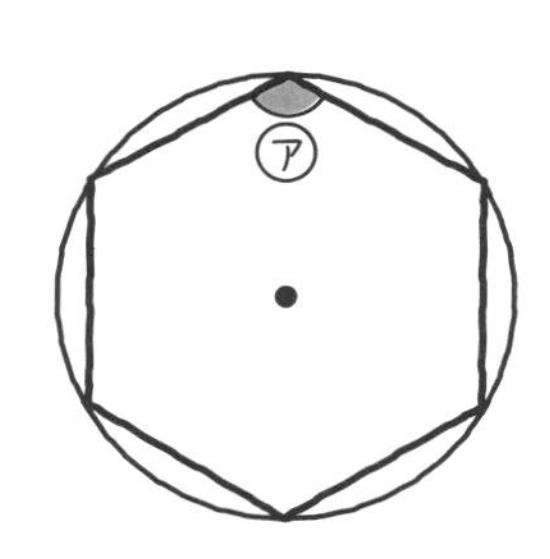


(1) ㋐の角度は何度ですか。 〔　　　　〕

(2) 正六角形の1辺の長さは何cmですか。 〔　　　　〕

# レッスン14 円・球［3・5年］

## このレッスンのイントロ♪

円のまわりの長さが，直径の長さの何倍になっているかを表す数を円周率といいます。円周率は，3.141592…とどこまでも続く数で，なんと10万けたまで覚えている人がいるそうです。しかし，いくら筆算の勉強をしたといっても，10万けたの計算をするのはムリですよね。そのため，ふつうは円周率を3.14として計算します。このレッスンで，円や球のいろいろな長さを求められるようにしましょう。

# 1 円 ［3年］

授業動画は こちらから 69

まず，円はどんな形かたしかめましょう。

円

● 1つの点から長さが同じになるようにかいたまるい形。

・**中心**…円の真ん中の点。

・**半径**（はんけい）…中心から円のまわりまでひいた直線。
1つの円では，半径の長さはみな等しい。

・**直径**…中心を通り，円のまわりからまわりまでひいた直線。
直径の長さは半径の長さの**2倍**。
直径どうしは，円の中心で交わる。

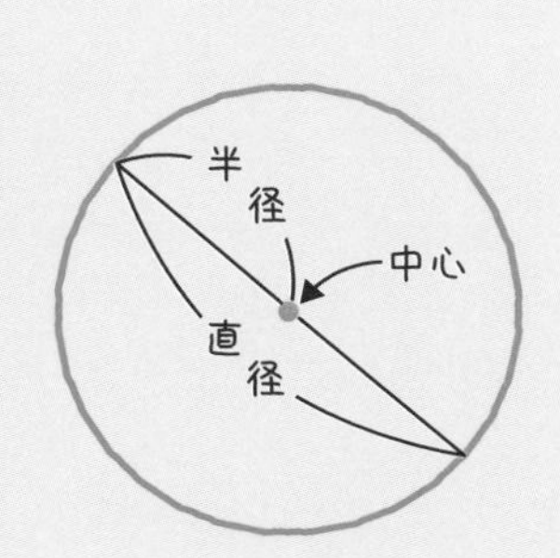


● 円のかき方

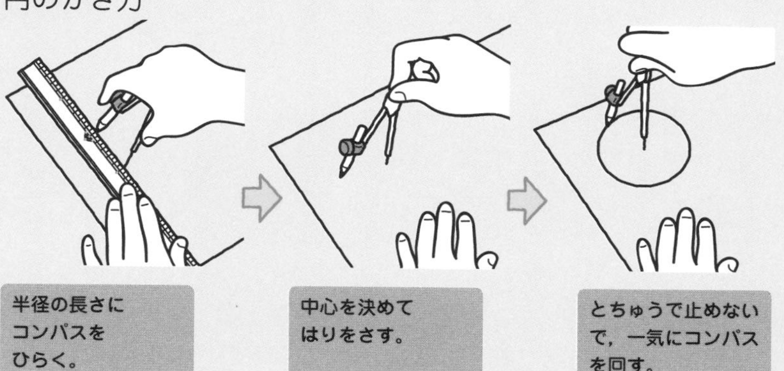

半径の長さにコンパスをひらく。

中心を決めてはりをさす。

とちゅうで止めないで，一気にコンパスを回す。

**チェック1** 右の図のア〜ウの名前を答えましょう。

解答は別冊p.33へ

ア〔　　　　　　　〕
イ〔　　　　　　　〕
ウ〔　　　　　　　〕

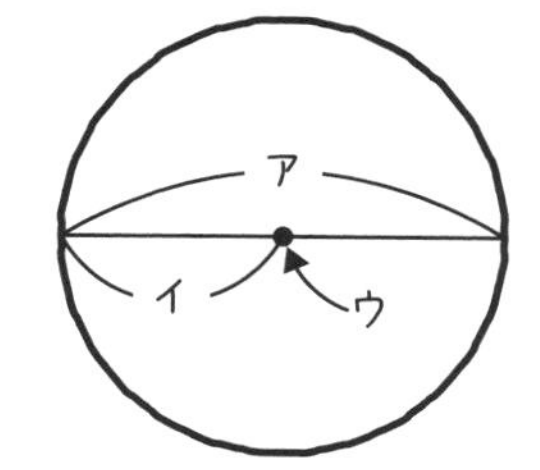


**チェック2** ［　　］にあてはまることばや数を書きましょう。

解答は別冊p.33へ

（1） 直径どうしは，［　　］で交わります。

（2） 円の直径の長さは，半径の［　　］倍です。

（3） 直径6cmの円の半径の長さは［　　］cmです。

## 2 円周 〔5年〕

授業動画は こちらから    

直径の長さと円周の長さの関係について調べましょう。

### 円周

- **円周**…円のまわり。
- **円周率**…円周の長さが，直径の長さの何倍になっているかを表す数。
  **約3.14**です。
  **円周＝直径×円周率**
  **＝半径×２×円周率**

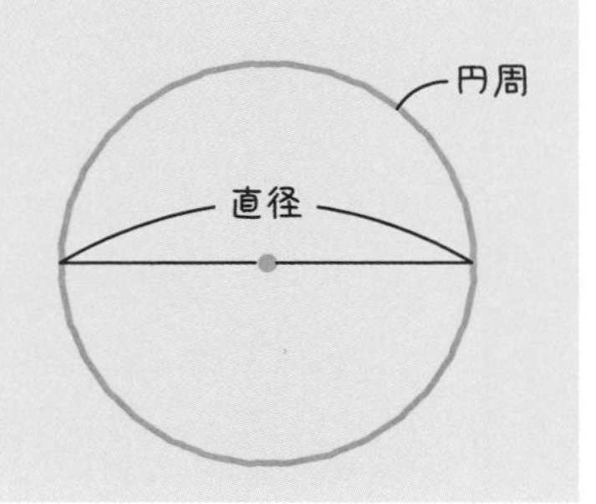


**例** 右の図のように，円の直径が１cm，２cm，３cm，…と変わるとき，それぞれの円周の長さを次の表に書きましょう。

円周＝直径×円周率だから，

$1 \times 3.14 = 3.14$

$2 \times 3.14 = 6.28$

⋮

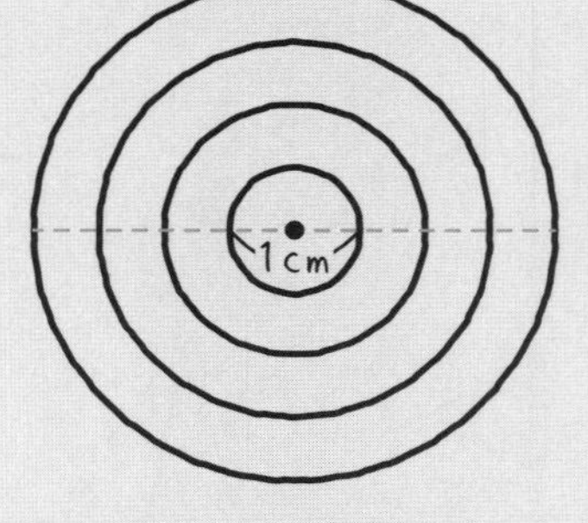


| 直径（cm） | 1 | 2 | 3 | 4 | 5 |
|---|---|---|---|---|---|
| 円周（cm） | 3.14 | 6.28 | 9.42 | 12.56 | 15.7 |

**つけたし**
円周は直径に比例します。

**チェック３** 次の円の円周の長さを求めましょう。

解答は別冊p.33へ

(1)

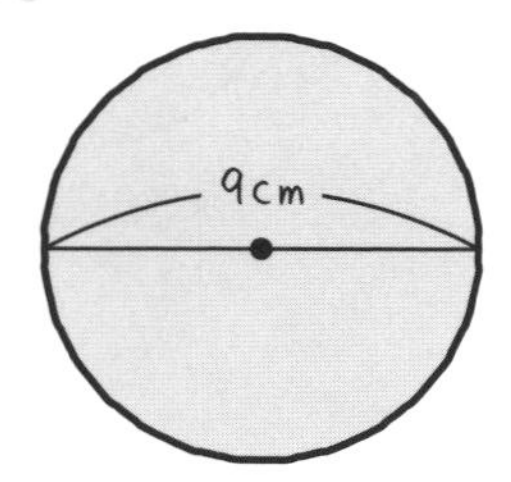


〔　　　　　〕

(2)

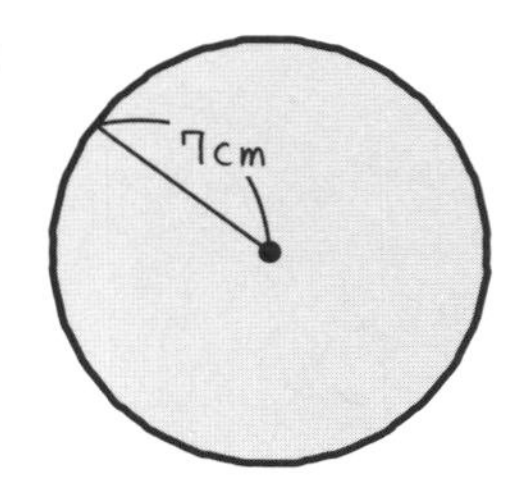


〔　　　　　〕

**チェック 4** 次の色をぬった図形のまわりの長さを求めましょう。  解答は別冊p.33へ

(1)

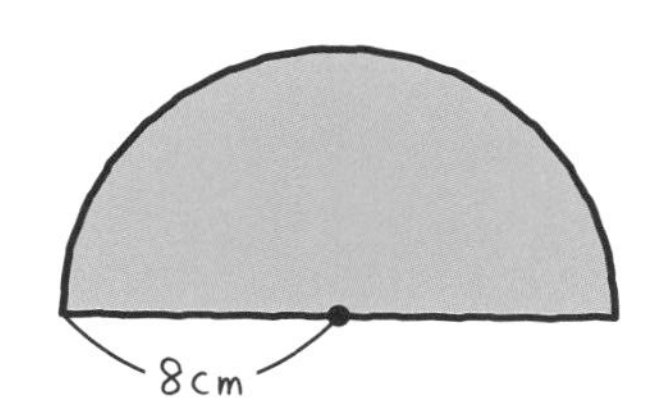


〔　　　　　　　　〕

(2)

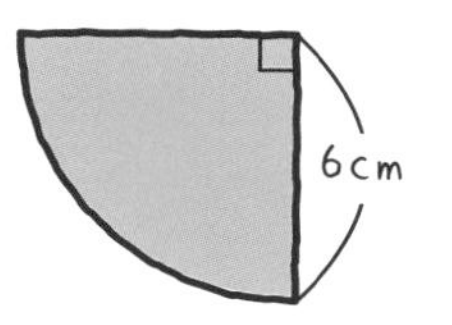


〔　　　　　　　　〕

(3)

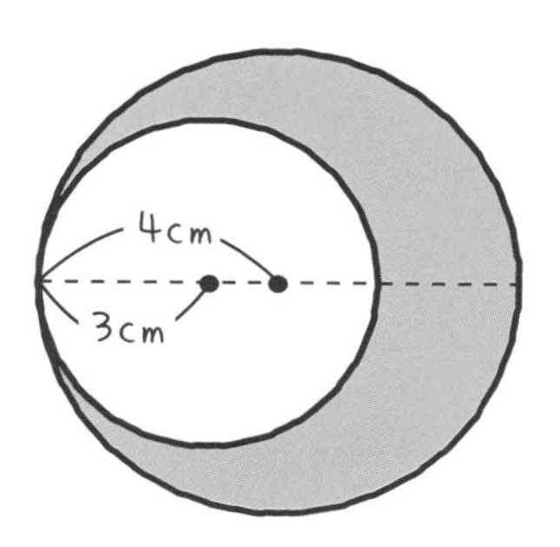


〔　　　　　　　　〕

(4)

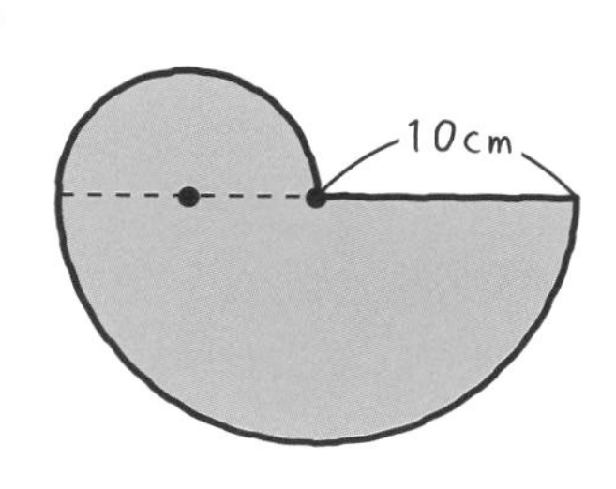


〔　　　　　　　　〕

(5)

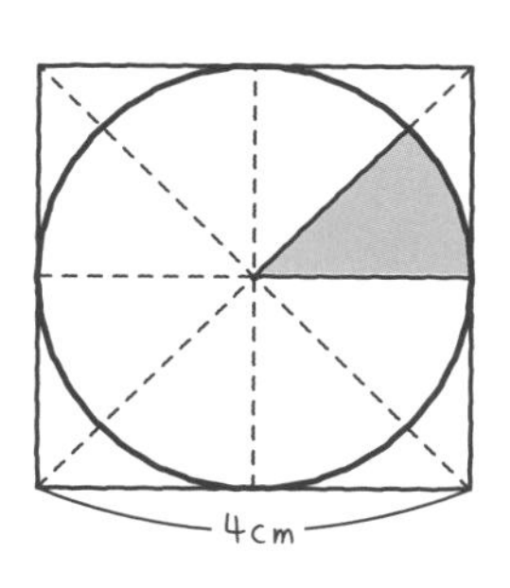


円がいっぱいで
目が回る～

〔　　　　　　　　〕

# 3 球［3年］

授業動画は こちらから 72

次に，球はどんな形かたしかめましょう。

ポイント 球

- どこから見ても円に見える形。
  - ・球を半分に切ったときの切り口の
  円の中心を**球の中心**
  円の半径（はんけい）を**球の半径**
  円の直径（ちょっけい）を**球の直径**
  という。
  - ・円と同じように，
  1つの球では，半径の長さはみな等しい。
  球の直径の長さは，半径の長さの**2倍**。
- 球を半分に切ったとき，切り口の円はいちばん大きくなる。

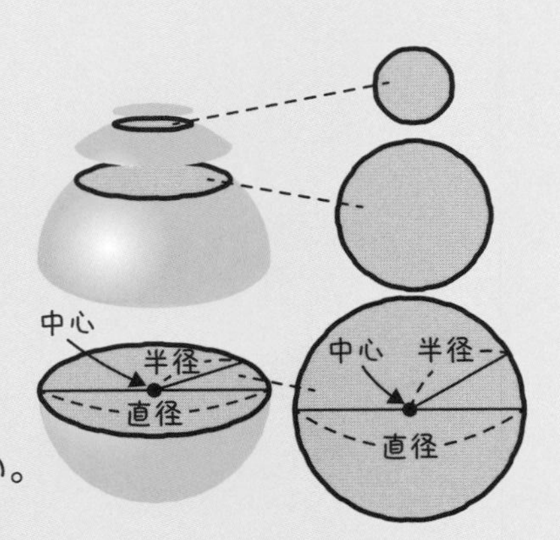


チェック5 右の図のア～ウの名前を答えましょう。 解答は別冊p.34へ

ア〔　　　　　　〕
イ〔　　　　　　〕
ウ〔　　　　　　〕

ア イ ウ

球を半分に切った図だぜ

チェック6 ［　］にあてはまることばや数を書きましょう。 解答は別冊p.34へ

(1) 球をどこで切っても，切り口の形は［　］になります。

(2) 半径5cmの球の直径の長さは［　］cmです。

(3) 直径12cmの球の半径の長さは［　］cmです。

チェック7 右の図のように，箱の中に同じ大きさのボールが4こぴったり入っています。次の問いに答えましょう。 解答は別冊p.34へ

(1) ボールの半径の長さは何cmですか。

〔　　　　　　〕

(2) 箱の横の長さは何cmですか。

〔　　　　　　〕

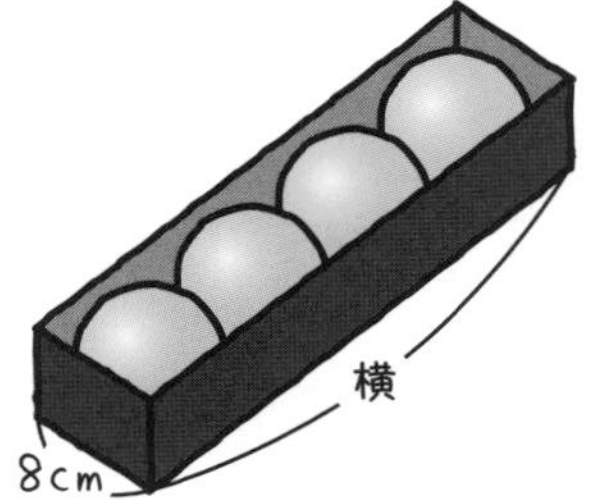

# レッスン14 の力だめし

授業動画は こちらから 73

解説は別冊p.34へ

**1** コンパスを使って，次のもようをかきましょう。

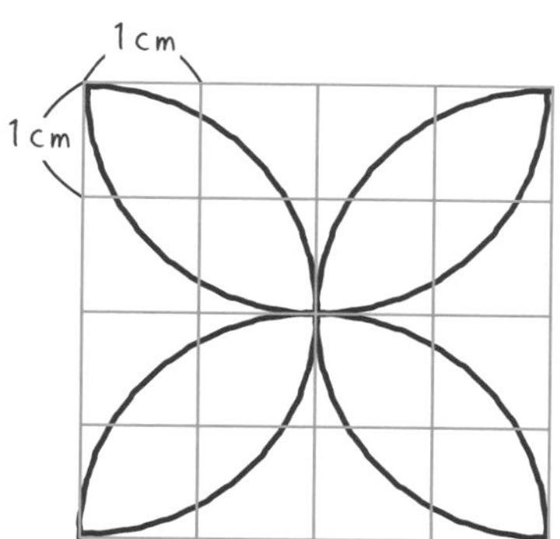


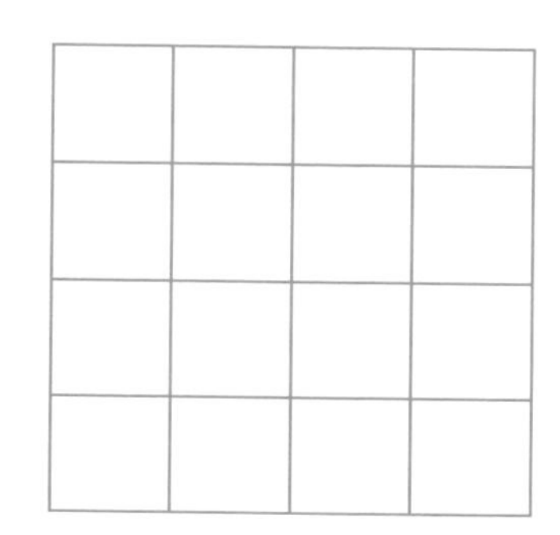

**2** 次のア～ウの長さは何cmですか。

(1)

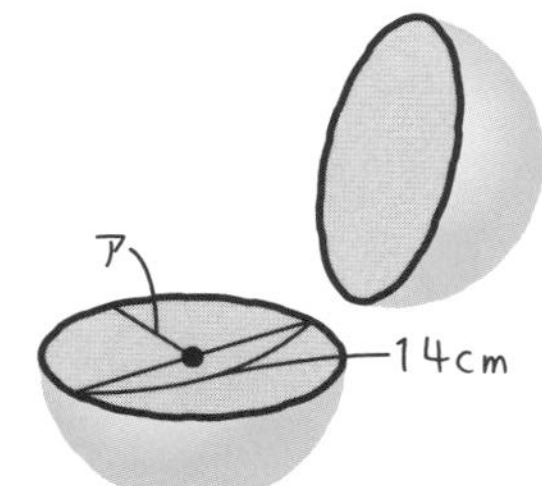


(2)

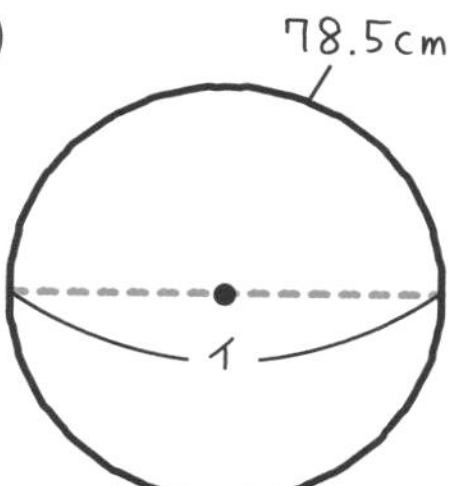


(3)

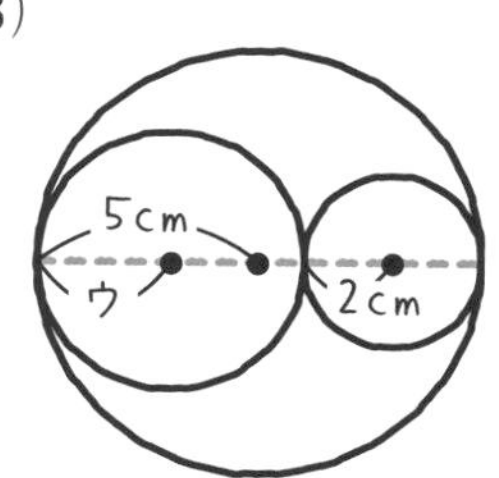


〔　　　　〕　〔　　　　〕　〔　　　　〕

**3** 次の色をぬった図形のまわりの長さを求(もと)めましょう。

(1)

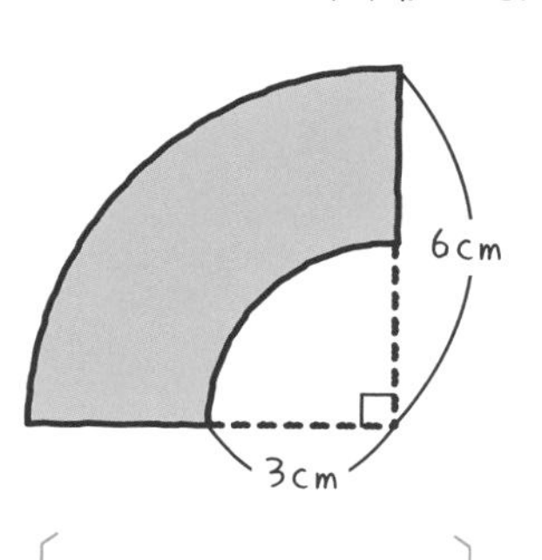


(2)

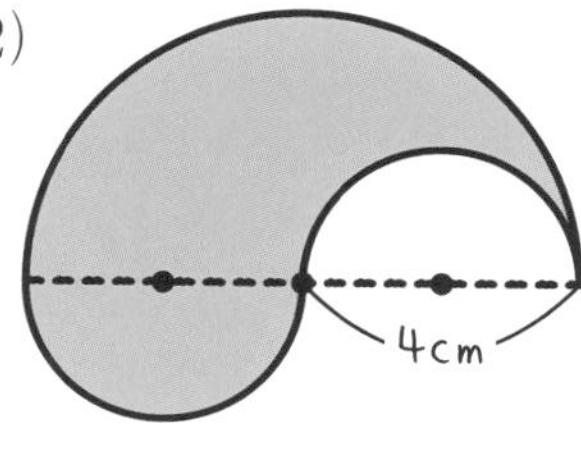


〔　　　　〕　〔　　　　〕

**4** 右のように，箱の中に半径5 cmのボールが6こぴったり入っています。箱のたてと横の長さは，それぞれ何cmですか。

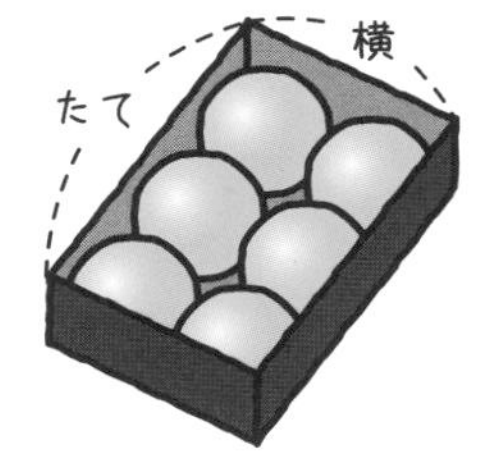


たて〔　　　　〕横〔　　　　〕

# レッスン15 角［4・5年］

## このレッスンのイントロ♪

三角形，四角形など図形のかどにある形 ∠ を角といいます。ここでは，まず，分度器（ぶんどき）を使って角度をはかったり，実際に角をかいたりすることから，はじめてみましょう。

# 1 角のはかり方［4年］

授業動画は こちらから 74

三角形や四角形の角には大きさがあり，その大きさは分度器を使ってはかることができます。

## ポイント 角度

● 角度

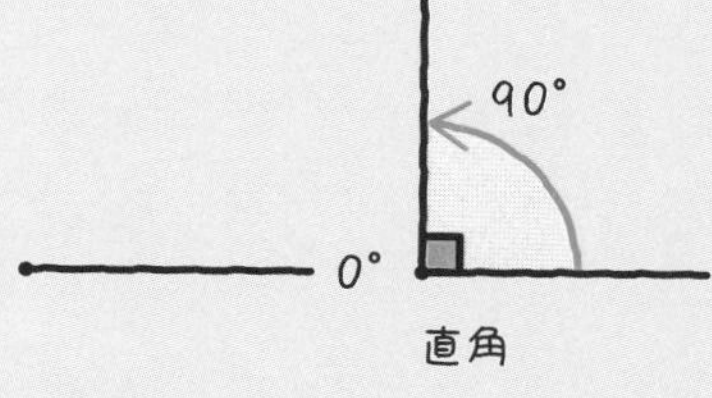


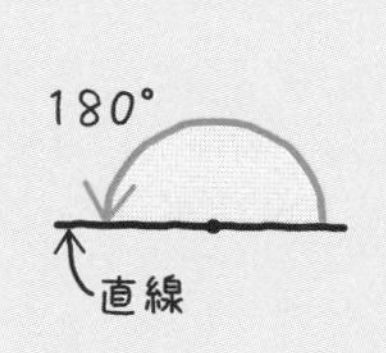


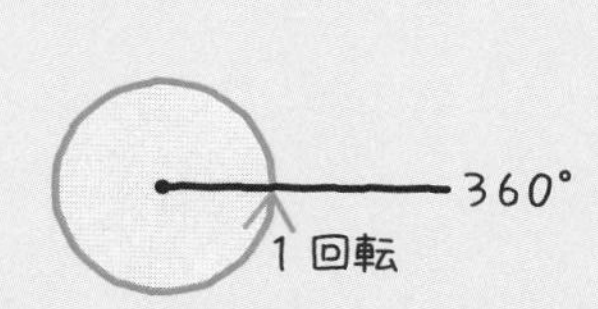


**つけたし**
∟のしるしは，直角（90°）を表しているよ。

● 角のはかり方

1. 分度器の中心を，角の頂点（ちょうてん）アに合わせる。
2. 分度器の0°の線を辺アイに合わせる。
3. 辺アウと重なっているめもりをよむ。

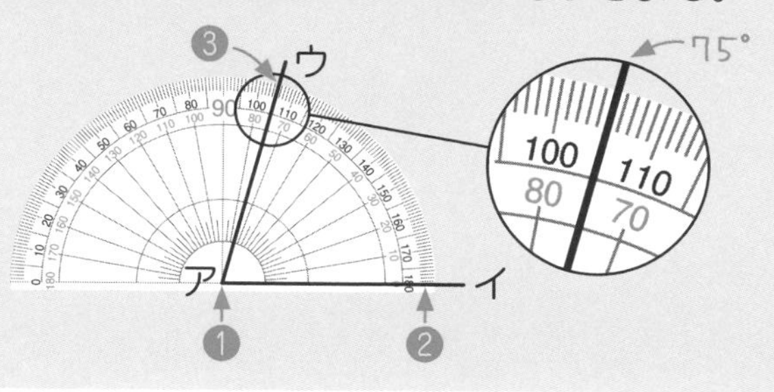


直角を90に等分した1つ分の角の大きさを1度といい，1°と書きます。

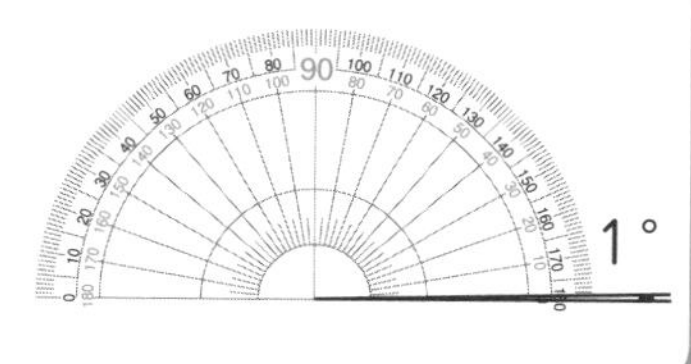


**例** あの角の大きさを分度器を使ってはかりましょう。

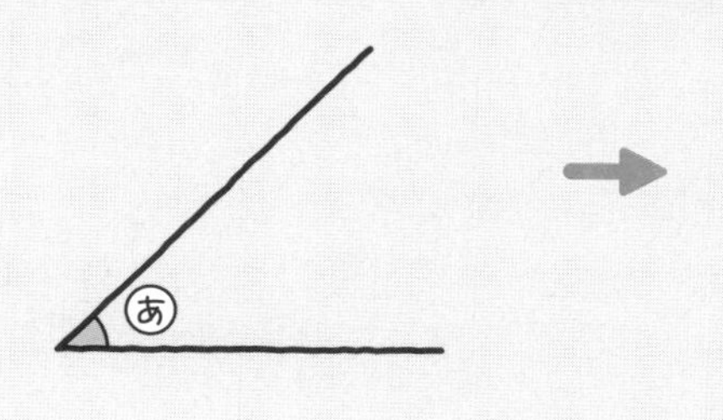


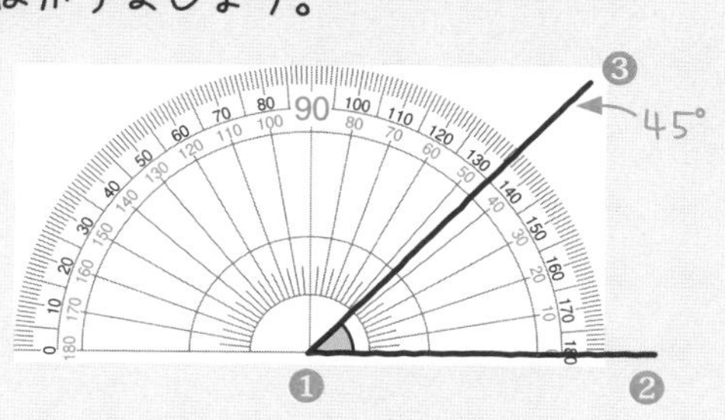

チェック 1　あ，いの角度は何度ですか。
分度器(ぶんどき)を使ってはかりましょう。

解答は別冊p.35へ

(1)

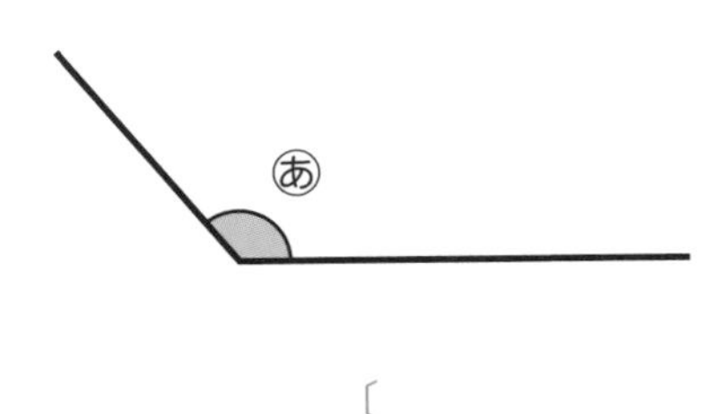


〔　　　　　〕

(2)

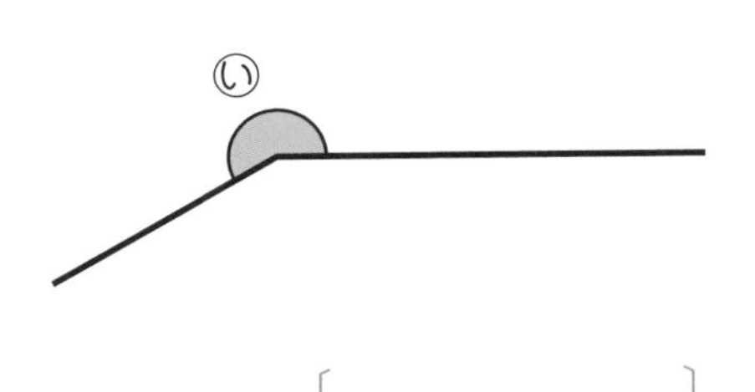


〔　　　　　〕

## 2 角のかき方［4年］

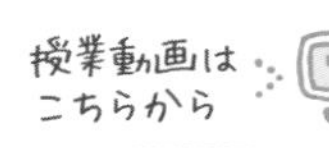

分度器を使って，いろいろな大きさの角度をかくことができます。

### ポイント 角のかき方

例 30°の角をかきましょう。

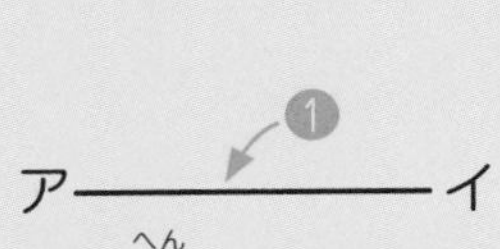


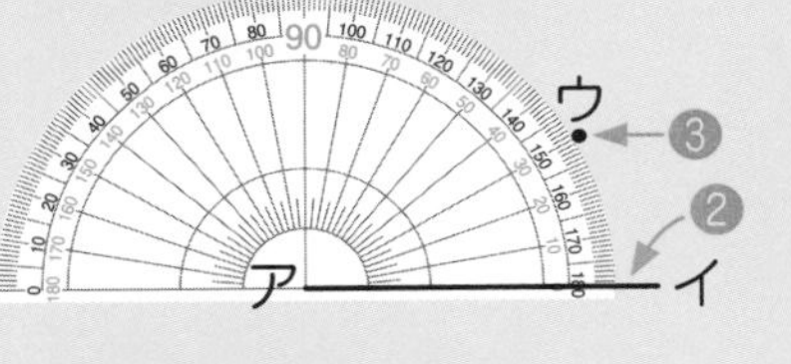


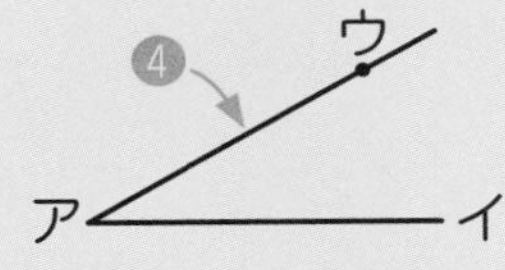

1. 辺(へん)アイをひく。
2. 分度器の中心を点アに合わせ，0°の線を辺アイに合わせる。
3. 30°のめもりのところに点ウをうつ。
4. 点アと点ウを通る直線をひく。

チェック 2　次の角をかきましょう。

解答は別冊p.35へ

(1)　140°

(2)　260°

## 3 三角じょうぎの角［4年］

授業動画はこちらから 76

三角じょうぎの角の大きさは決まっています。この角を使うと，いろいろな角をつくることができます。まず，三角じょうぎの角について，知りましょう。

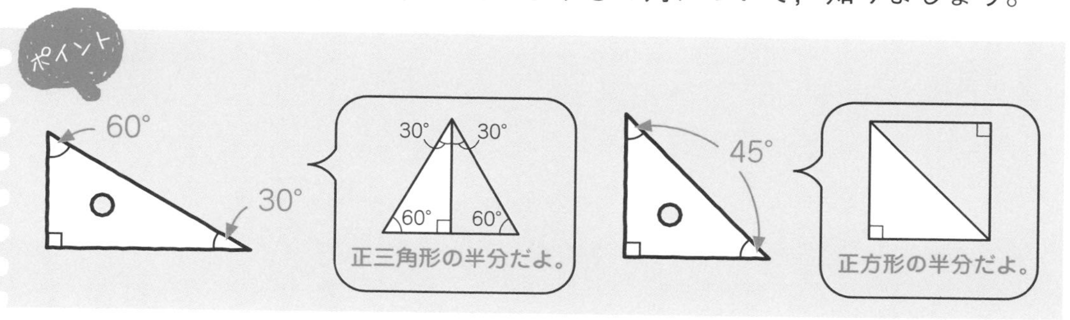


チェック 3　1組の三角じょうぎを，次のように組み合わせました。㋐，㋑の角度は何度ですか。

解答は別冊p.35へ

(1)

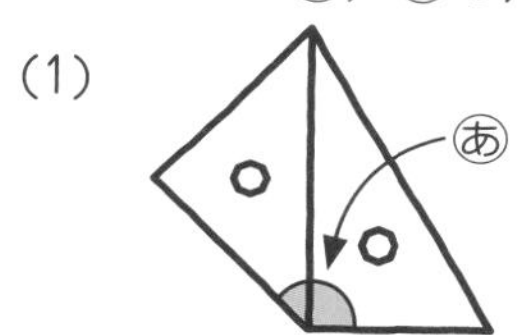


〔　　　　　　〕

(2)

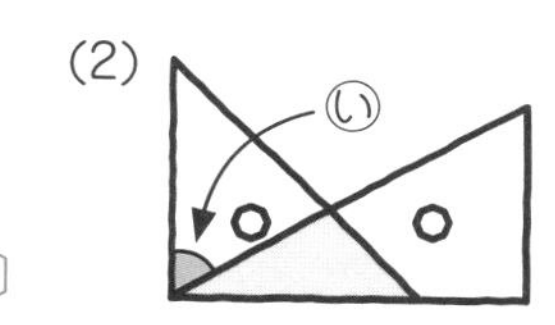


〔　　　　　　〕

## 4 三角形，四角形の角［5年］

授業動画はこちらから 77 78

三角形の３つの角の大きさの和（内角(ないかく)の和）と四角形の４つの角の大きさの和（内角の和）について調べてみましょう。

### 三角形の内角の和

● 三角形の内角の和は180°

例

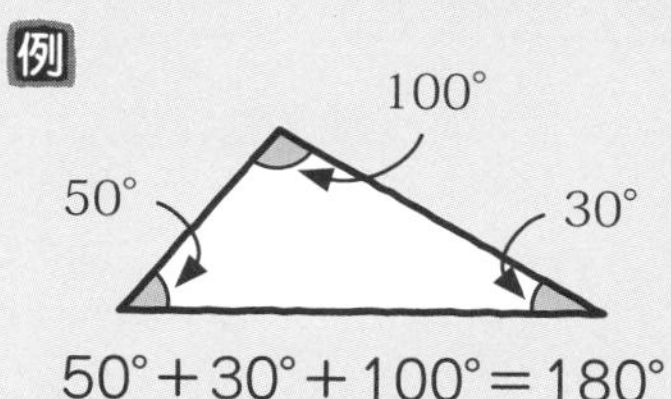


50°＋30°＋100°＝180°

**もっとくわしく**

三角形の外角(がいかく)は，それととなり合わない２つの内角の和に等しい。

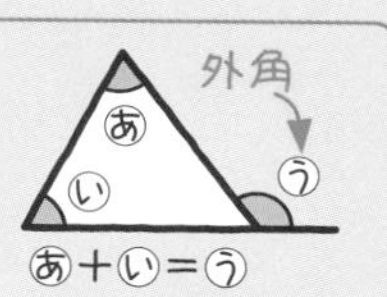


### 四角形の内角の和

● 四角形の内角の和は360°

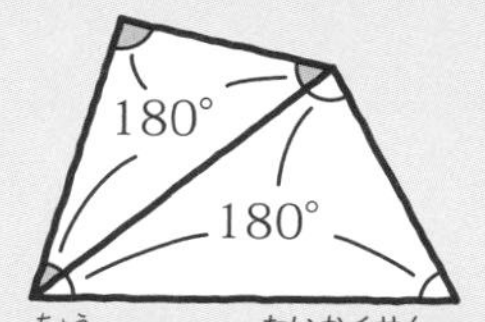


１つの頂点(ちょう)から対角線(たいかくせん)をひくと，２つの三角形に分けられるから，

180°×２＝360°

**例1**

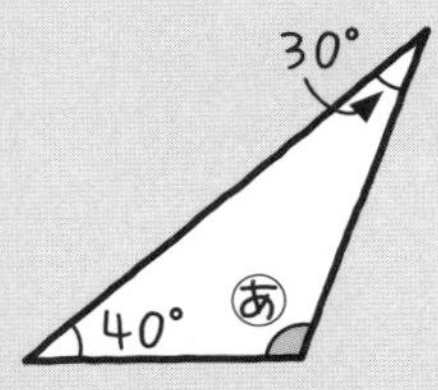


㋐の角度は

$180°-(40°+30°)=110°$

**例2**

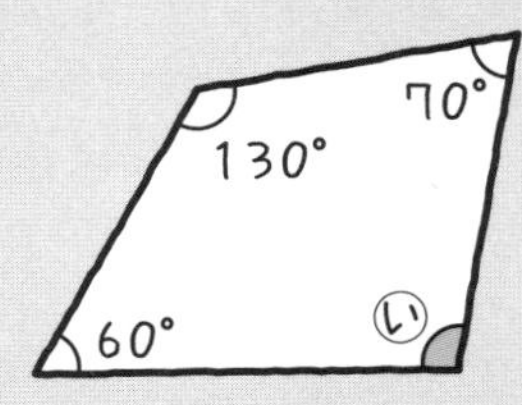


㋑の角度は

$360°-(60°+70°+130°)=100°$

**チェック 4** ㋐，㋑の角度を計算して求(もと)めましょう。

解答は別冊p.36へ

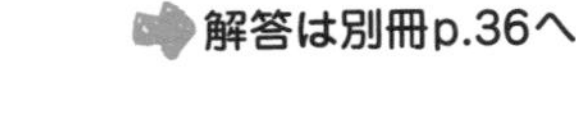

(1)

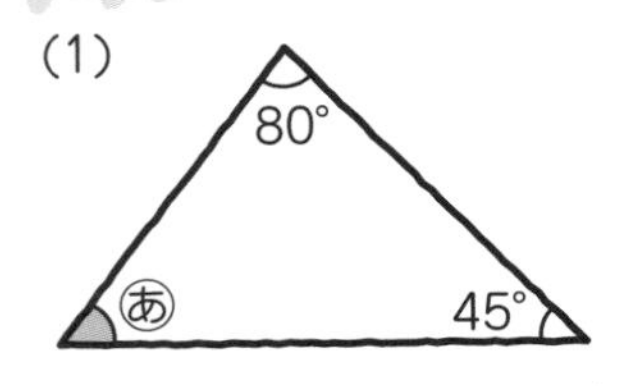


〔　　　　　　〕

(2)

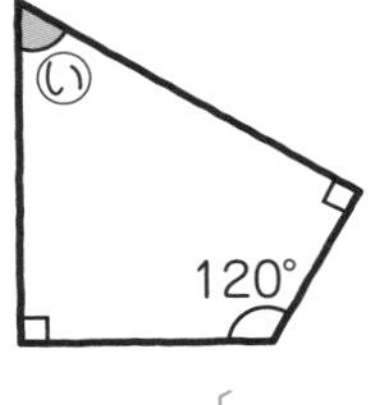

〔　　　　　　〕

**チェック 5** 五角形の内角(ないかく)の和は何度ですか。

解答は別冊p.36へ

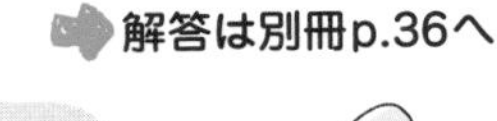

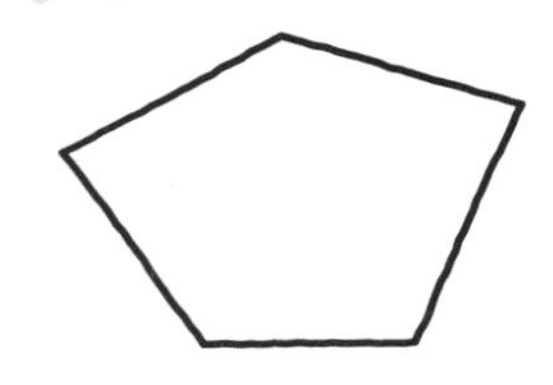

多角形の角の大きさの和
＝180°×三角形の数
だぜ。

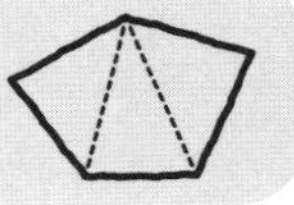

〔　　　　　　〕

## コラム

右の図のように，いくつかの二等辺三角形を組み合わせてできた三角形があります。さて，㋑の角は，㋐の角のいくつ分でしょう。

**次の2つの条件(じょうけん)を使えば求められますよ。**

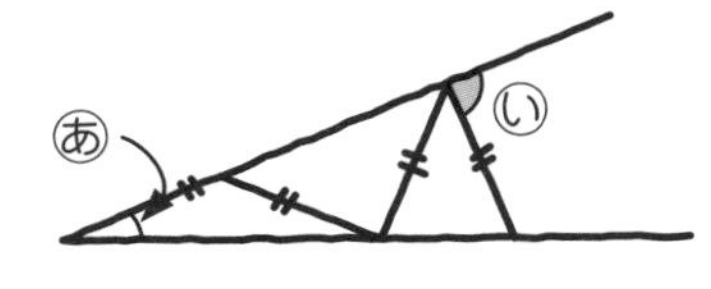


解答は別冊p.36へ

● 二等辺三角形の2つの角の大きさは等しい。

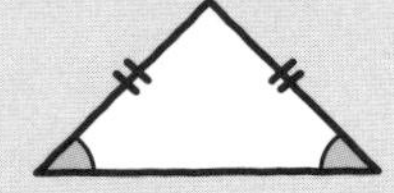

● 三角形の外角(がいかく)は，それととなり合わない2つの内角の和に等しい。

# レッスン15 の力だめし

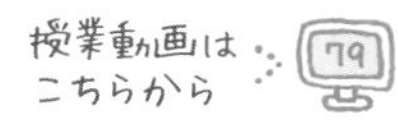

解説は別冊p.37へ

**1** 次の㋐～㋒の角は何度ですか。分度器（ぶんどき）を使ってはかりましょう。

(1)

(2)

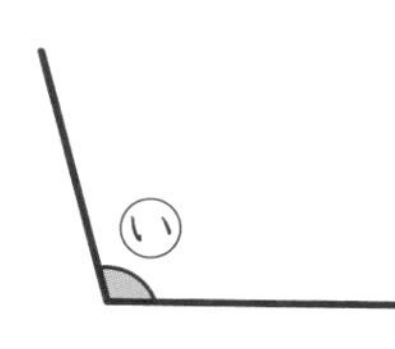


(3)

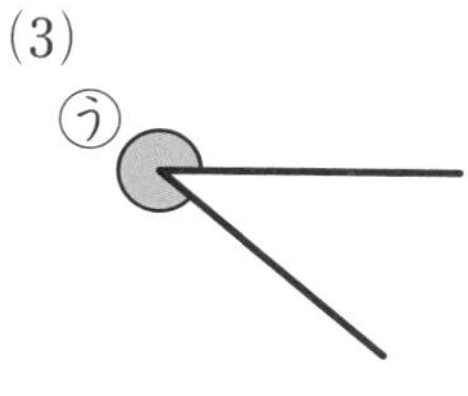


〔　　　　〕　〔　　　　〕　〔　　　　〕

**2** 次の三角形をかきましょう。

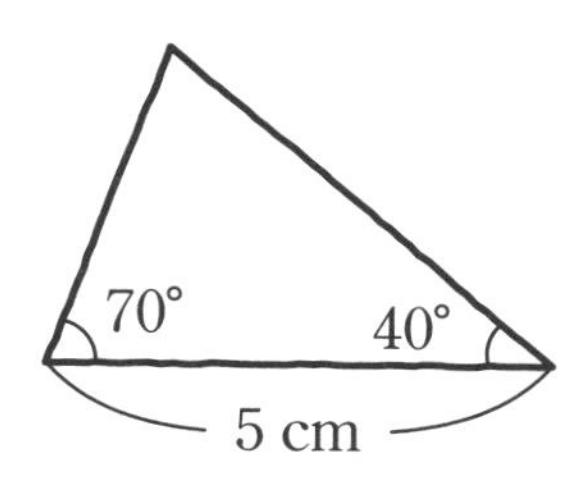


**3** 次の㋐～㋒の角は何度ですか。計算して求めましょう。

(1)

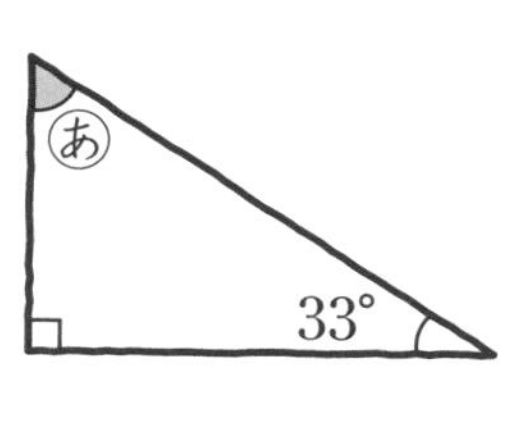


(2)（１組の三角じょうぎ）

(3)

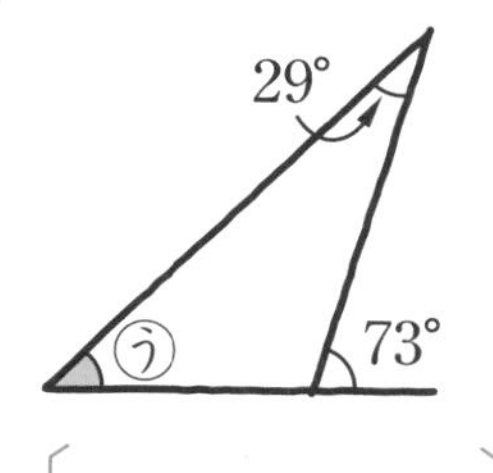


〔　　　　〕　〔　　　　〕　〔　　　　〕

**4** 六角形の内角の和は何度ですか。

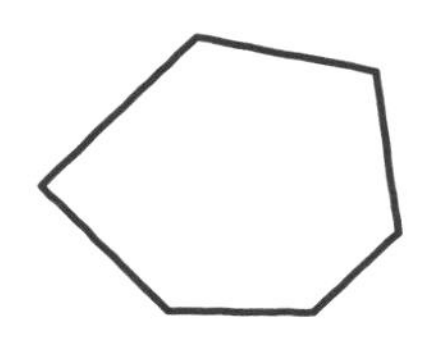

いくつの三角形に
分けられるかな？

〔　　　　〕

# レッスン16 垂直・平行 ［4年］

## このレッスンのイントロ♪

4本の直線で囲まれた形を四角形ということを，レッスン13で学びました。4本の直線の交わり方やならび方によって，いろいろな四角形ができましたね。このレッスンで，2本の直線が垂直に交わるとはどういうことか，2本の直線が平行であるとはどういうことか，おさらいしましょう。

# 1 垂直 ［4年］

授業動画は こちらから

## ポイント 垂直

● 2本の直線が交わってできる角が直角のとき，この2本の直線は，**垂直**であるという。

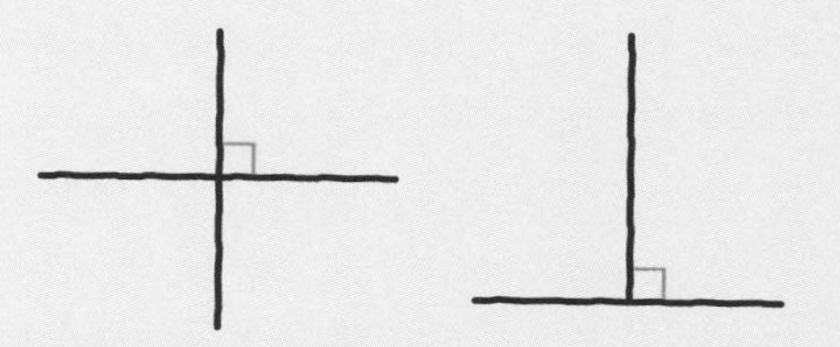

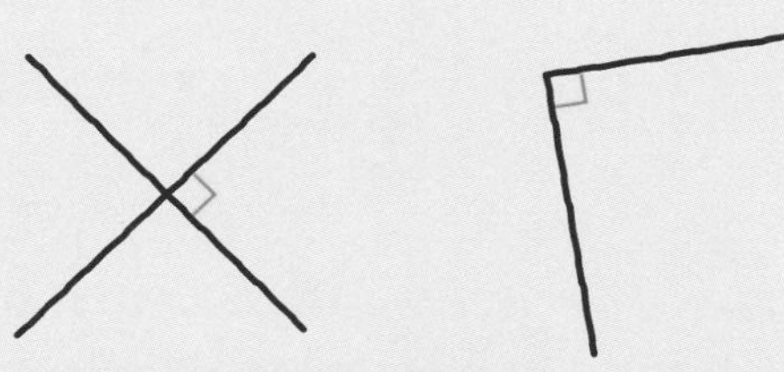

● 2本の直線が交わっていなくても，一方の直線をのばすと，交わって直角ができるときは，垂直であるという。

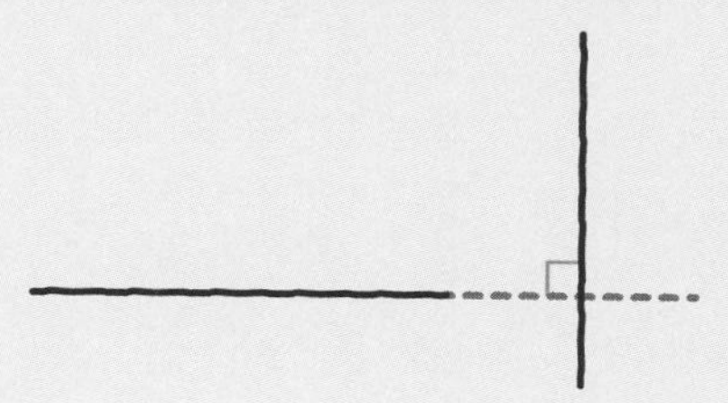

**つけたし**

「直角」は，90°の大きさや形を表すことばです。

**チェック 1** 次の図で，アの直線に垂直な直線はどれですか。3つ選びなさい。

解答は別冊p.37へ

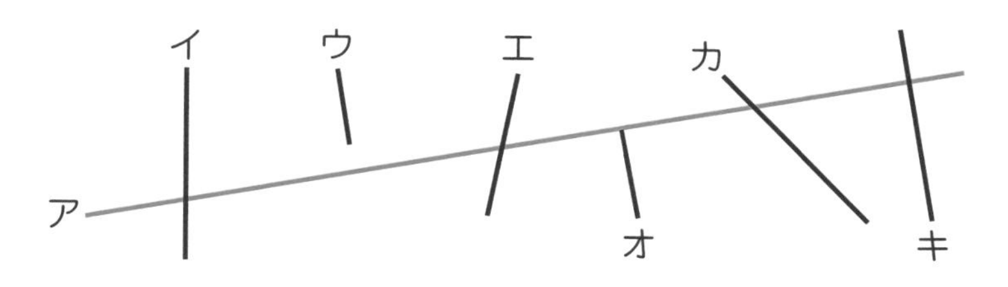


三角じょうぎの直角をあてて調べよう！

## 垂直な直線のかき方

点Aを通り，㋐の直線に垂直な直線をかく。

❶ ㋐の直線に三角じょうぎを合わせる。

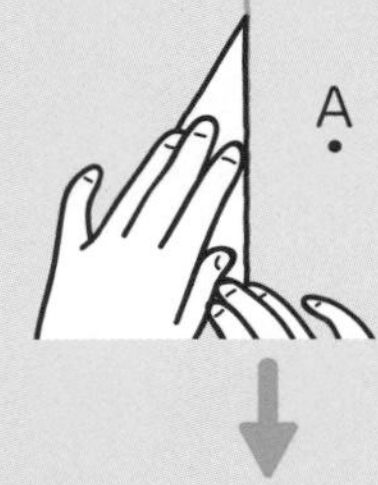


❷ もう１まいの三角じょうぎの直角のある辺を，㋐の直線に合わせる。

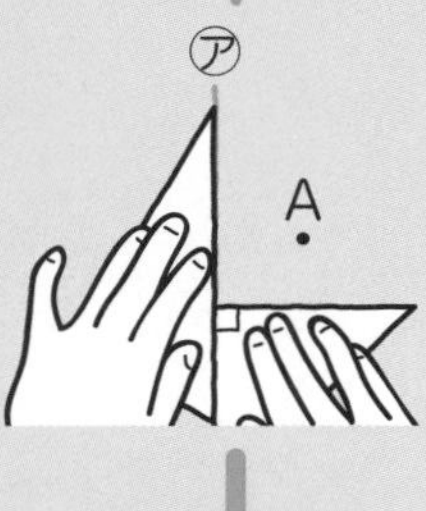


❸ 点Aに合うように，右側の三角じょうぎを動かす。

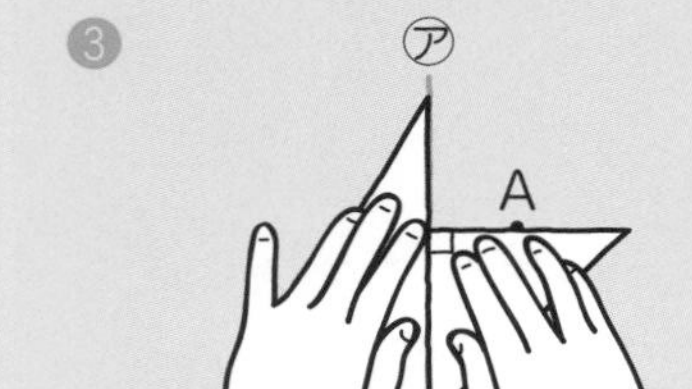


❹ 三角じょうぎをおさえながら，点Aを通る直線をかく。

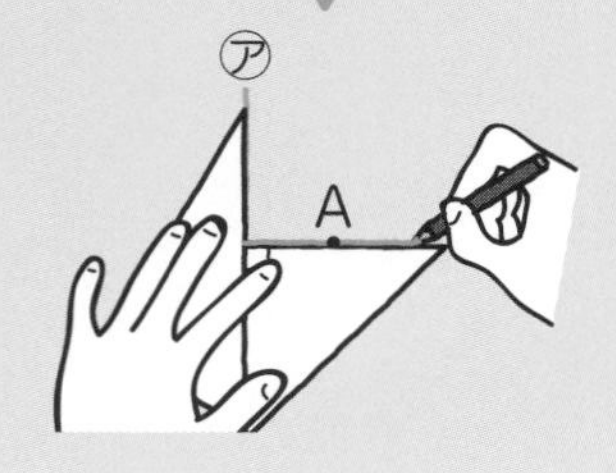


**チェック2** １組の三角じょうぎを使って，点Aを通り，アの直線に垂直な直線をかきましょう。

解答は別冊p.37へ

(1)

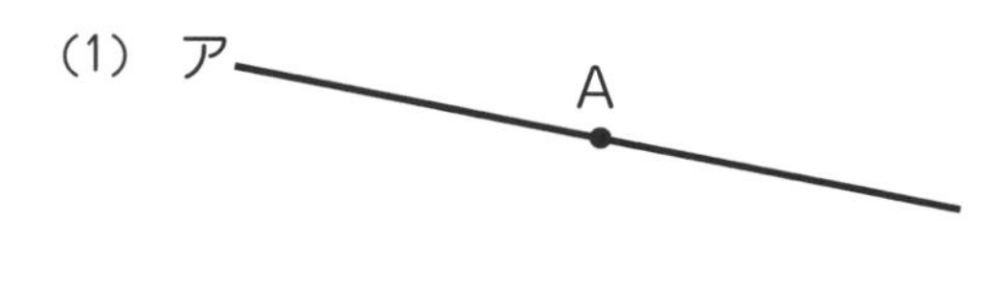


(2)

# 2 平行 〔4年〕

授業動画は こちらから 81

## ポイント 平行

- 1本の直線に垂直な2本の直線は，平行(へいこう)であるという。

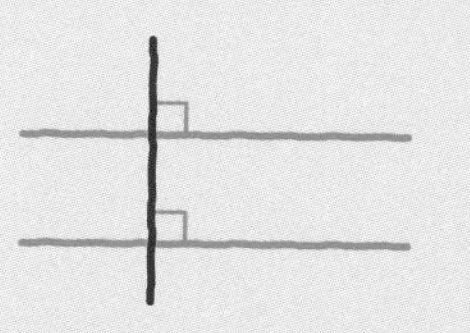

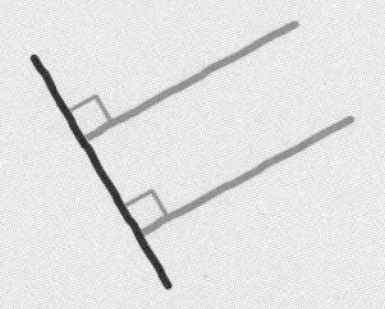

- 平行な直線は，ほかの直線と等しい角度で交わる。

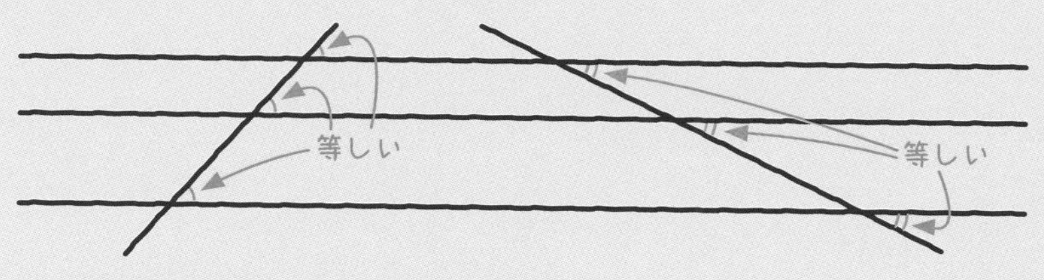


- 平行な直線のはばは，どこも等しい。
- 平行な直線は，どこまでのばしても交わらない。

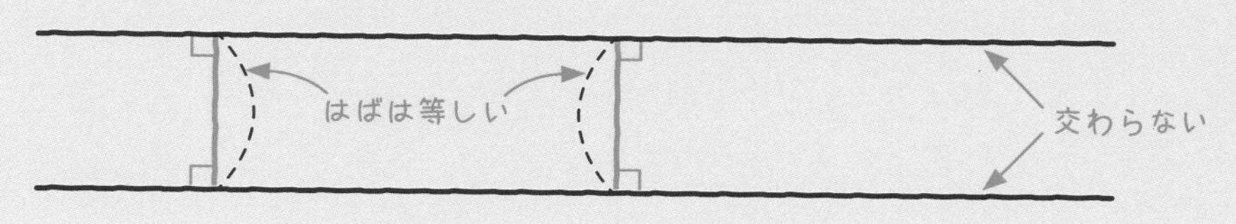


**チェック 3** 次の図で，アとイの直線は平行です。㋐，㋑の角度はそれぞれ何度ですか。

解答は別冊p.37へ

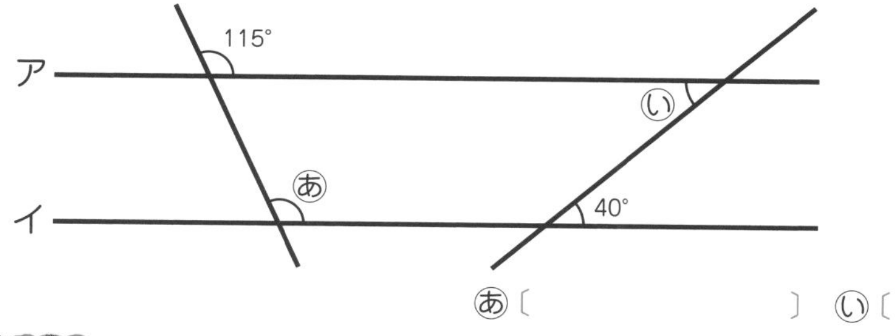


㋐〔　　　　　〕　㋑〔　　　　　〕

**もっとくわしく**

・2つの直線が交わってできる角は等しい。

・下の3つの角は等しい。

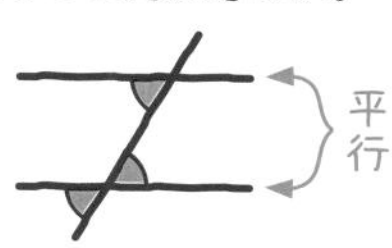

## 平行な直線のかき方

**例** 点Aを通り，㋐の直線に平行(へいこう)な直線をかく。

①

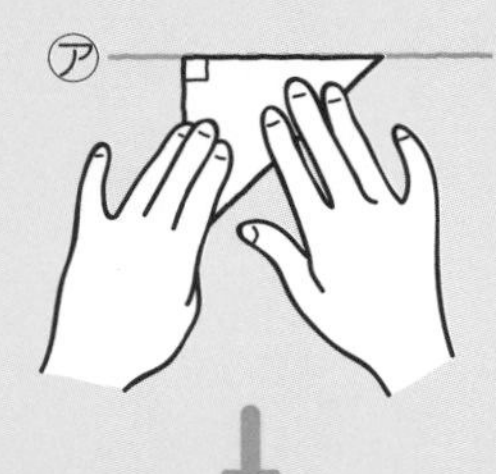

㋐の直線に三角じょうぎを合わせる。

②

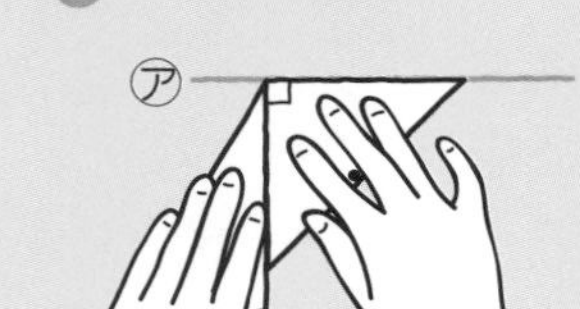

もう１まいの三角じょうぎを合わせる。

③

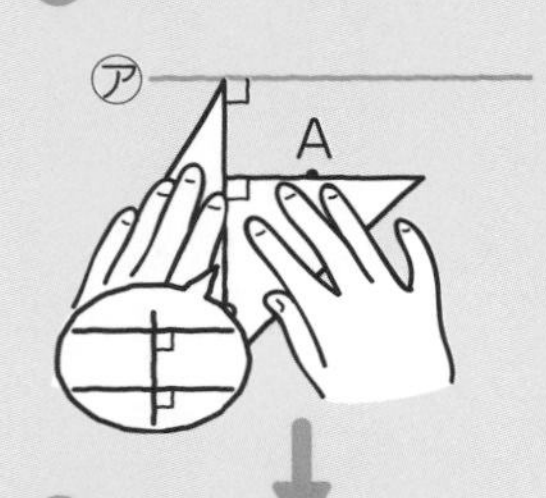

点Aに合うように，右側(がわ)の三角じょうぎを動かす。

④

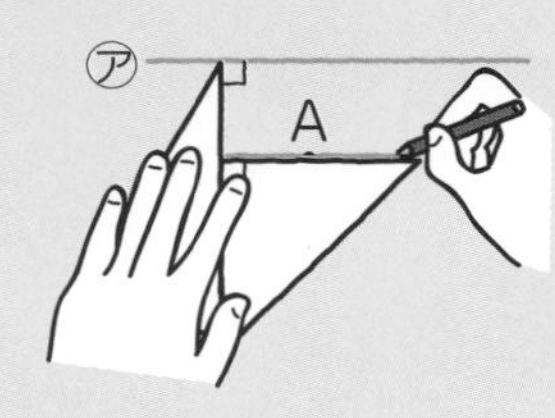

三角じょうぎをおさえながら，点Aを通る直線をかく。

①〔**別のかき方**〕

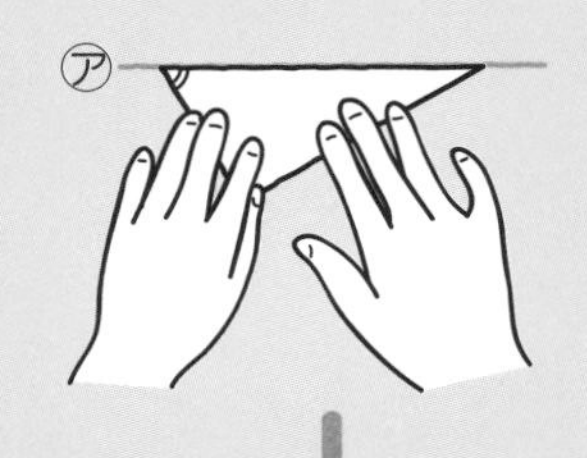

㋐の直線に三角じょうぎを合わせる。

②

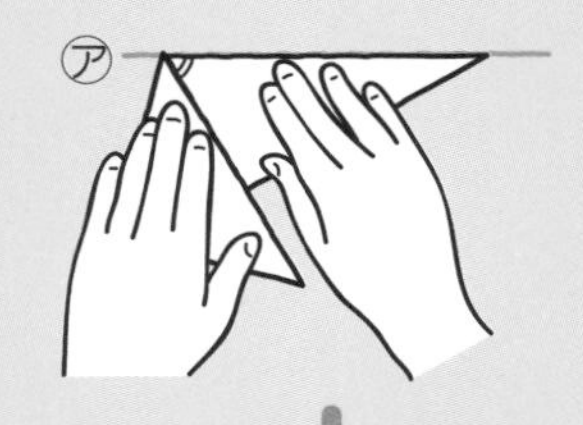

もう１まいの三角じょうぎを合わせる。

③

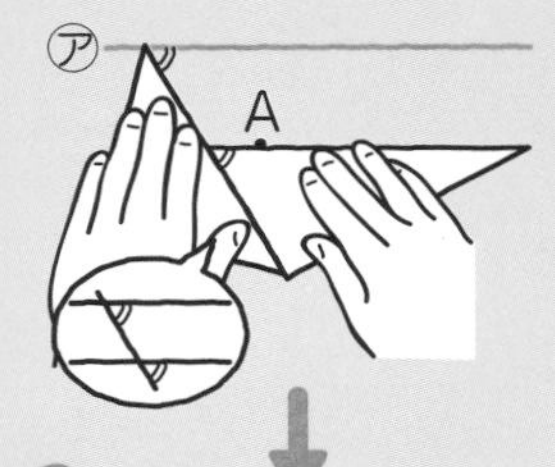

点Aに合うように，右側の三角じょうぎを動かす。

④

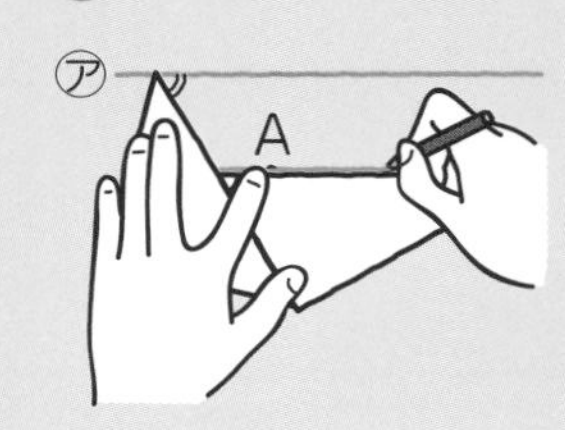

三角じょうぎをおさえながら，点Aを通る直線をかく。

**チェック４** １組の三角じょうぎを使って，点Aを通り，アの直線に平行な直線をかきましょう。

**解答は別冊p.38へ**

(1)

(2)

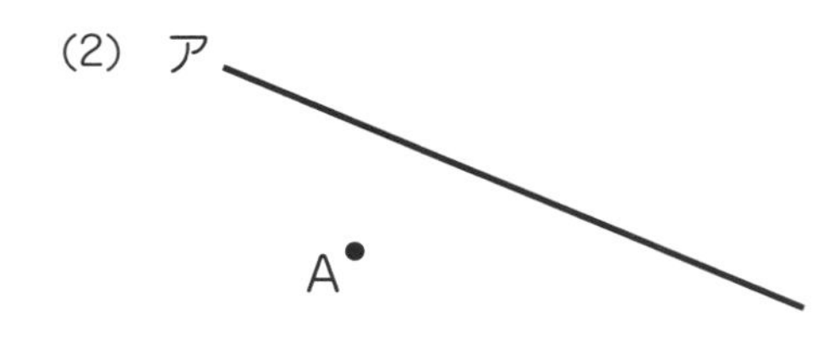

# レッスン16の力だめし

授業動画はこちらから 82

解説は別冊p.38へ

82

**1** 次の図で，垂直(すいちょく)な直線はどれとどれですか。また，平行な直線はどれとどれですか。

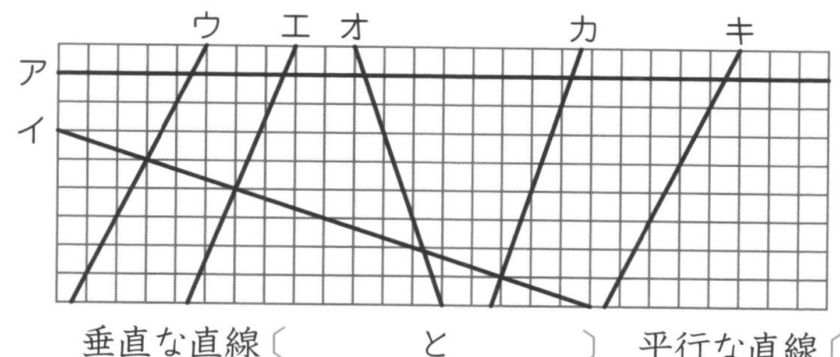


垂直な直線〔　　　と　　　〕　平行な直線〔　　　と　　　〕

**2** アとイの直線，カとキの直線は，それぞれ平行です。
ⓐ～ⓞの角度は，それぞれ何度ですか。
計算して求(もと)めましょう。

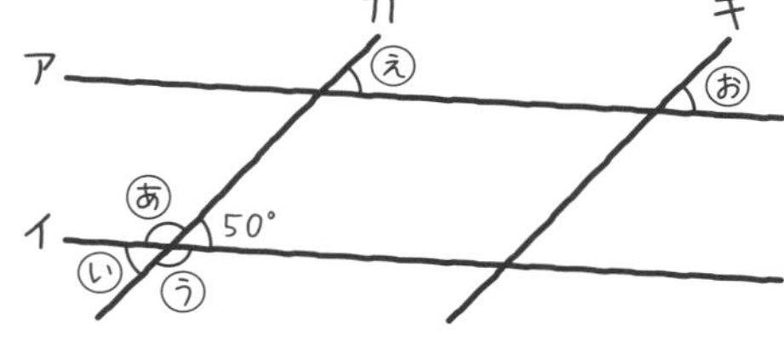


ⓐ〔　　　〕ⓘ〔　　　〕ⓤ〔　　　〕ⓔ〔　　　〕ⓞ〔　　　〕

**3** 右の四角形ABCDは正方形です。辺(へん)ADと垂直な辺はどれですか。また，辺ADと平行な辺はどれですか。

垂直な辺〔　　　　　〕
平行な辺〔　　　　　〕

**4** 1組の三角じょうぎを使って，たて4cm，横7cmの長方形をかきましょう。

# レッスン17 直方体・立方体［4年］

## このレッスンのイントロ♪

おかしの入った箱やティッシュペーパーの箱など，わたしたちの身のまわりにはいろいろな形の箱があります。それらの箱の面の形に注目してみると,三角形や四角形，円，なかにはハート形なんていうものもありますね。ここでは，長方形や正方形で囲まれた箱の形について学びましょう。

# 1 直方体と立方体［4年］

授業動画は
こちらから

長方形や正方形だけで囲まれた形には，次の２種類があります。

## ポイント 直方体と立方体

- **直方体**
…**長方形だけ**で囲まれた形，または，
**長方形と正方形**で囲まれた形。

- **立方体**
…**正方形だけ**で囲まれた形。

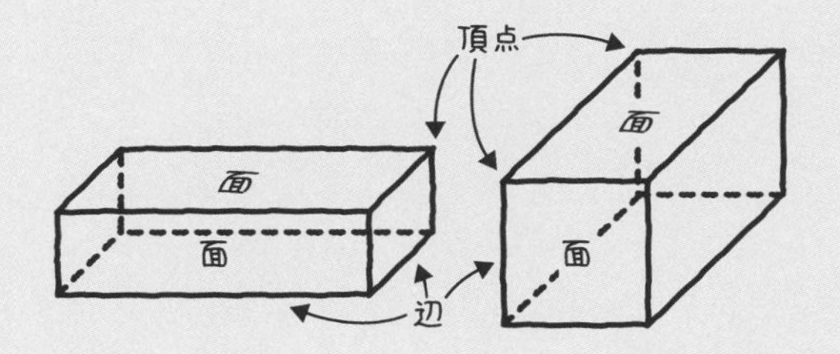


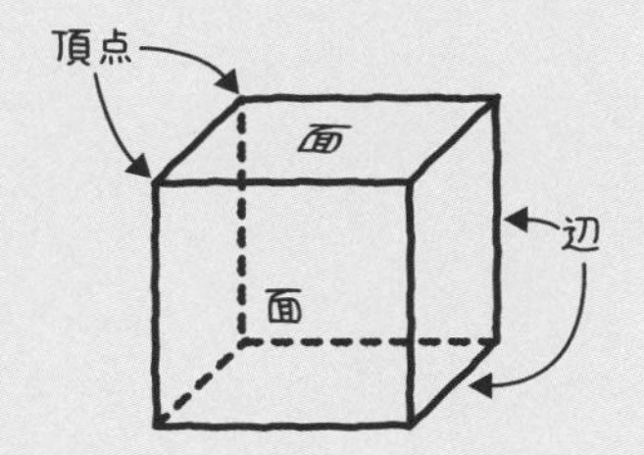


- 直方体や立方体は，まわりが**平面**で囲まれている。
- 直方体と立方体の面の数，辺の数，頂点の数

| | 面の数 | 辺の数 | 頂点の数 |
|---|---|---|---|
| 直方体 | 6 | 12 | 8 |
| 立方体 | 6 | 12 | 8 |

**つけたし**
直方体や立方体などの
形を立体といいます。

**例1** 右の図は，すべての面の形が長方形なので，直方体である。
右の図で，形も大きさも同じ面は，2つずつ，3組ある。
また，長さの等しい辺は，4つずつ，3組ある。

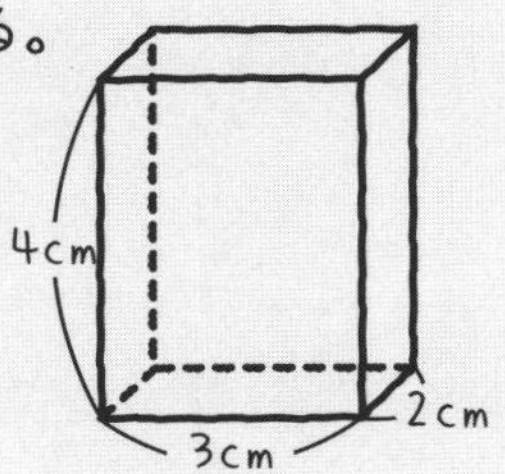


**例2** 右の図は，すべての面の形が正方形なので，立方体である。
右の図で，6つの面すべてが同じ大きさの正方形である。
また，12の辺は，すべて同じ長さである。

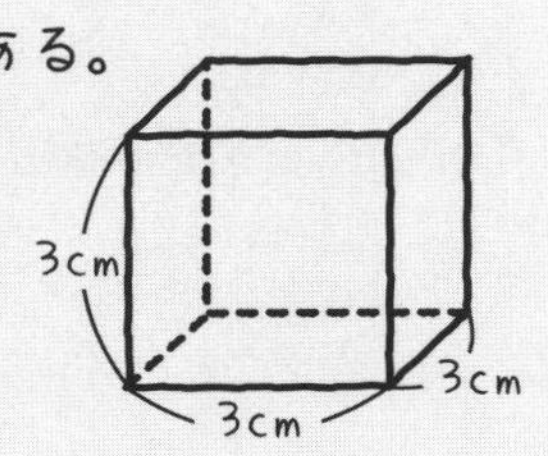

# 2 面や辺の垂直・平行 ［4年］

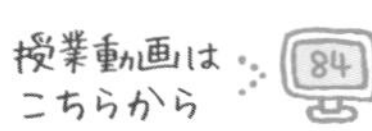

直方体や立方体の面と辺にも垂直や平行の関係があります。

## 垂直・平行

● 面と面

・となり合う2つの面は垂直。

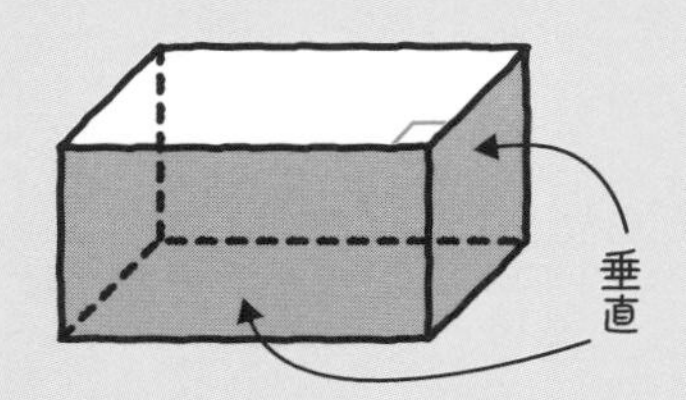


・向かい合う2つの面は平行。

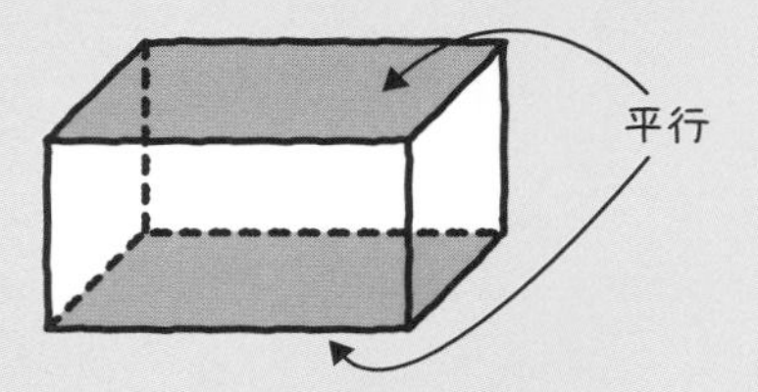


● 辺と辺

・交わる2つの辺は垂直。

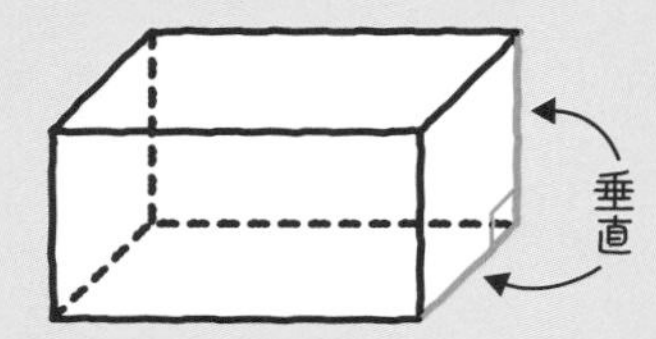


・向かい合う2つの辺は平行。

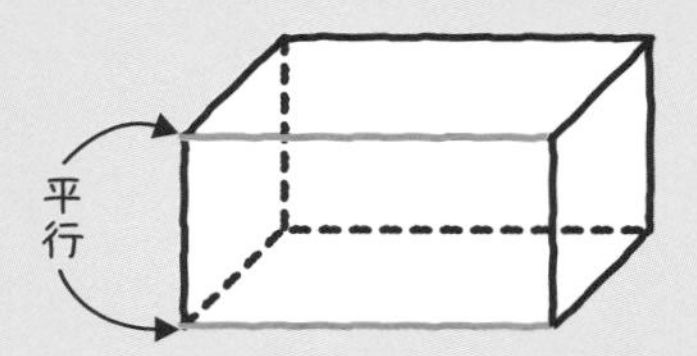


● 面と辺

・面と交わる辺は垂直。

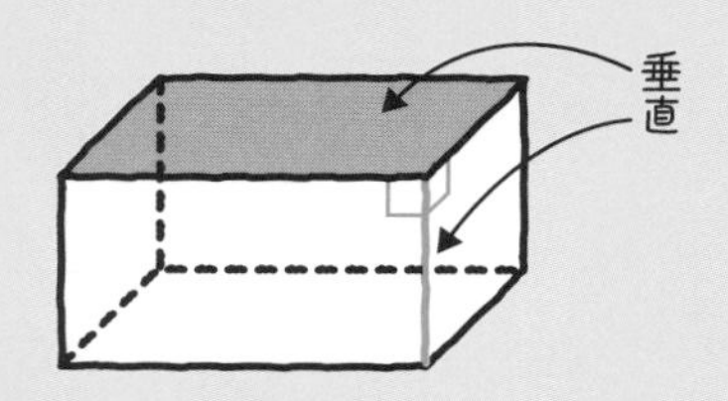


・向かい合う2つの面の，1つの面の辺は，もう1つの面に平行。

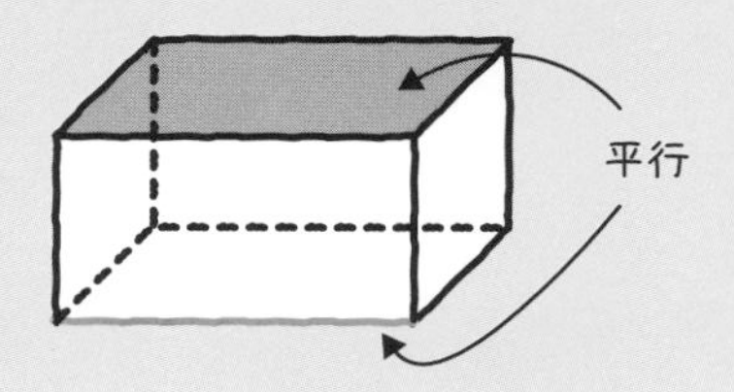


チェック1　右の直方体について答えましょう。

解答は別冊p.38へ

(1)　ⓘの面に垂直な面と平行な面をすべて答えましょう。

垂直な面〔　　　　　〕

平行な面〔　　　　　〕

(2)　辺BCに垂直な辺と平行な辺をすべて答えましょう。

垂直な辺〔　　　　　〕

平行な辺〔　　　　　〕

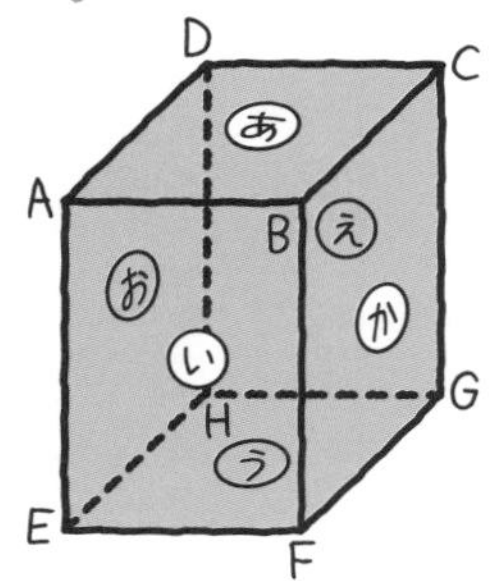

# 3 展開図・見取図 ［4年］

## 展開図

● 立体を辺にそって切り開き，平面の上に広げた図。

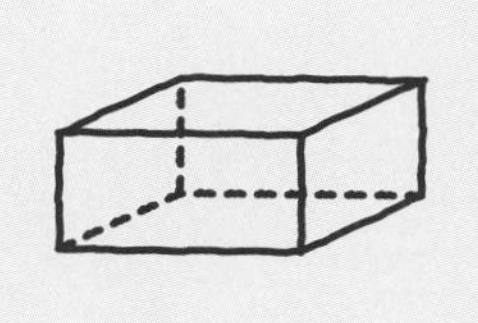

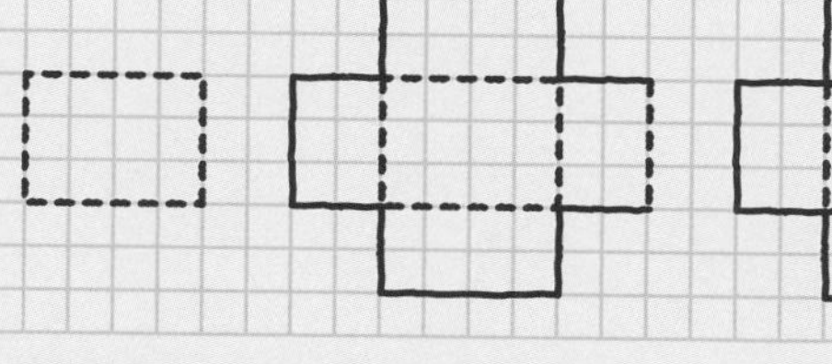


展開図（てんかいず）のかき方

① 下の面をかく。

② となり合う面をかく。

③ 下の面と平行な面をかく。

● 直方体の大きさは，たて，横，高さの**3つの辺の長さ**で決まる。

● 立方体の大きさは，**1辺の長さ**で決まる。

チェック 2　次の立方体の展開図をかきましょう。

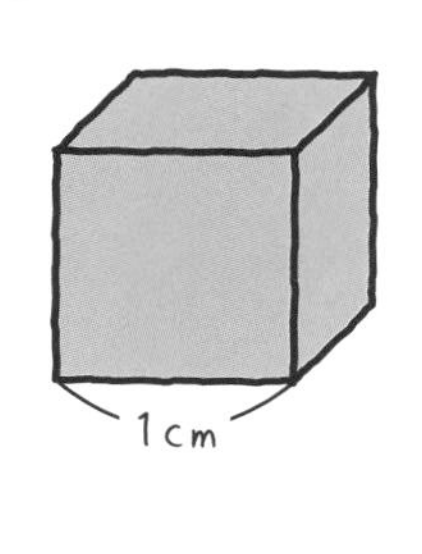

## 見取図

● 立体の全体の形がわかるようにかいた図。

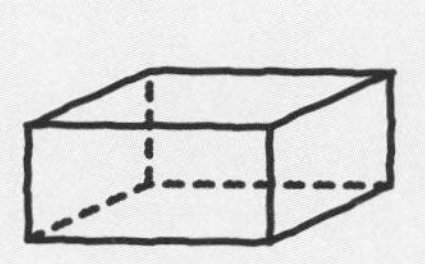

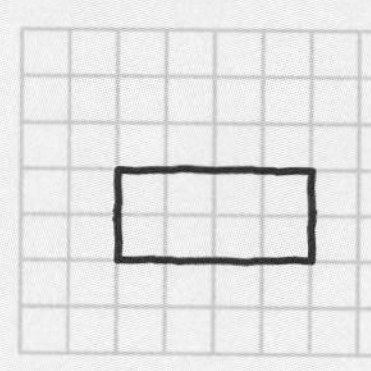

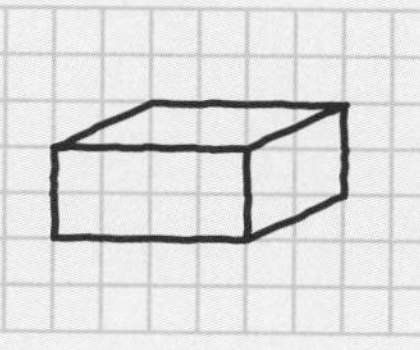

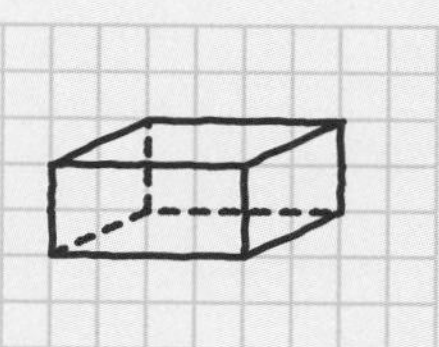

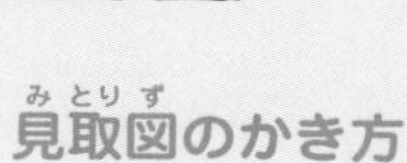


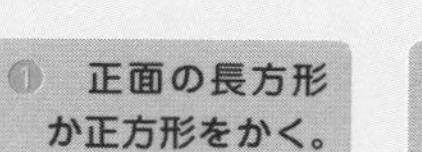


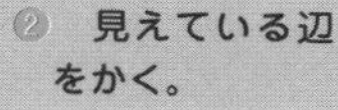


③ 見えない辺は点線でかく。

チェック 3　次の図の続きをかいて，見取図を完成させましょう。　解答は別冊p.39へ

(1)

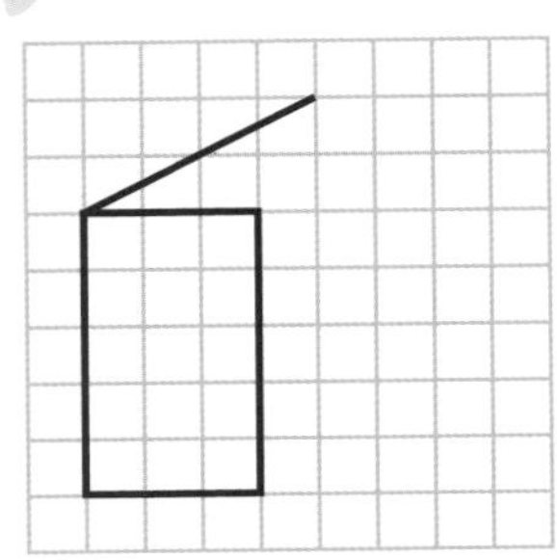

(2)

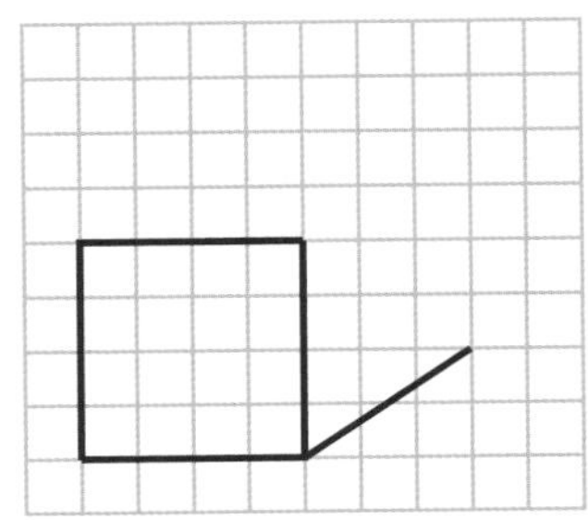

## 4 位置の表し方 ［4年］

授業動画は こちらから 86

平面上の点の位置と空間にある点の位置の表し方をたしかめましょう。

### ポイント 位置の表し方

● 平面上の点…２つの長さの組で表す。

例 点Ｂの位置は，点Ａをもとにして，
（横４ｍ，たて２ｍ）
と表す。

● 空間にある点…３つの長さの組で表す。

例 点Ｃの位置は，点Ａをもとにして，
（横４ｍ，たて２ｍ，高さ３ｍ）
と表す。

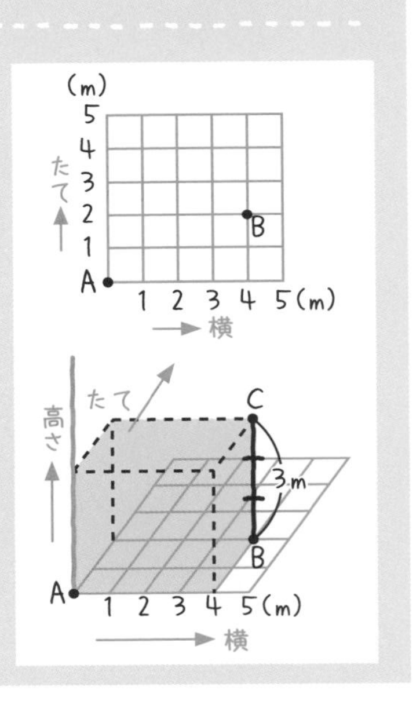


チェック 4　右の直方体で，次の頂点の位置を，頂点Ｅをもとにして表しましょう。　解答は別冊p.39へ

(1)　頂点Ｃ
〔　　　　　　　　　　〕

(2)　頂点Ｄ
〔　　　　　　　　　　〕

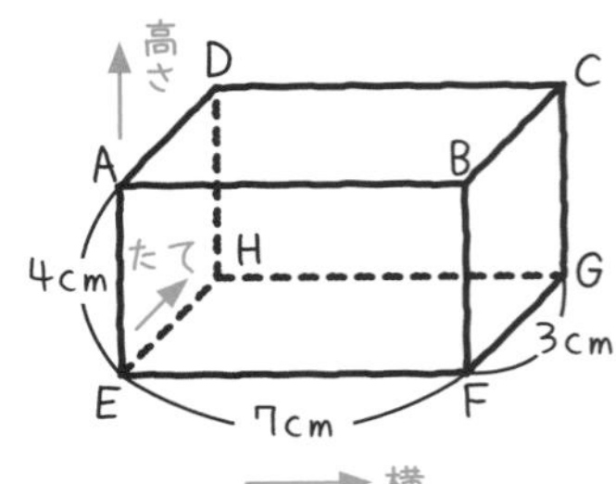

# レッスン17のカだめし

授業動画は こちらから 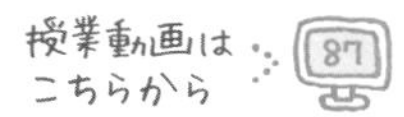

解説は別冊p.39へ

**1** 右の直方体について答えましょう。

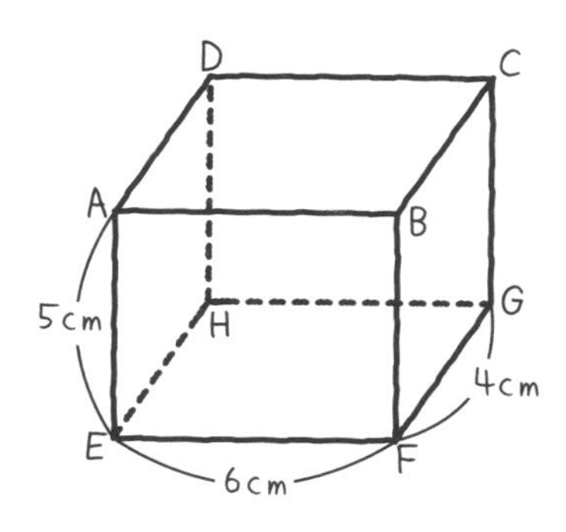


(1) 面，辺，頂点の数はそれぞれいくつですか。

面〔　　　〕　辺〔　　　〕

頂点〔　　　〕

(2) 頂点Eをもとにして，頂点Bの位置を表しましょう。

頂点B〔　　　〕

**2** 右の直方体について，次にあてはまる面や辺をすべて答えましょう。

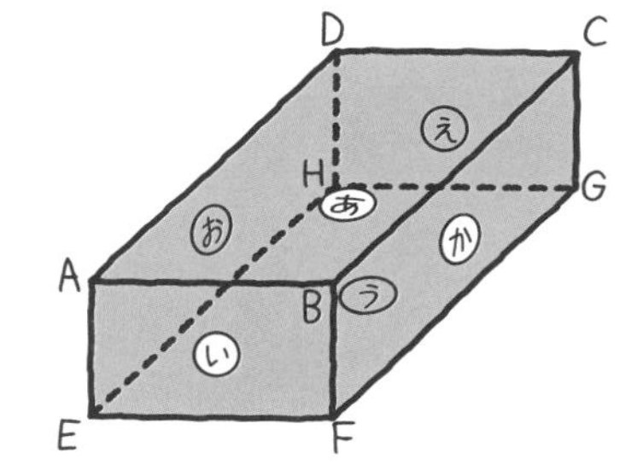


(1) 面㋕に垂直な面，平行な面

垂直な面〔　　　〕

平行な面〔　　　〕

(2) 面㋕に垂直な辺，平行な辺

垂直な辺〔　　　〕

平行な辺〔　　　〕

(3) 辺AEと垂直な辺，平行な辺

垂直な辺〔　　　〕

平行な辺〔　　　〕

**3** 右の展開図を組み立てます。
次の問いに答えましょう。

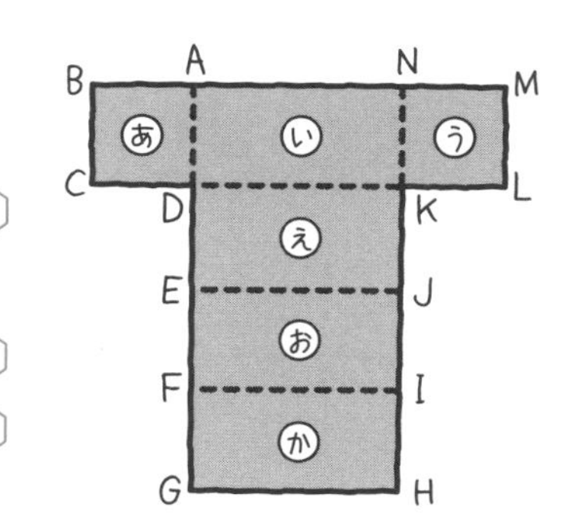


(1) 点Eと重なる点はどれですか。〔　　　〕

(2) 面㋓と垂直な面はどれですか。

〔　　　〕

(3) 面㋔と平行な面はどれですか。〔　　　〕

**4** 次の展開図を組み立てたとき，立方体になるのはどちらですか。

ア

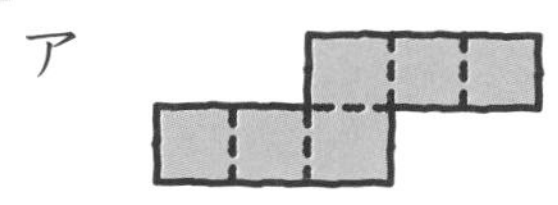

イ

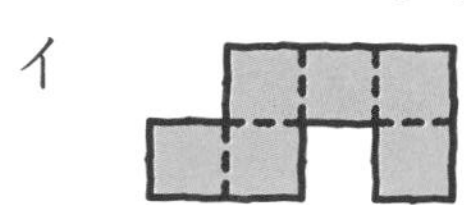

〔　　　〕

# レッスン18 計算のきまり ［4年］

## このレッスンのイントロ♪

4＋2＋1，8＋1－2，12×4÷2などは，何も考えずに左から順に計算していけばよかったですね。

しかし，9＋(6－1)や，8×4－12÷3のように，(　)があったり，たし算，ひき算，かけ算，わり算が入りまじったりしている場合は，どう計算したらよいでしょうか。計算にはきまりがあります。このきまりを知って，正解への道をまっすぐ進みましょう。

# 1 計算の順じょ ［4年］

（　）のある式，たし算，ひき算，かけ算，わり算のまじった式の計算の順じょは，次のとおりです。

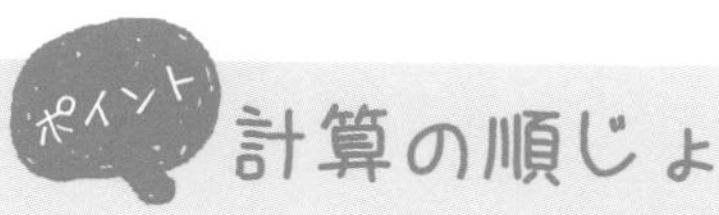


- （　）のある式は，（　）の中を先に計算する。

**例**　$4+12\div(8-2)=4+12\div6$ ❶
　　　　　　　　$=4+2$ ❷
　　　　　　　　$=6$ ❸

- ×や÷は，＋や－より先に計算する。

**つけたし**
ふつうは，左から順に計算します。

**例1**　$170-4\times25=170-100$
　　　　　　　$=70$

**例2**　$5\times(19+11)=5\times30$
　　　　　　　$=150$

**チェック 1**　次の計算をしましょう。　解答は別冊p.40へ

（1）　$21+45\div5$

（2）　$64\div(15-7)$

（3）　$19-8\div4\times7$

（4）　$(8+4\times10)\div12$

**チェック 2**　子ども１人に160円のチョコレートと100円のガムを１こずつ配ります。
子どもが20人いるとき，チョコレートとガムの代金は全部で何円ですか。１つの式に表して答えを求めましょう。　解答は別冊p.40へ

〔式〕

答え

## 2 計算のきまり ［4年］

授業動画は こちらから   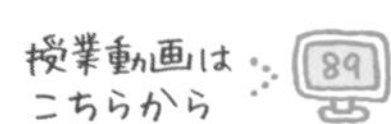 

89

（　）を使った式には，次のようなきまりがあります。

### ポイント （　）を使った式の計算のきまり

・（■＋●）×△＝■×△＋●×△
・（■－●）×△＝■×△－●×△
・（■＋●）÷△＝■÷△＋●÷△
・（■－●）÷△＝■÷△－●÷△

**つけたし**
（　）の外の数を，（　）の中の数にかけたり，（　）の外の数で，（　）の中の数をわったりすると，（　）のない式にできます。

**例1** （4＋6）×7＝4×7＋6×7

**例2** （15－9）÷3＝15÷3－9÷3

**チェック3** 次の□にあてはまる数を書きましょう。 解答は別冊p.41へ

（1） （12＋27）×□＝12×8＋□×8

（2） （53－□）×36＝53×36－41×□

（3） （□＋21）÷7＝49÷7＋21÷□

（4） （72－36）÷□＝□÷18－36÷18

たし算とかけ算には，次のようなきまりがあります。

### ポイント たし算，かけ算の計算のきまり

・■＋●＝●＋■
・（■＋●）＋△＝■＋（●＋△）
・■×●＝●×■
・（■×●）×△＝■×（●×△）

計算の順じょをかえても，答えは同じになる。

食べたら昼寝するのがボクの生活のきまり

例1 $14+28=28+14$

$14+28=42$
$28+14=42$
2つの数を入れかえて計算しても，答えは同じ

例2 $5\times13=13\times5$

$5\times13=65$
$13\times5=65$
2つの数を入れかえて計算しても，答えは同じ

例3 $(45+23)+77=45+(23+77)$

$(45+23)+77=68+77$
$=145$
$45+(23+77)=45+100$
$=145$
順に計算しても，まとめて計算しても，答えは同じ

例4 $(9\times25)\times4=9\times(25\times4)$

$(9\times25)\times4=225\times4$
$=900$
$9\times(25\times4)=9\times100$
$=900$
順に計算しても，まとめて計算しても，答えは同じ

---

チェック 4 次の□にあてはまる数を書きましょう。 解答は別冊p.41へ

(1) 39＋52＝□＋39　(2) 48×15＝15×□

(3) (73＋84)＋16＝73＋(□＋16)　(4) (56×2)×25＝□×(2×25)

---

計算のきまりを使ってくふうして計算すると，計算がかんたんになる場合があります。

例1 $72+\underbrace{81+19}_{100}=72+(81+19)$
$=72+100$
$=172$

例2 $\underbrace{28}_{7\times4}\times25=7\times\underbrace{4\times25}_{100}$
$=7\times(4\times25)$
$=700$

例3 $\underbrace{102}_{100+2}\times26=(100+2)\times26$
$=100\times26+2\times26$
$=2600+52$
$=2652$

例4 $\underbrace{99}_{100-1}\times12=(100-1)\times12$
$=100\times12-1\times12$
$=1200-12$
$=1188$

チェック 5　くふうして計算しましょう。　解答は別冊p.41へ

（1）　93＋56＋44　　（2）　25×32

（3）　98×17　　（4）　103×21

## 3 計算の間の関係［4年］

たし算とひき算，かけ算とわり算には，次のような関係もあります。

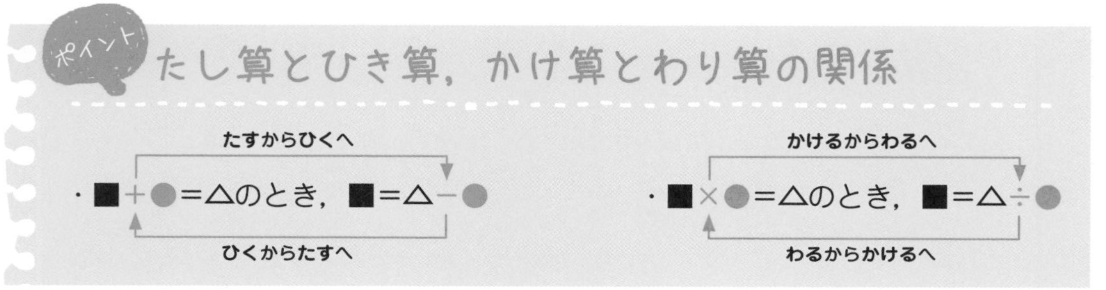


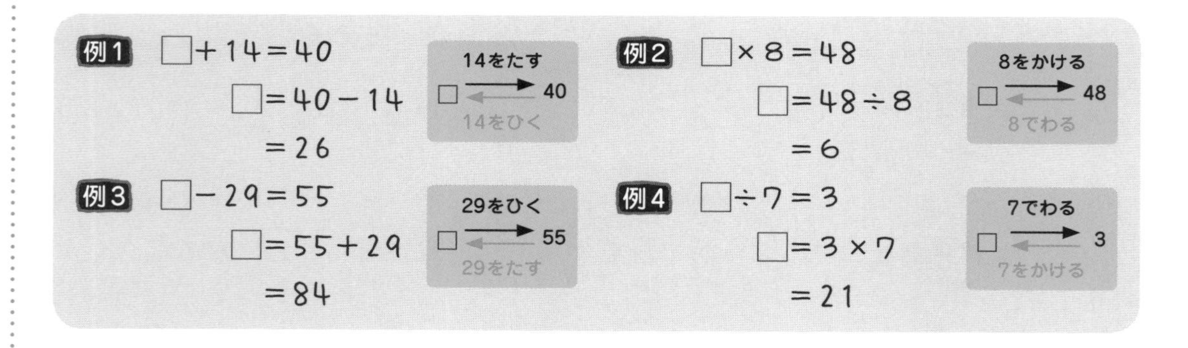


チェック 6　□にあてはまる数を求めましょう。　解答は別冊p.41へ

（1）　45＋□＝97　　（2）　□－24＝38

（3）　6×□＝30　　（4）　□÷8＝4

# レッスン18 の力だめし

授業動画は こちらから 92

解説は別冊p.42へ

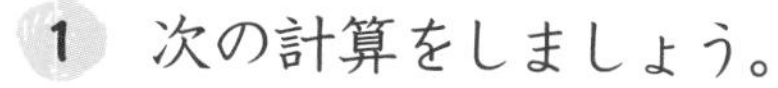

**1** 次の計算をしましょう。

(1) $74 \times (35 + 65)$

(2) $81 + 36 \div 9$

(3) $3 \times 12 - 72 \div 8$

(4) $47 + (34 - 18) \div 4$

(5) $(29 - 35 \div 7) \times 5$

(6) $150 \div (27 - 6 \times 2)$

**2** くふうして計算しましょう。

(1) $95 \times 52$

(2) $16 \times 13 + 84 \times 13$

(3) $25 \times 104$

(4) $45 \times 7 - 15 \times 7$

**3** □にあてはまる数を求めましょう。

(1) $\square - 42 = 59$

(2) $\square \div 9 = 8$

**4** りかさんは，1000円を持って買い物に行き，1本120円のボールペンを2本買いました。残(のこ)ったお金で，1さつ190円のメモちょうは何さつ買えますか。1つの式に表して，答えを求めましょう。

〔式〕

答え

# レッスン19 面積 ［4～6年］

## このレッスンのイントロ♪

　これまで三角形や四角形，円などいろいろな図形について学びました。もうこれらの図形の辺の長さや角の大きさを求めることはできますね。このレッスンで，三角形や四角形，円の面積について学びましょう。くふうすれば，いろいろな形をした図形の面積も求められるようになりますよ。

# 1 長方形・正方形の面積 ［4年］

## 長方形・正方形の面積の公式

- **長方形の面積＝たて×横**

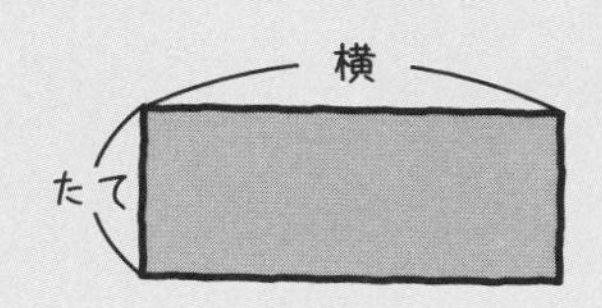


- **正方形の面積＝1辺×1辺**

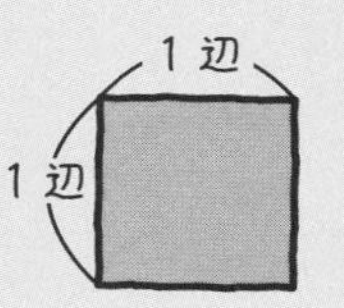


**もっとくわしく**

広さのことを面積といいます。面積の単位のしくみをたしかめましょう。

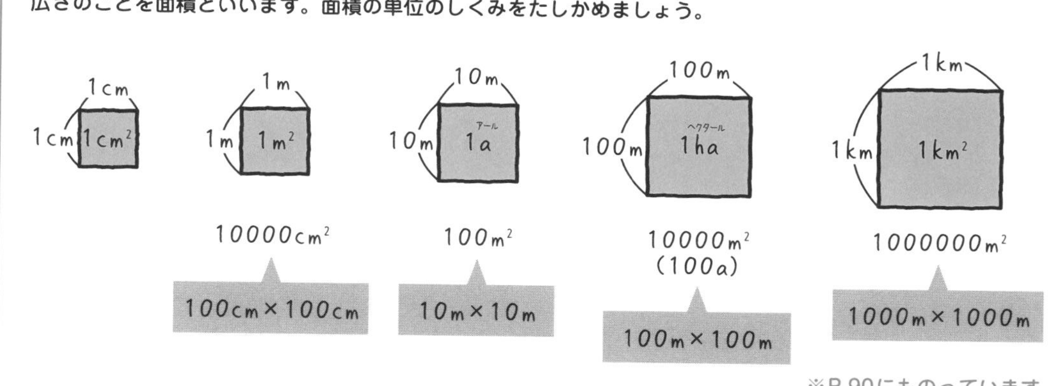


※P.90にものっています。

**例** 次の長方形と正方形の面積を求めましょう。

(1)

6cm
3cm
面積
□ cm²

長方形の面積の公式にあてはめると

3 × 6 ＝ 18

たて　横　長方形の面積

18 cm²

(2)

7cm
7cm
面積
□ cm²

正方形の面積の公式にあてはめると

7 × 7 ＝ 49

1辺　1辺　正方形の面積

49 cm²

チェック 1　次の面積を求めましょう。

解答は別冊p.43へ

（1）　長方形

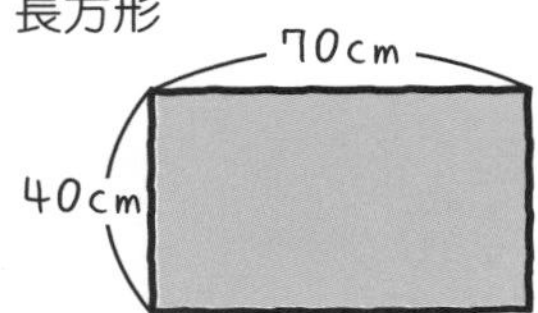


〔　　　　　〕

（2）　正方形

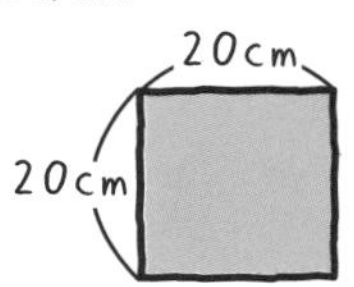


〔　　　　　〕

## 2 平行四辺形の面積 ［5年］

授業動画はこちらから 94

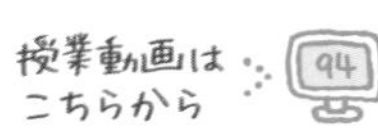

### ポイント 平行四辺形の面積の公式

● 平行四辺形の面積＝底辺×高さ

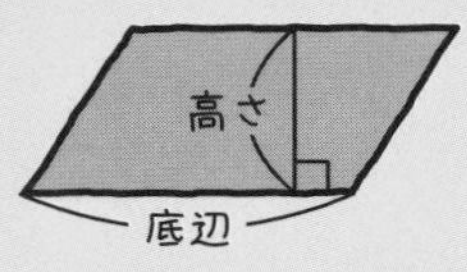


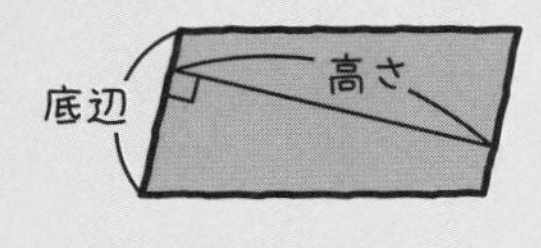


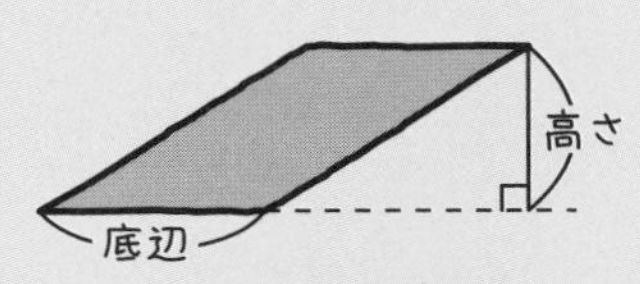


・どんな形の平行四辺形でも，底辺の長さが等しく，高さも等しければ，面積は等しい。

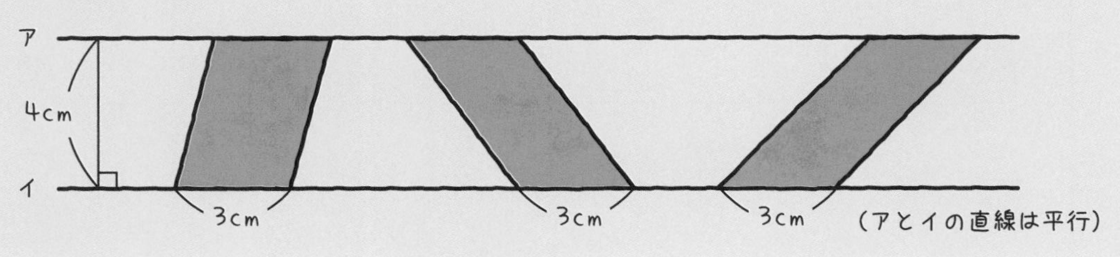


（アとイの直線は平行）

**例**　次の平行四辺形の面積を求めましょう。

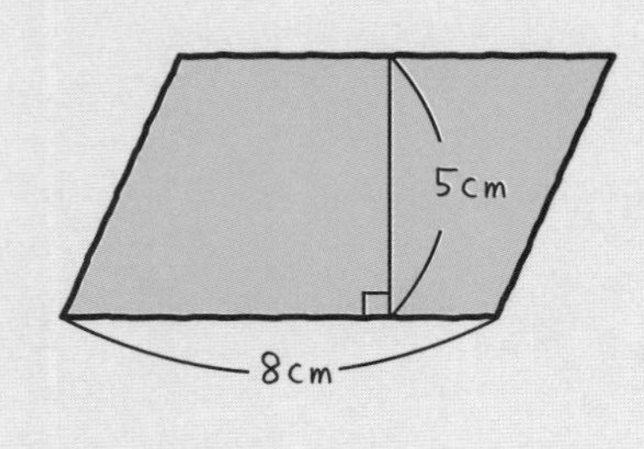


平行四辺形の面積の公式にあてはめると

$8 \times 5 = 40$

（8：底辺，5：高さ）

つけたし
底辺と高さは，垂直になります。

40 cm²

チェック 2　次の平行四辺形の面積を求めましょう。 解答は別冊p.43へ

(1)

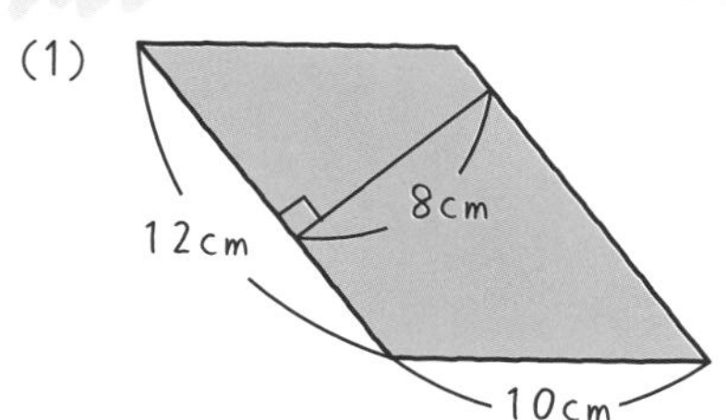


(2)



〔　　　　〕　〔　　　　〕

## 3 三角形の面積 〔5年〕

授業動画は こちらから 95

95

### ポイント 三角形の面積の公式

● 三角形の面積＝底辺×高さ÷2

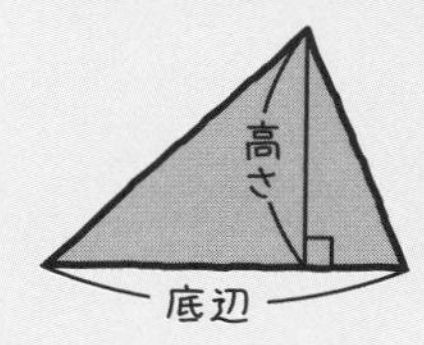


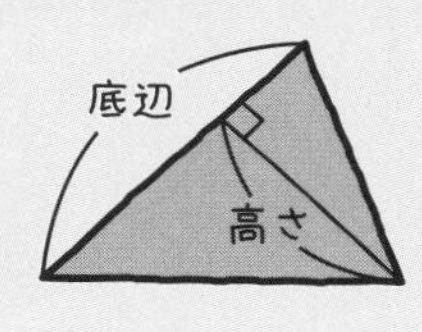


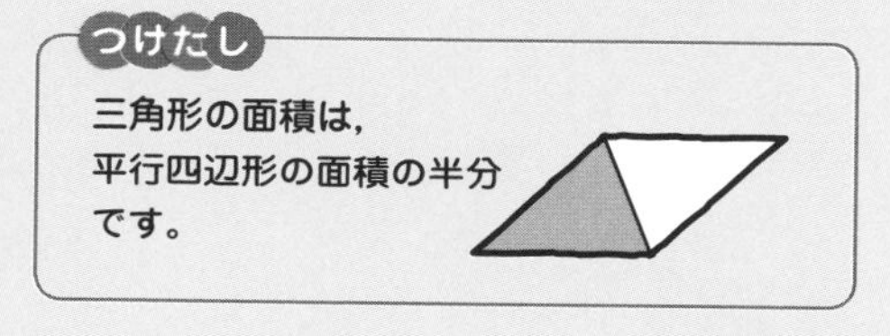


・どんな形の三角形でも，底辺の長さが等しく，高さも等しければ，面積は等しい。

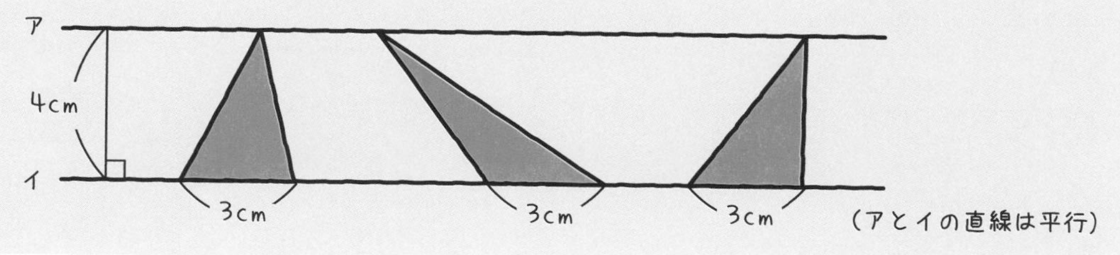


**例** 次の三角形の面積を求めましょう。

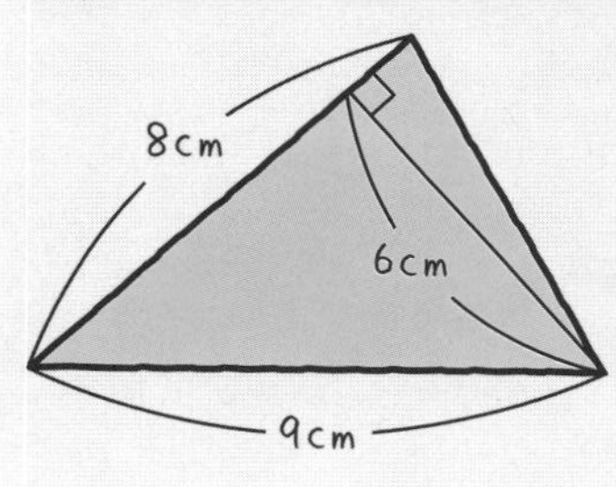


三角形の面積の公式にあてはめると

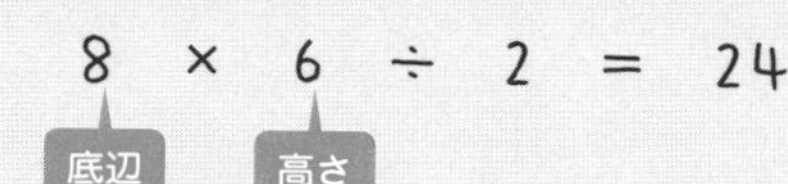


$24\ cm^2$

つけたし
底辺と高さは，垂直になります。

チェック 3　次の三角形の面積を求めましょう。

解答は別冊p.43へ

(1)

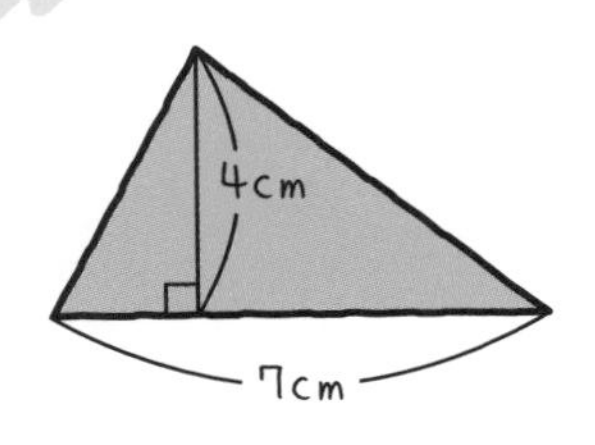


〔　　　　　〕

(2)

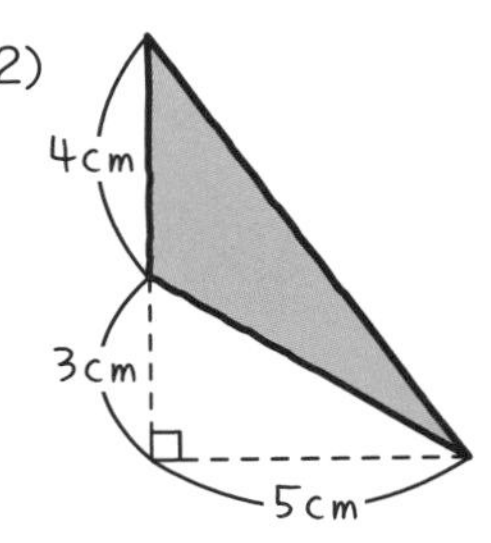


〔　　　　　〕

# 4 台形・ひし形の面積 〔5年〕

授業動画は こちらから 96

## ポイント 台形・ひし形の面積の公式

● 台形の面積＝（上底＋下底）×高さ÷2

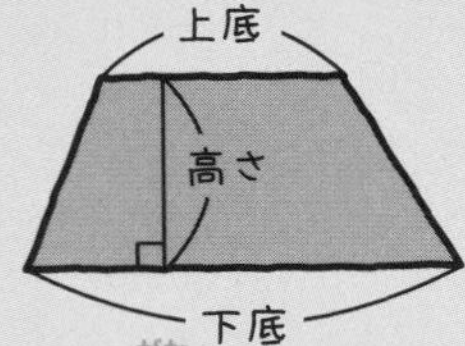


**つけたし**
台形の面積は、平行四辺形の面積の半分です。

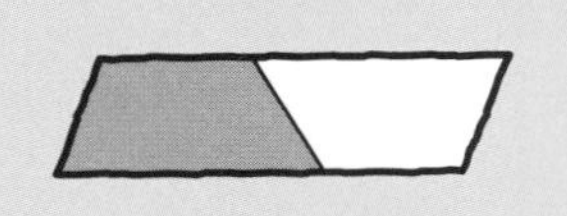

● ひし形の面積＝一方の対角線×もう一方の対角線÷2

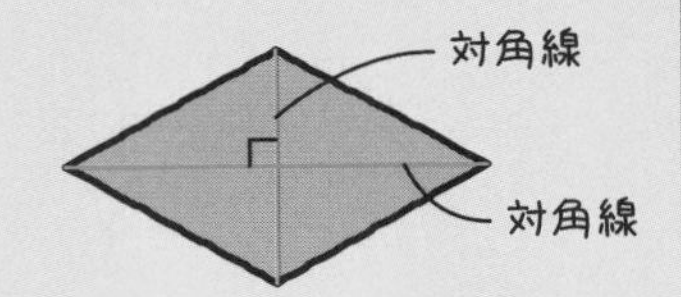

ひし形の面積は、長方形の面積の半分です。

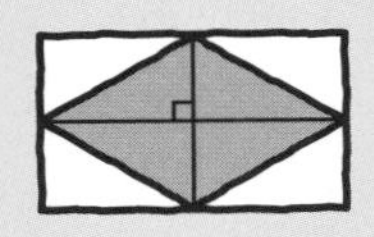

対角線が垂直に交わる四角形の面積は、この公式で求められます。

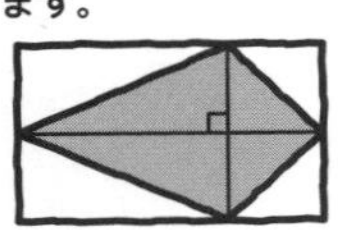

**例** 次の図形の面積を求めましょう。

(1)



台形の面積の公式にあてはめると

(2＋5)×4÷2＝14
（上底）（下底）（高さ）

14 cm²

(2)

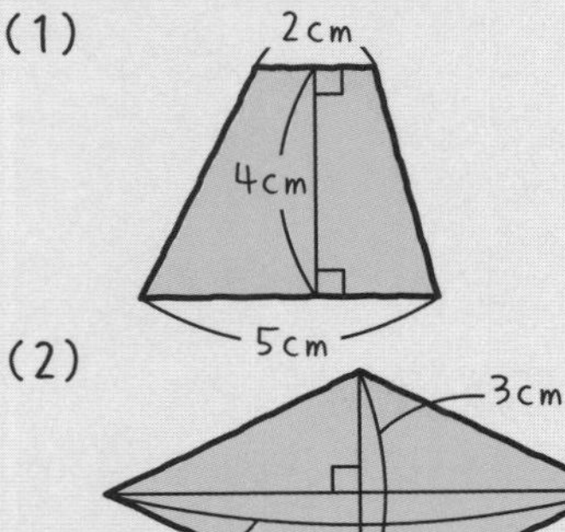


ひし形の面積の公式にあてはめると

6×3÷2＝9
（一方の対角線）（もう一方の対角線）

9 cm²

**チェック 4**　次の図形の面積を求めましょう。

解答は別冊p.43へ

(1)

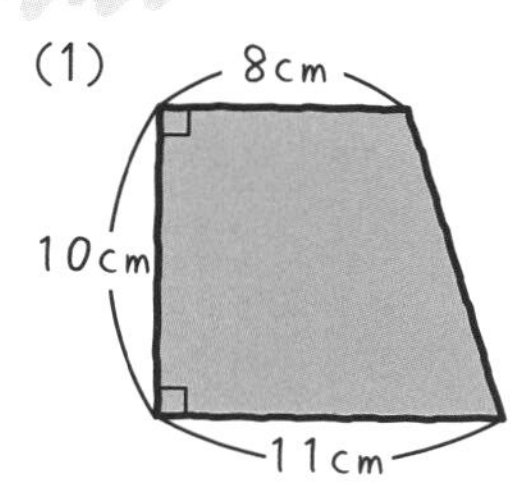


〔　　　　　〕

(2)

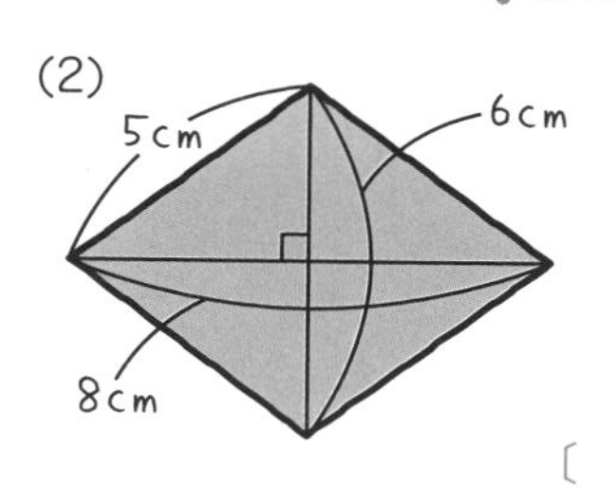


〔　　　　　〕

# 5 円の面積 〔6年〕

授業動画は こちらから 97

**ポイント** 円の面積の公式

● 円の面積＝半径(はんけい)×半径×円周率(えんしゅうりつ)

3.14

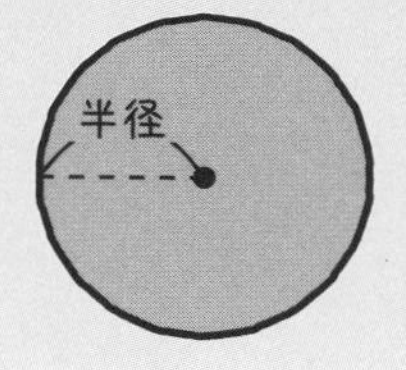


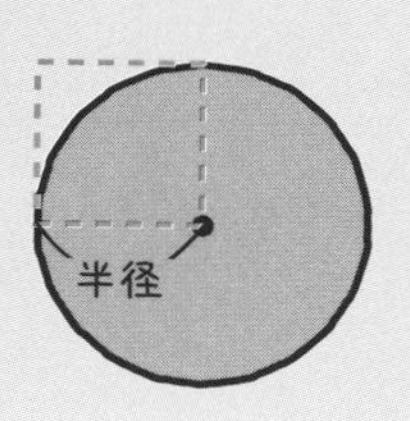


円の面積は，半径を１辺とする正方形の面積の約3.14倍ということです。

**例**　次の図形の面積を求めましょう。

(1)

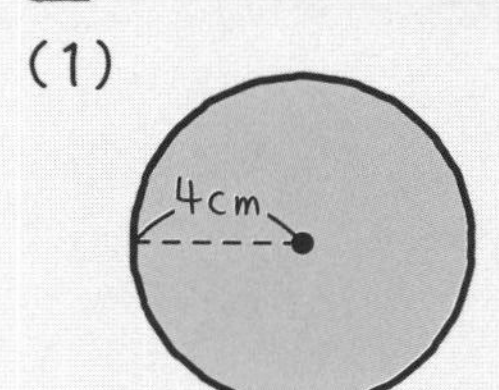


円の面積の公式にあてはめると

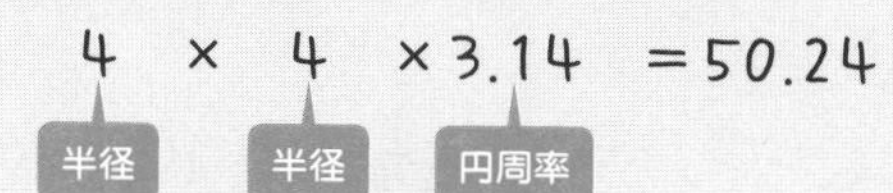


50.24 $cm^2$

(2)

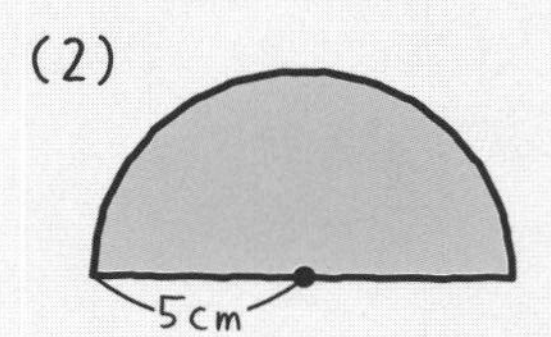


円の半分だから

5×5×3.14÷2＝39.25

円の面積

39.25 $cm^2$

**チェック 5**　次の円の面積を求めましょう。

解答は別冊p.43へ

(1)　半径6 cmの円

〔　　　　　〕

(2)　直径(ちょっけい)6 cmの円

〔　　　　　〕

# 6 いろいろな形の面積 ［4・6年］

これまで学んだ三角形や四角形，円を組み合わせた図形の面積の求め方を考えてみましょう。

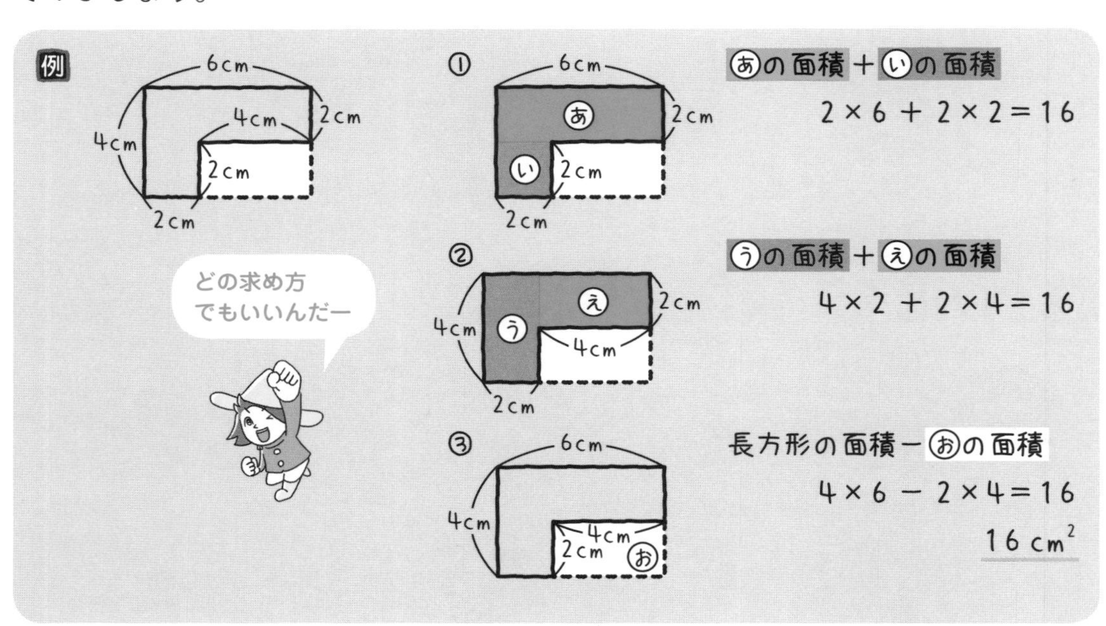


チェック 6　右の図で，色をぬった部分の面積を，次の①・②の方法で求めましょう。

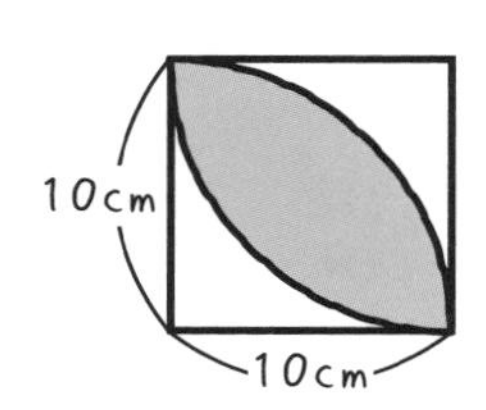


解答は別冊p.43へ

①

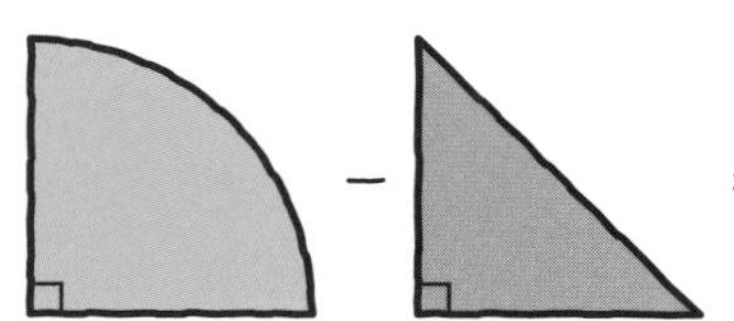

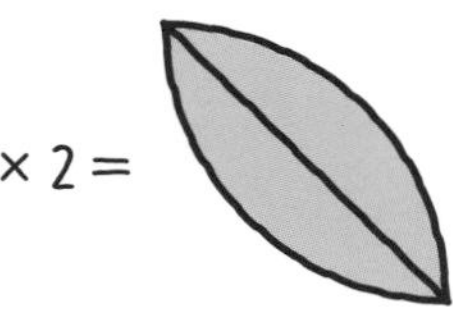


［　　　　　］

②

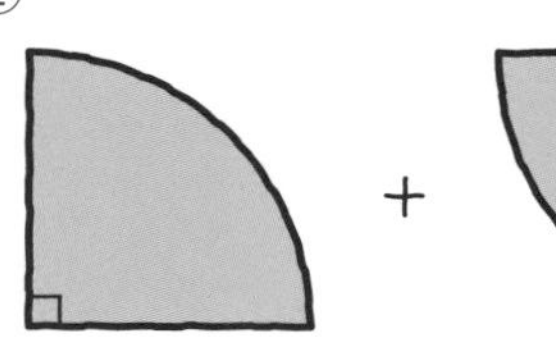


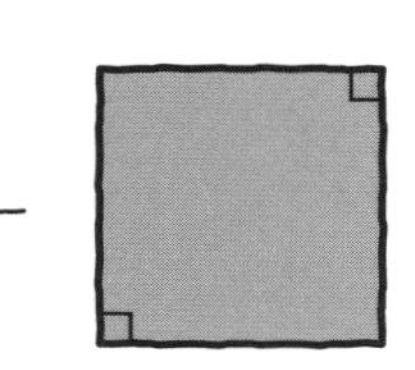


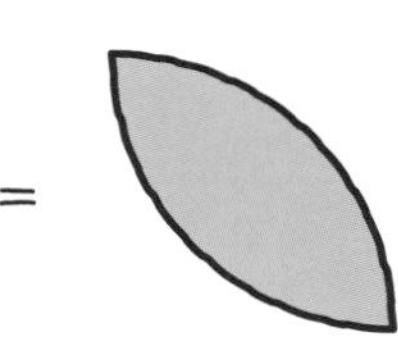

［　　　　　］

# レッスン19の力だめし

授業動画は
こちらから

解説は別冊p.44へ

**1** 次の図形の面積を求めましょう。

(1) 長方形

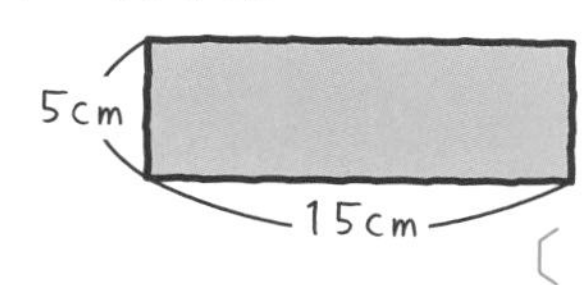


〔　　　　　〕

(2) 正方形

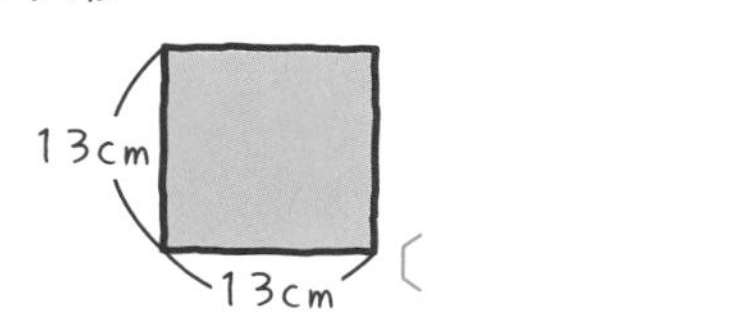


〔　　　　　〕

(3) 平行四辺形（へいこうしへんけい）

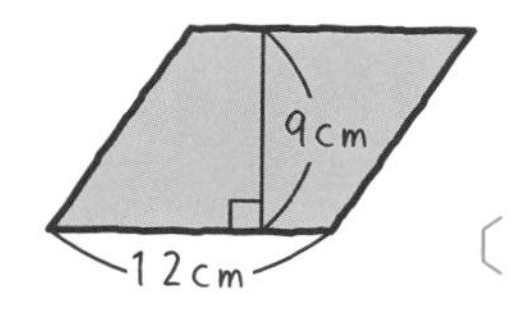


〔　　　　　〕

(4) 台形（だいけい）

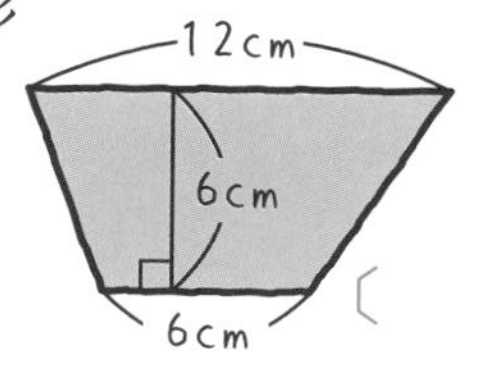


〔　　　　　〕

(5) ひし形（がた）

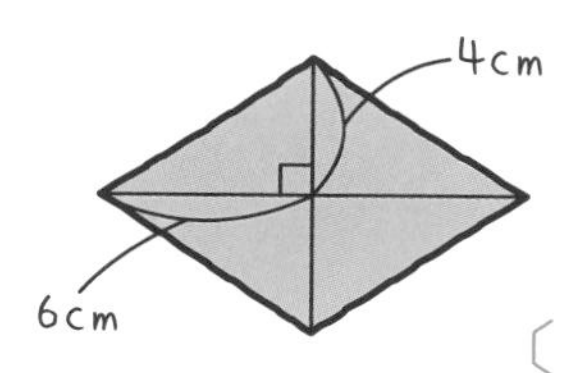


〔　　　　　〕

(6) 円

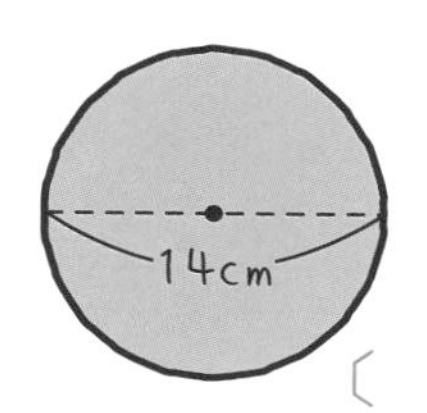


〔　　　　　〕

**2** 次の図で，色をぬった部分の面積を求めましょう。

(1)

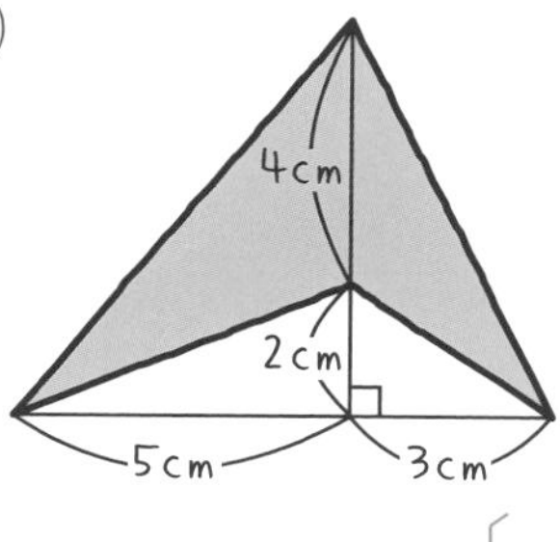


〔　　　　　〕

(2)

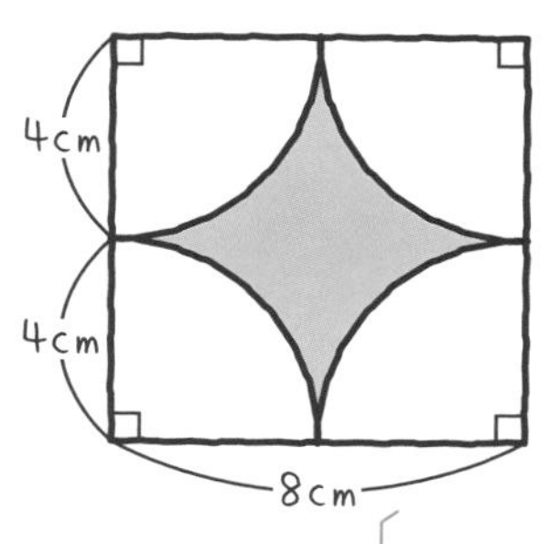


〔　　　　　〕

**3** 右の図のように，長方形の形をした土地ABCDに，はば3 mの道をつくりました。道をのぞいた土地の面積は何m²ですか。

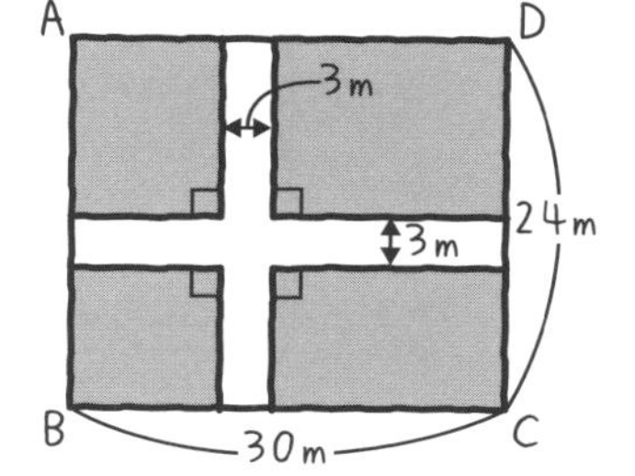


〔　　　　　〕

# 20 体積［5・6年］

## このレッスンのイントロ♪

面積の次は体積です。このレッスンでは，直方体や立方体，さらに角柱，円柱の体積の求め方も学びます。さらに，底面が複雑な形をした角柱や，石のようにたて・横・高さがきちんとはかれないものの体積の求め方も練習します。こんなやり方があるんだ，とびっくりしますよ。さあ，がんばりましょう。

#  直方体・立方体の体積 ［5年］

授業動画は こちらから

## ポイント 直方体・立方体の体積の公式

● 直方体の体積＝たて×横×高さ　● 立方体の体積＝1辺（べん）×1辺×1辺

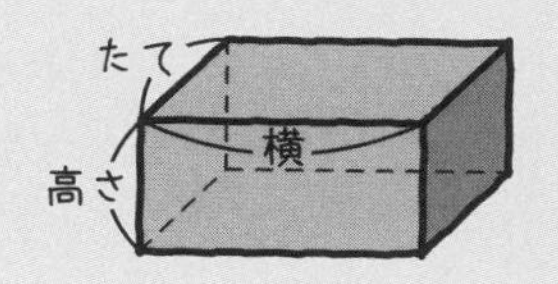


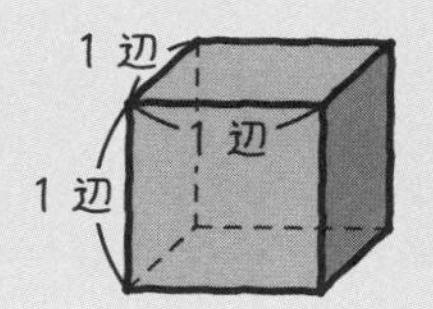


### もっとくわしく

もののかさのことを体積という。体積の単位のしくみについてたしかめよう。

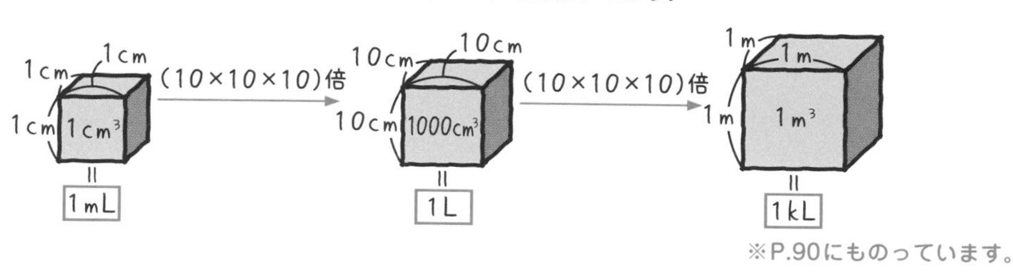


※P.90にものっています。

**例** 次の直方体と立方体の体積を求めましょう。

(1)

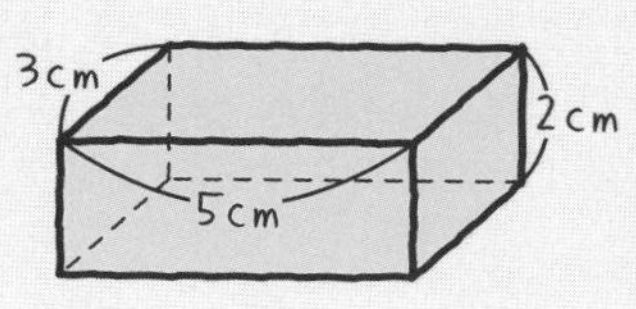


直方体の体積の公式にあてはめると

3 × 5 × 2 ＝ 30
（たて）（横）（高さ）

30 cm³

(2)

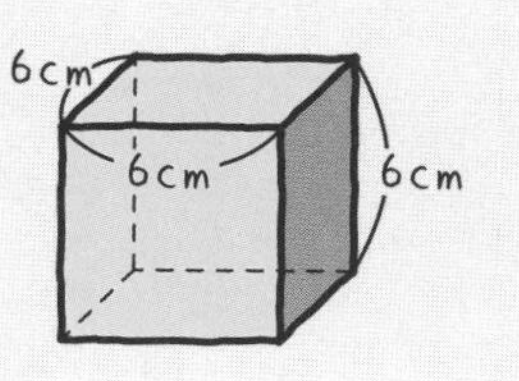


立方体の体積の公式にあてはめると

6 × 6 × 6 ＝ 216
（1辺）（1辺）（1辺）

216 cm³

**チェック 1** 次の立体の体積を求めましょう。 解答は別冊p.44へ

(1) 直方体

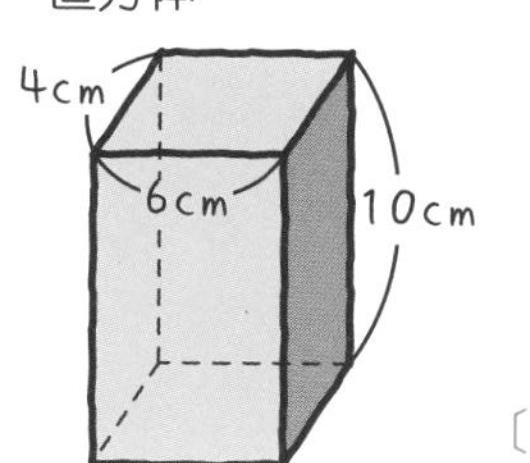


［　　　　］

(2) 立方体

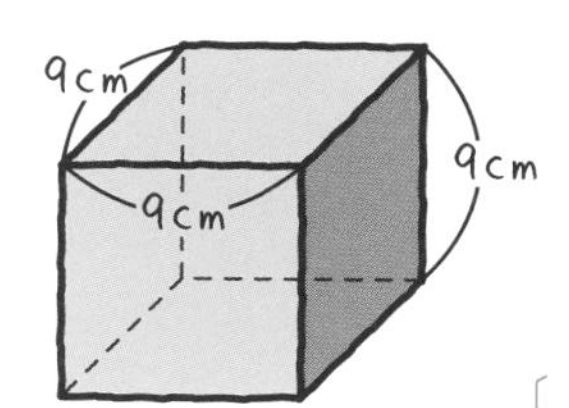


［　　　　］

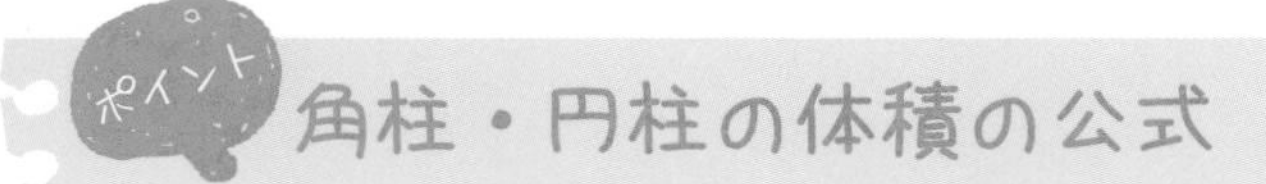

# 2 角柱・円柱の体積〔6年〕

## ポイント 角柱・円柱の体積の公式

● 角柱(かくちゅう)・円柱(えんちゅう)の体積(たいせき)＝底面積(ていめんせき)×高さ

・三角柱

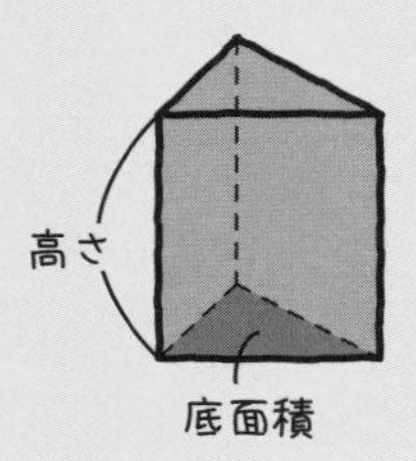


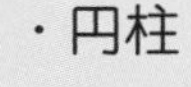

・円柱

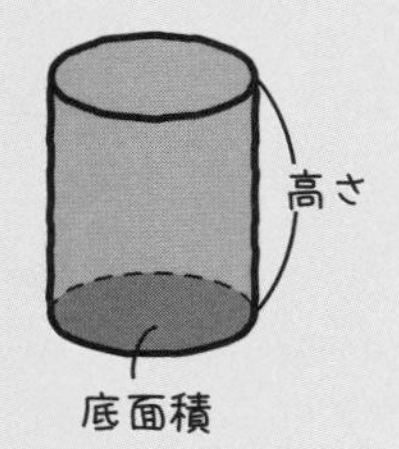


**つけたし**

底面の面積を，底面積といいます。

**例** 次の三角柱と円柱の体積を求(もと)めましょう。

(1)

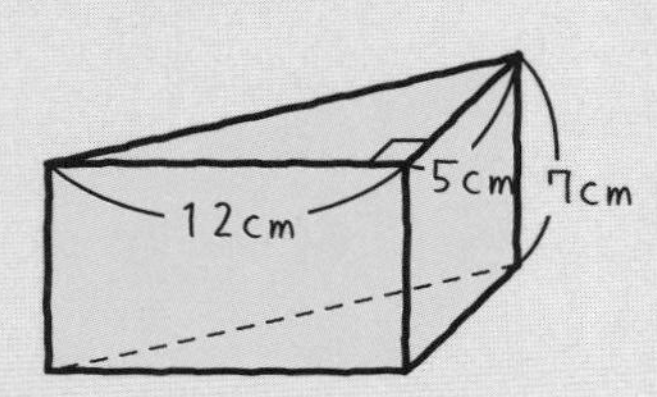


角柱の体積の公式にあてはめると

$12 \times 5 \div 2 \times 7 = 210$

（$12 \times 5 \div 2$：底面積，$7$：高さ）

210 cm³

(2)

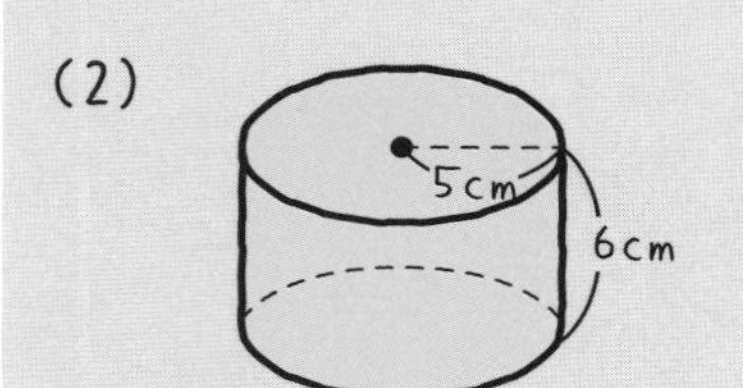


円柱の体積の公式にあてはめると

$5 \times 5 \times 3.14 \times 6 = 471$

（$5 \times 5 \times 3.14$：底面積，$6$：高さ）

471 cm³

**チェック 2** 次の四角柱と円柱の体積を求めましょう。 解答は別冊p.45へ

(1)

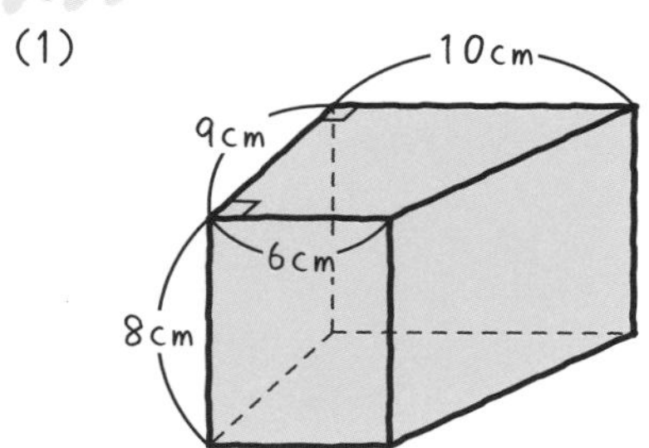


〔　　　　〕

(2)

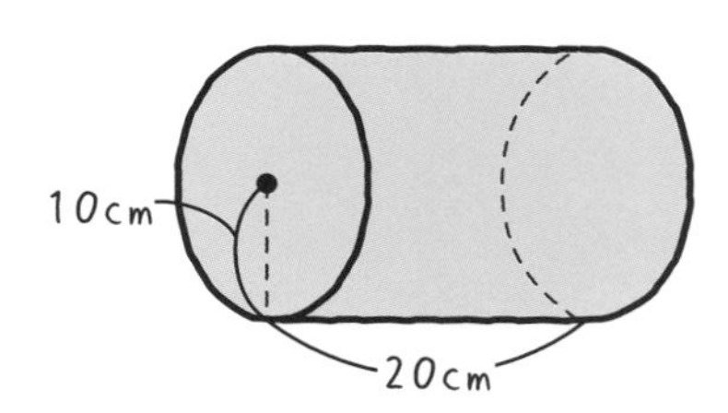


〔　　　　〕

# ❸ いろいろな立体の体積 ［5・6年］

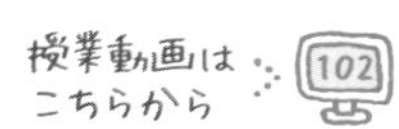

展開図(てんかいず)を組み立ててできる立体や，直方体(ちょくほうたい)や立方体(りっぽうたい)を組み合わせた立体などの体積を求めることもできます。

**例1** 次の展開図を組み立ててできる立体の体積を求めましょう。

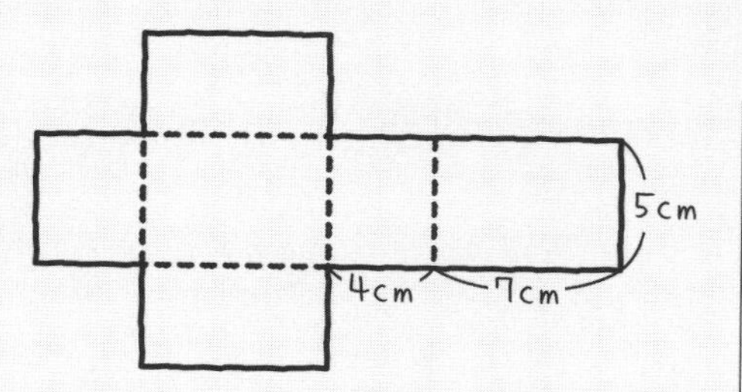


見取り図をかいて，底面を決める。

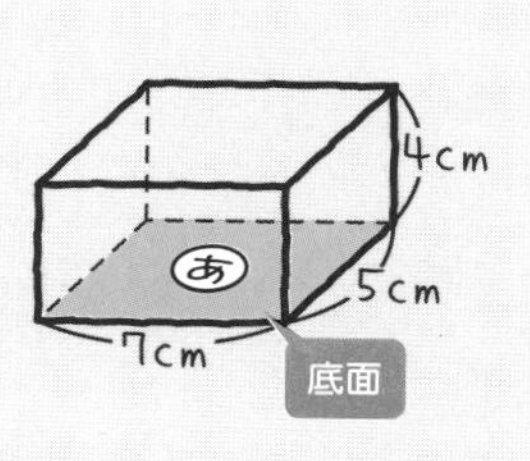


㋐の面を底面とすると，たて5 cm，横7 cm，高さ4 cmの直方体だから，

$5 \times 7 \times 4 = 140$

140 $cm^3$

**例2** 次の立体の体積を求めましょう。

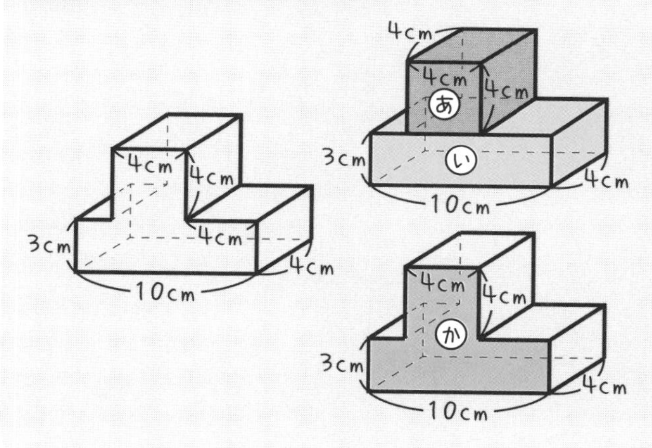


① ㋐の立方体と㋑の直方体を組み合わせた立体だから，

$4 \times 4 \times 4 + 4 \times 10 \times 3 = 184$

184 $cm^3$

② ㋕の面を底面とする角柱だから，㋕の面積を求めると

$4 \times 4 + 3 \times 10 = 46$

角柱の体積　$46 \times 4 = 184$

184 $cm^3$

**チェック3** 次の展開図を組み立ててできる立体の体積を求めましょう。

解答は別冊p.45へ

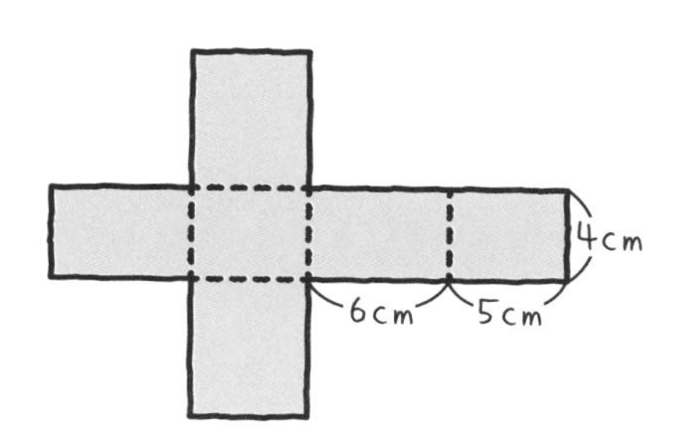


〔　　　　　　〕

チェック 4　次の立体の体積を求めましょう。

解答は別冊p.45へ

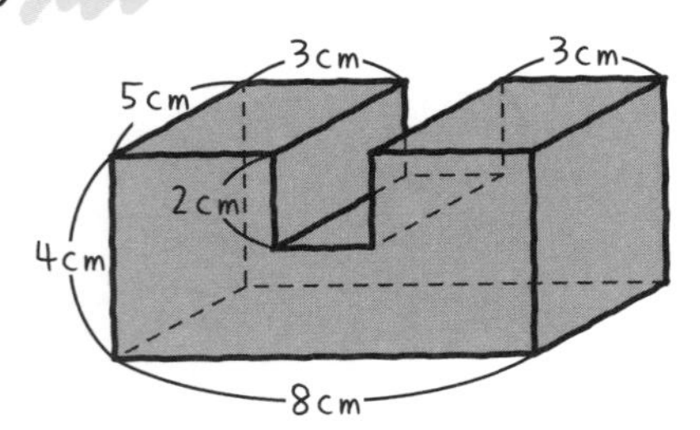


〔　　　　　　〕

## 4 不規則な形の体積［5年］

公式で体積が求められない形も，次のような方法で求めることができます。

例　次のような直方体の形をした水そうに石を入れたところ，水面が1 cm上がりました。この石の体積は何$cm^3$ですか。

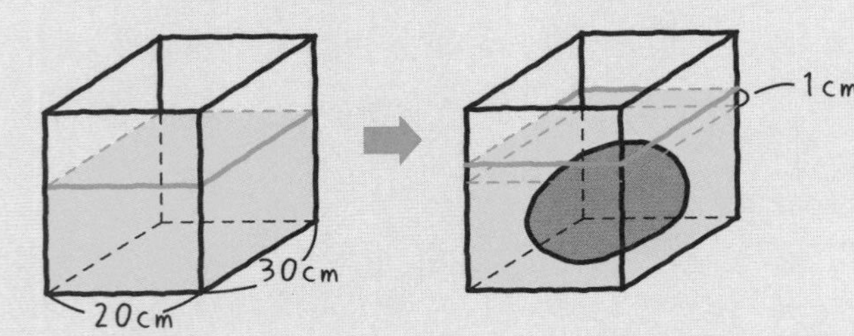

水面の高さは1 cm上がったから，上がった分の水の体積は

$30 \times 20 \times 1 = 600$

600 $cm^3$

チェック 5　次の図のような水そうに石を入れたところ，石はすべて水の中に入り，水面の高さが13 cmになりました。この石の体積を求めましょう。

解答は別冊p.45へ

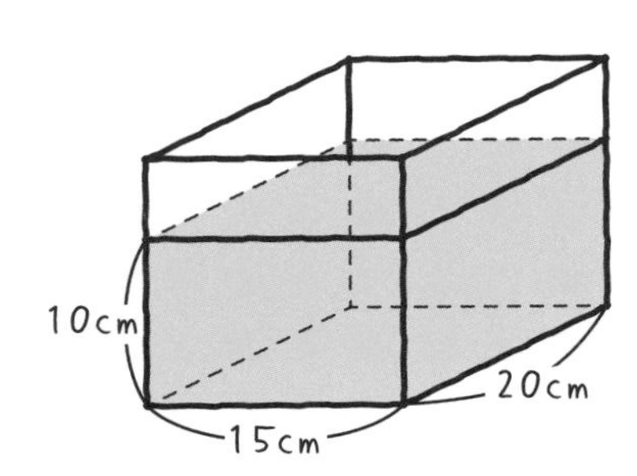

# レッスン20の力だめし

授業動画は
こちらから
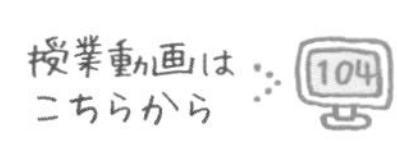

解説は別冊p.45へ

**1** 次の立体の体積を求めましょう。

(1)

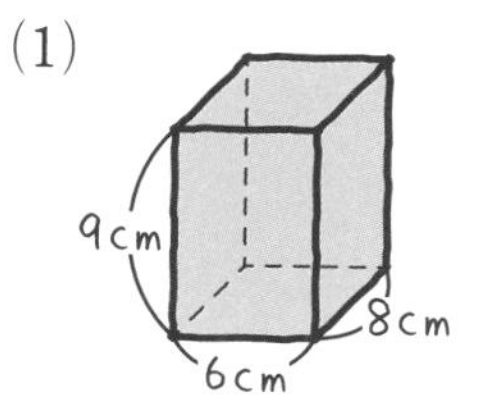

〔　　　　　　〕

(2)

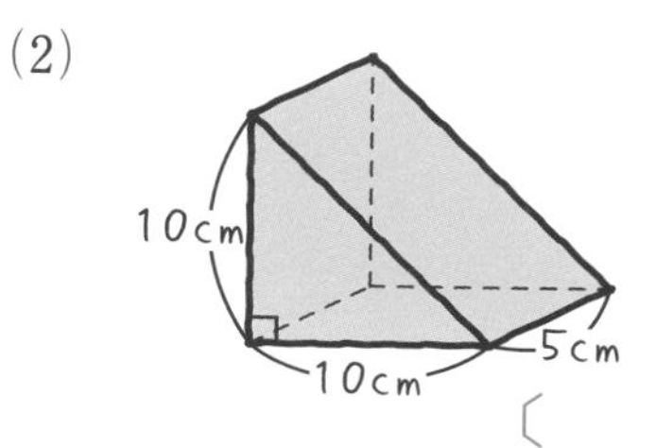


〔　　　　　　〕

(3)

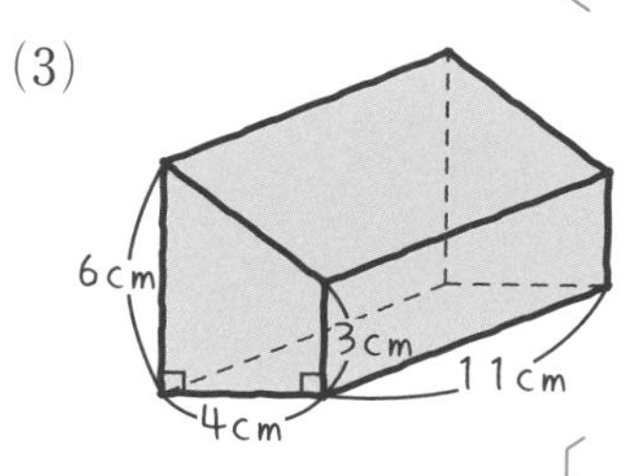


〔　　　　　　〕

(4)

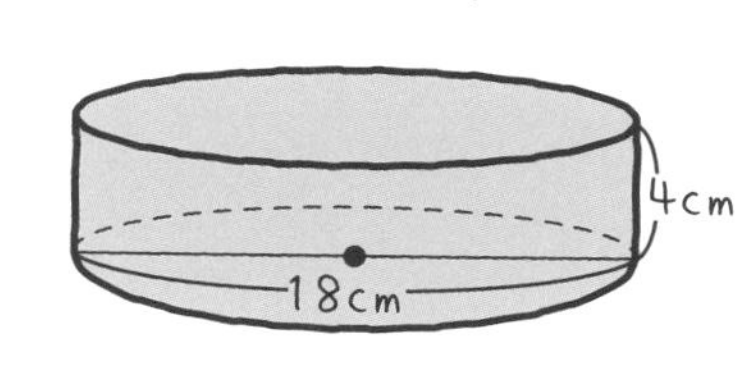


〔　　　　　　〕

(5)

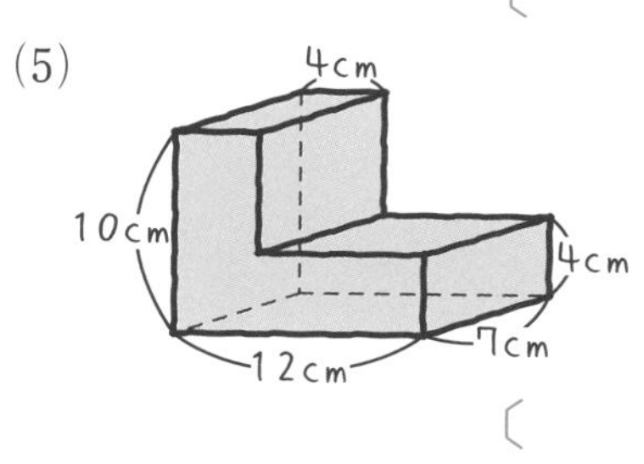


〔　　　　　　〕

(6)

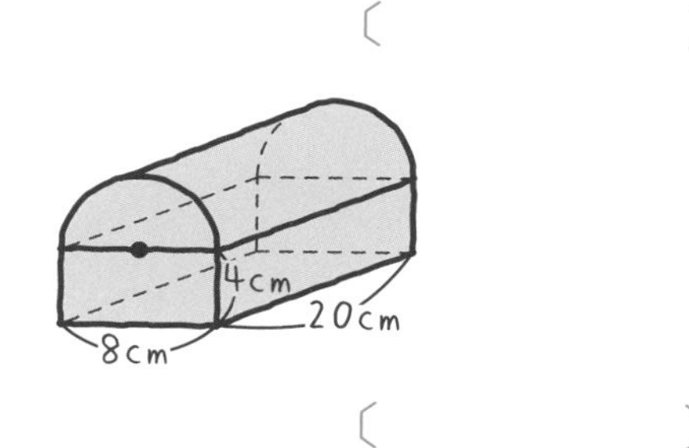


〔　　　　　　〕

**2** 次の展開図(てんかいず)を組み立ててできる立体の体積を求めましょう。

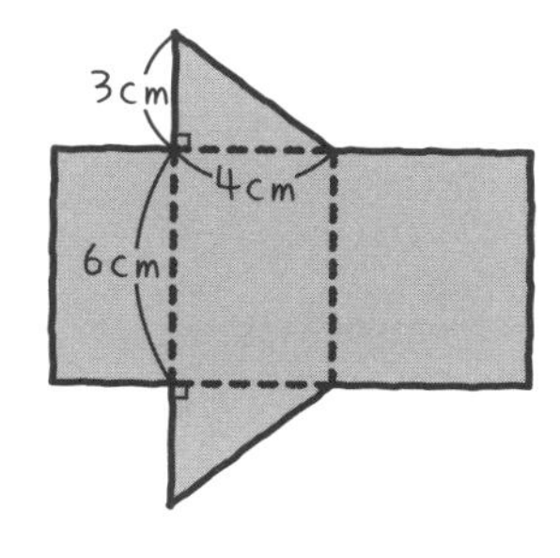


〔　　　　　　〕

**3** 右の図のような水そうがあります。この水そうに水を３Ｌ入れると，水面の高さは何cmになりますか。

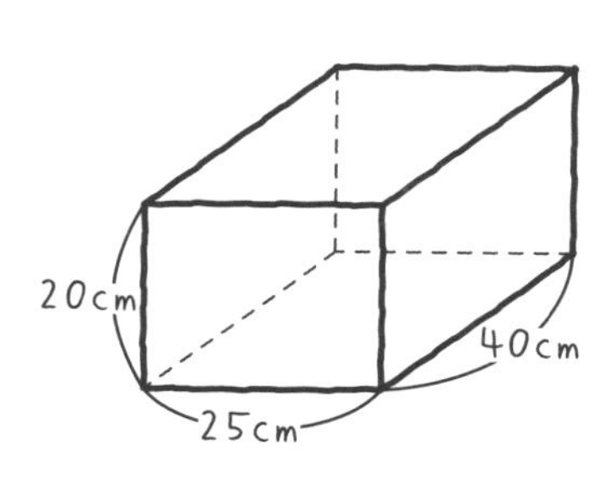


〔　　　　　　〕

# 21 レッスン 文字を使った式 ［4～6年］

## このレッスンのイントロ♪

12このキャラメルを２こ食べると，残りは10こ，８こ食べると残りは４こになりますね。□こ食べたときの残りの数○この関係は12－□＝○と式に表すことができます。

このレッスンでは，表や図を使って２つの数量の変わり方を調べ，ともなって変わる２つの数量の関係を式に表す練習をしましょう。

# 1 2つの数量の変わり方 〔4・5年〕

ともなって変わる2つの数量の関係を調べ，□と○を使って式に表しましょう。

## ポイント 和が一定になる関係

● 和が一定になる2つの数量の関係を，□と○を使って表す。

**例** 30まいの色紙を，姉と妹で分けるときの2人のまい数の関係

(1) 次の表にあてはまる数を書きましょう。

| 姉（まい） | 1 | 2 | 3 | 4 | 5 | |
|---|---|---|---|---|---|---|
| 妹（まい） | 29 | 28 | 27 | 26 | 25 | |

表をたてに見ると

| 2 | 3 | 4 |
|---|---|---|
| 28 | 27 | 26 |

たすと 30　30　30

(2) 姉のまい数を□まい，妹のまい数を○まいとして，□と○の関係を式に表しましょう。

□ ＋ ○ ＝30

姉のまい数　妹のまい数

(3) 姉のまい数が8まいのとき，妹のまい数は何まいになりますか。

〔式〕 8＋○＝30

○＝30－8

○＝22

答え　22まい

---

チェック1　まわりの長さが20 cmの長方形があります。

解答は別冊p.46へ

(1) 次の表にあてはまる数を書きましょう。

| たて（cm） | 1 | 2 | 3 | 4 | 5 | 6 | |
|---|---|---|---|---|---|---|---|
| 横（cm） | | | | | | | |

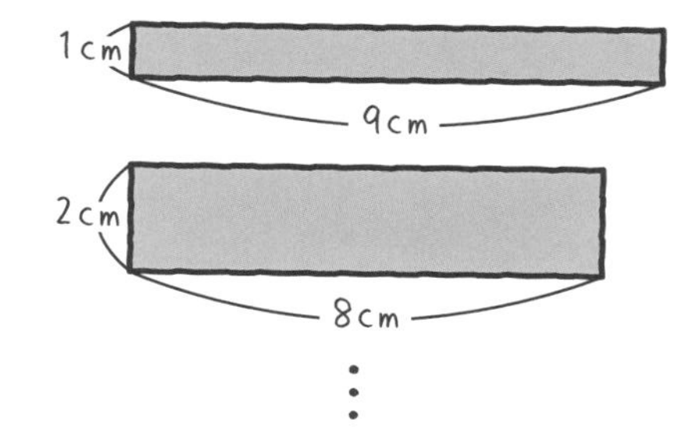


(2) たての長さを□cm，横の長さを○cmとして，□と○の関係を式に表しましょう。

〔　　　　　　　　〕

(3) たての長さが7 cmのとき，横の長さは何cmになりますか。

〔式〕

答え

## ポイント 何倍になる関係

● 何倍になる２つの数量（すうりょう）の関係（かんけい）を，□と○を使って表す。

**例** 正三角形の１辺（へん）の長さとまわりの長さの関係

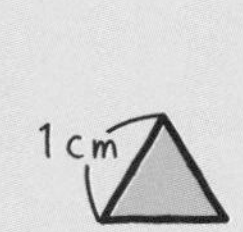

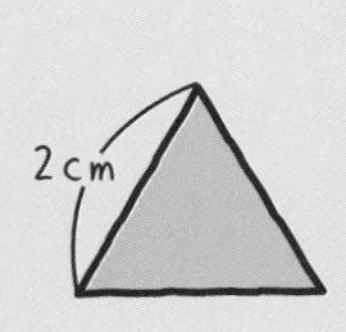

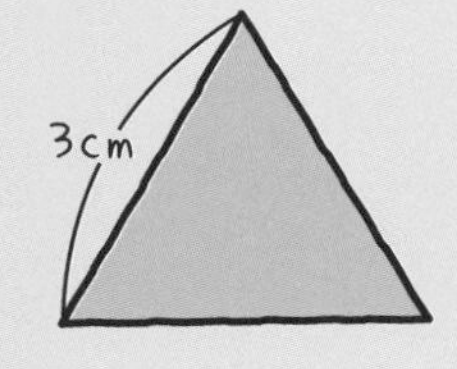


…

(1) 次の表にあてはまる数を書きましょう。

| 1辺の長さ（cm） | 1 | 2 | 3 | 4 | |
|---|---|---|---|---|---|
| まわりの長さ（cm） | 3 | 6 | 9 | 12 | |

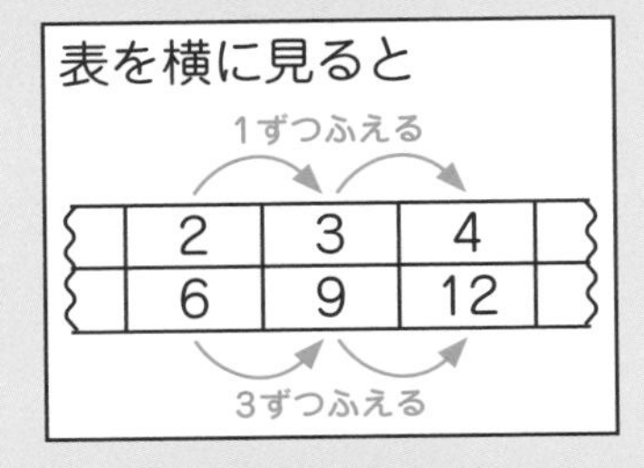


(2) 1辺の長さを□cm，まわりの長さを○cm として，□と○の関係を式に表しましょう。

□ × 3 = ○

(3) 1辺の長さが12 cmのとき，まわりの長さは何cmになりますか。

〔式〕 12×3＝○

○＝36

答え 36 cm

---

**チェック 2** 正方形の1辺の長さを1 cm，2 cm，3 cm，…とします。 解答は別冊p.46へ

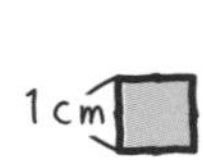

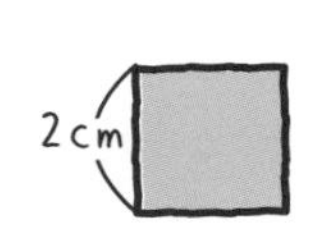

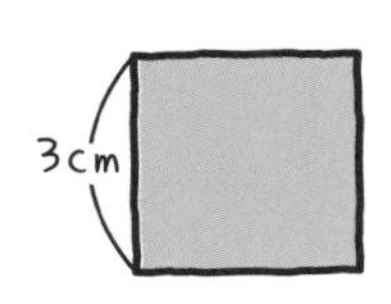


…

(1) 次の表にあてはまる数を書きましょう。

| 1辺の長さ（cm） | 1 | 2 | 3 | 4 | 5 | 6 | |
|---|---|---|---|---|---|---|---|
| まわりの長さ（cm） | | | | | | | |

(2) 1辺の長さを□cm，まわりの長さを○cmとして，□と○の関係を式に表しましょう。

〔　　　　　　　　〕

(3) 1辺の長さが9 cmのとき，まわりの長さは何cmになりますか。

〔式〕

答え

# 2 $x$と$y$の関係〔6年〕

□と○のかわりに，$x$，$y$などの文字を使って式に表すことができます。

## ポイント　$x$や$y$などの文字を使って，2つの数量の関係を1つの式に表す

**例**　底辺（ていへん）が$x$ cm，高さが$y$ cmの平行四辺形（へいこうしへんけい）があります。面積（めんせき）は120 cm²です。

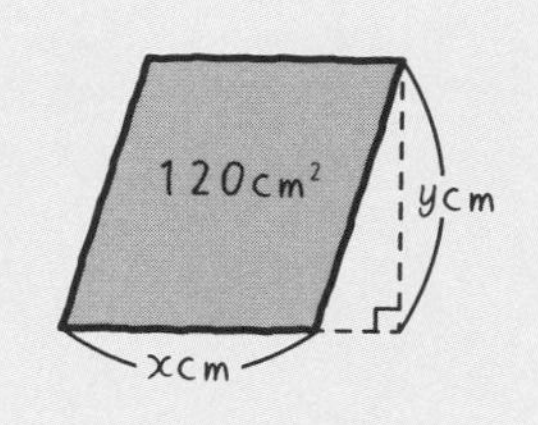


（1）　次の表にあてはまる数を書きましょう。

| 底辺$x$（cm） | 1 | 2 | 3 | 4 | 5 | 6 | |
|---|---|---|---|---|---|---|---|
| 高さ$y$（cm） | 120 | 60 | 40 | 30 | 24 | 20 | |

（2）　$x$と$y$の関係を式に表しましょう。

$x \times y = 120$

**つけたし**
$x$にあてはめた数を$x$の値，そのときの$y$の表す数を，$x$の値に対応する$y$の値といいます。

（3）　$x$が8のときの，平行四辺形の高さを求（もと）めましょう。

〔式〕　$8 \times y = 120$

$y = 120 \div 8 = 15$

答え　15 cm

---

**チェック3**　1.5 L入りのペットボトルのジュースを1本買い，$x$ L飲みました。　解答は別冊p.47へ

（1）　残（のこ）りを$y$ Lとして，$x$と$y$の関係を式に表しましょう。

〔　　　　　　〕

（2）　残りが0.7 Lになりました。何L飲みましたか。

〔式〕

答え

**チェック4**　1こ120円のりんごを$x$こ買い，300円のかごにつめます。　解答は別冊p.47へ

（1）　代金の合計を$y$円として，$x$と$y$の関係を式に表しましょう。

〔　　　　　　〕

（2）　りんごを4こ買ったときの代金の合計は何円ですか。

〔式〕

答え

# 3 いろいろな変わり方［5・6年］

授業動画は こちらから 107

**例** 次の図のように，おはじきを正方形の形にならべていきます。

$x$番目のおはじきの数を$y$こととして，$x$と$y$の関係(かんけい)を式に表しましょう。

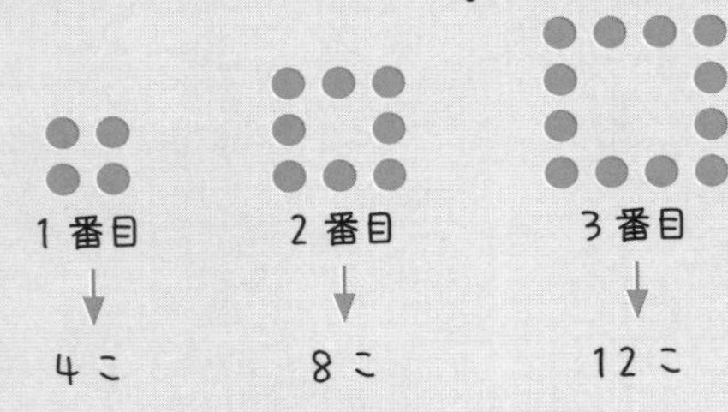


おはじき遊び 楽しいよね

(1) 表にかいて考えましょう。

| $x$(番目) | 1 | 2 | 3 | 4 | 5 | 6 |
|---|---|---|---|---|---|---|
| $y$(こ) | 4 | 8 | 12 | 16 | 20 | 24 |

×4

$x$番目のおはじきの数は　$x\times4=y$

$x\times4=y$

(2) 図にかいて考えましょう。

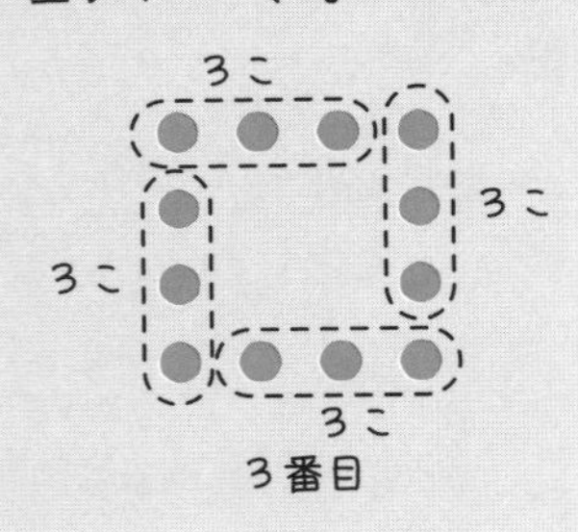


$x$番目の［　　　］で囲(かこ)んだおはじきの数は$x$こだから，

$4\times x=y$

$4\times x=y$

**チェック5** 次の図のように，数えぼうをならべて正方形をつくっていきます。$x$番目の数えぼうの数を$y$本として，$x$と$y$の関係を式に表しましょう。

解答は別冊p.47へ

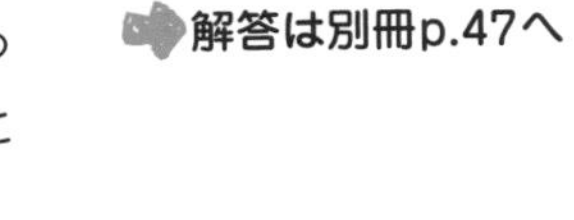

1番目　2番目　3番目　4番目

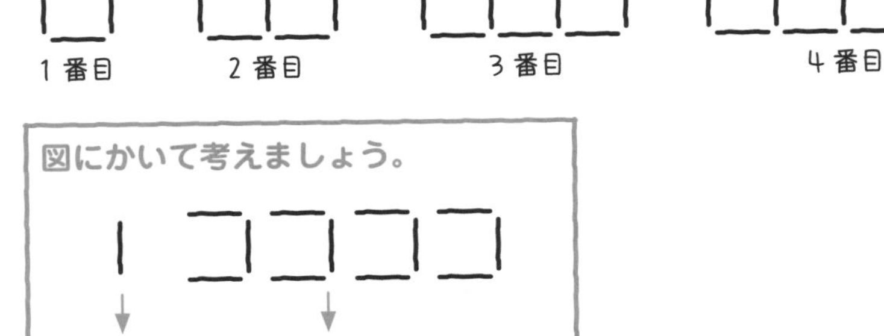


〔　　　　　　〕

# レッスン21の力だめし

解説は別冊p.47へ

**1** 次の①～④の式に表される関係を，下の**ア**～**エ**から選(えら)びましょう。

① $10+x=y$ 〔　　　〕　② $10-x=y$ 〔　　　〕

③ $10\times x=y$ 〔　　　〕　④ $10\div x=y$ 〔　　　〕

**ア**　１ふくろ10まい入りのせんべいが$x$ふくろあります。せんべいは全部で$y$まいです。

**イ**　面積(めんせき)が10 cm$^2$の長方形があります。たての長さが$x$ cmのとき，横の長さは$y$ cmです。

**ウ**　シールを10まい持っています。$x$まいもらったので，全部で$y$まいになりました。

**エ**　画用紙が10まいあります。$x$まい使うと，残(のこ)りは$y$まいです。

**2** 右の図のような三角形があります。

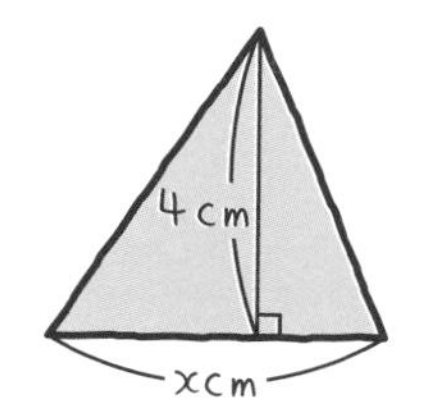


(1)　面積を$y$ cm$^2$として，$x$と$y$の関係を式に表しましょう。

〔　　　　　　　〕

(2)　底辺(ていへん)が9 cmのとき，面積は何cm$^2$ですか。

〔式〕

答え

(3)　面積が16 cm$^2$のとき，底辺の長さは何 cmですか。

〔式〕

答え

**3** 次の表は，水そうに水を入れたときの，水を入れた時間と水の深さを表したものです。

| 時間$x$（分） | 0 | 2 | 4 | 6 | 8 | 10 | |
|---|---|---|---|---|---|---|---|
| 水の深さ$y$(cm) | 0 | 10 | 20 | 30 | 40 | 50 | |

(1)　水を入れた時間$x$分と，水の深さ$y$ cmの関係を式に表しましょう。

〔　　　　　　　〕

(2)　水を18分入れたとき，水の深さは何 cmですか。

〔式〕

答え

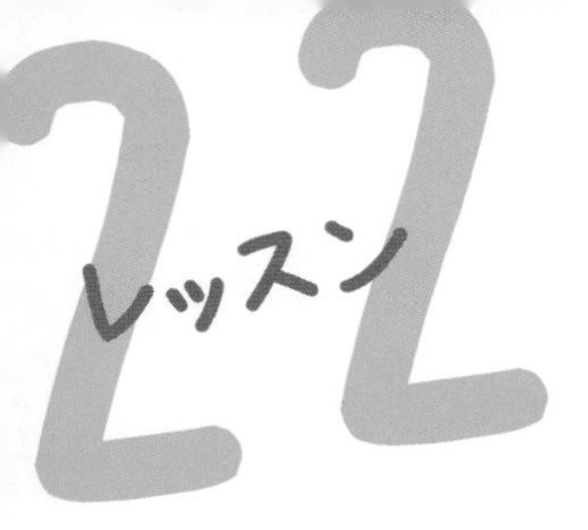


# 整数のせいしつ

［5年］

## このレッスンのイントロ♪

　きみなら，6をどんな数だと説明しますか。偶数で，3の倍数の1つで，2と3の最小公倍数でもあります。さらに，12の約数の1つで，12と18の最大公約数ということもできます。いろいろなせいしつをもっていますね。

　このレッスンで，整数のせいしつをたしかめましょう。

# 1 偶数と奇数 ［5年］

## 偶数と奇数

- **偶数**…**2でわりきれる**整数。0，2，4，6，8，…
- **奇数**（きすう）…**2でわりきれない**整数。1，3，5，7，9，…
- 0は偶数とする。

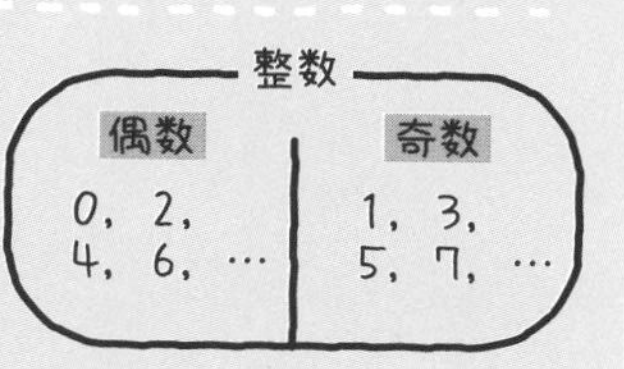


**例** 次の数は偶数ですか，奇数ですか。(1) 18 (2) 15

(1) 18を2でわると，18÷2＝9
2でわりきれるから，偶数

(2) 15を2でわると，15÷2＝7あまり1
2でわりきれないから，奇数

**つけたし**
一の位の数字が
0，2，4，6，8
である数は，偶数です。

**チェック 1** 次の数を，偶数と奇数に分けましょう。 解答は別冊p.48へ

① 24 ② 39 ③ 608 ④ 1026 ⑤ 80430 ⑥ 51937081

偶数〔 〕 奇数〔 〕

# 2 倍数 ［5年］

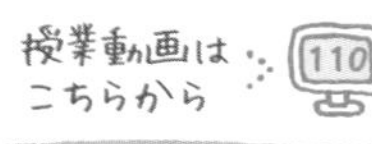

- **倍数**…ある数に整数をかけてできる数。

  **例** 3の倍数は，3に1，2，3，…をかけてできる 3，6，9，…

- **公倍数**…いくつかの整数に共通な倍数。

  **例** 2の倍数は，2，4，[6]，8，10，[12]，14，…
  3の倍数は，3，[6]，9，[12]，15，…
  2と3の公倍数は，6，12，18，24，…

- **最小公倍数**…公倍数のうちで，いちばん小さい数。

  **例** 2と3の最小公倍数は，6

  2と3の公倍数は，2と3の最小公倍数である6の倍数

- 0は倍数に入れない。また，0の倍数は考えない。

チェック 2　6の倍数(ばいすう)を，小さい順(じゅん)に5つ求(もと)めましょう。 解答は別冊p.48へ

〔　　　　　　　　〕

チェック 3　次の数から，8の倍数をすべて選(えら)びましょう。 解答は別冊p.48へ

① 16　② 27　③ 36　④ 42　⑤ 54　⑥ 64　⑦ 72　⑧ 80

〔　　　　　　　　〕

チェック 4　6と8の公倍数(こうばいすう)を，小さい順に3つ求めましょう。
また，最小公倍数(さいしょうこうばいすう)を求めましょう。 解答は別冊p.48へ

公倍数〔　　　　　　　　〕　最小公倍数〔　　　　〕

## 3 約数［5年］

### ポイント 約数と公約数

- 約数(やくすう)…ある数をわりきることができる整数。

例 8は，1，2，4，8でわりきれるから，8の約数は，1，2，4，8

- 公約数(こうやくすう)…いくつかの数に共通な約数。

例 8の約数は，1，2，4，8
12の約数は，1，2，3，4，6，12
8と12の公約数は，1，2，4

- 最大公約数(さいだいこうやくすう)…公約数のうちで，いちばん大きい数。

例 8と12の最大公約数は，4

8と12の公約数は，8と12の最大公約数である4の約数

チェック 5　16の約数をすべて求めましょう。 解答は別冊p.48へ

〔　　　　　　　　〕

チェック 6　16と24の公約数をすべて求めましょう。 解答は別冊p.49へ

〔　　　　　　　　〕

チェック 7　16と24の最大公約数を求めましょう。 解答は別冊p.49へ

〔　　　　　　　　〕

# 4 公倍数・公約数の利用 〔5年〕

授業動画は こちらから

112

例 たて3cm，横4cmの長方形の紙を，同じ向きにすきまなくしきつめて，正方形をつくります。

できる正方形のうち，いちばん小さいものの1辺（へん）の長さは何cmですか。

たてと横の長さの最小公倍数を求めましょう。

正方形の1辺の長さは，たてが3の倍数，横が4の倍数になるから，正方形の1辺の長さは3と4の公倍数になる。

3の倍数…3，6，9，12，…

4の倍数…4，8，12，…

3と4の最小公倍数は12だから，いちばん小さい正方形の1辺の長さは12cm

12cm

---

チェック 8 駅前のバス乗り場では，北町行きのバスが10分おき，南町行きのバスが15分おきに発車します。9時ちょうどに，北町行きと南町行きが同時に発車しました。次に同時に発車するのは，何時何分ですか。

解答は別冊p.49へ

〔　　　　〕

---

例 たてが18cm，横が24cmの長方形の紙があります。この紙を，あまりがでないように，同じ大きさの正方形に分けます。できる正方形のうち，いちばん大きいものの1辺の長さは何cmですか。

たてと横の長さの最大公約数を求めましょう。

あまりがでないようにするには，正方形の1辺の長さが長方形のたてと横の長さの公約数になるように分ければよい。

18の約数…1，2，3，6，9，18

24の約数…1，2，3，4，6，8，12，24

18と24の最大公約数は6だから，いちばん大きい正方形の1辺の長さは6cm

6cm

**チェック 9**　赤い花が60本と白い花が72本あります。それぞれ同じ数ずつあまりがでないように分けて，赤い花と白い花を合わせた花たばをつくります。できるだけ多くの花たばをつくるとき，次の問いに答えましょう。

解答は別冊p.49へ

(1)　花たばは何たばできますか。

〔　　　　　〕

(2)　１つの花たばに，赤い花と白い花はそれぞれ何本ずつありますか。

赤い花〔　　　　　〕　白い花〔　　　　　〕

## コラム

### ●素数の見つけ方（１とその数自身しか約数がない数を素数といいます）

１から100までの素数は下の25こです。

覚えておくと便利じゃよ

2，3，5，7，11，13，17，19，23，29，31，37，41，
43，47，53，59，61，67，71，73，79，83，89，97

この素数をすばやく見つけるにはどうしたらよいでしょうか。

１から10までの素数は2，3，5，7で，11から100までにふくまれる素数は，すべて奇数で，÷3，÷5，÷7をしてもわりきれません。つまり，3の倍数（それぞれの位の数の和が3の倍数），5の倍数（一の位が0か5），7の倍数をのぞいた数なのです。

### ●おもしろい最大公約数の見つけ方

❶　2つの数の差を求めます。

❷　❶の差の約数を求めます。

❸　❷の約数の大きい順に2つの数をわっていき，わりきれた数が最大公約数になります。

**例**　132と187の場合

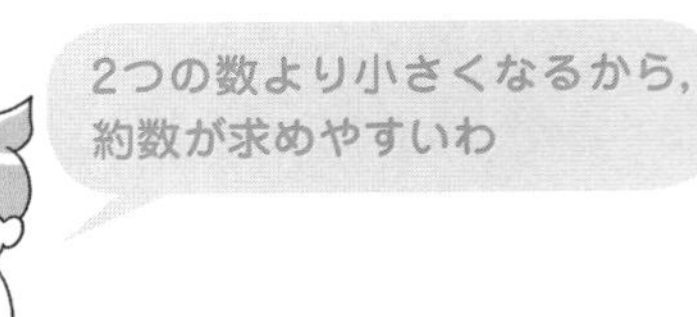


❶　187－132＝55

❷　55の約数は，1，5，11，55

❸　132と187は55ではわりきれない。
11ではわりきれる。　　2つの数の最大公約数は11

# レッスン22の力だめし

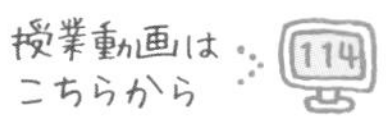

解説は別冊p.49へ

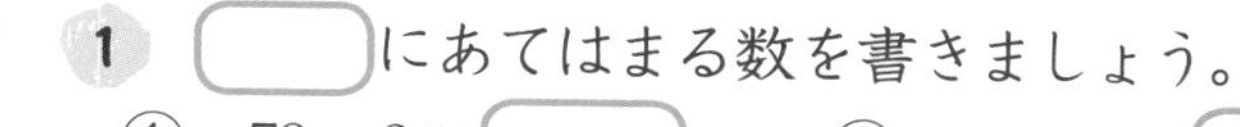

**1** [　　]にあてはまる数を書きましょう。

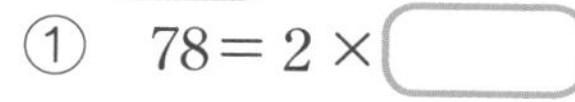

① 78＝2×[　　]　② 79＝2×[　　]＋1　③ 80＝2×[　　]

**2** (　　)の中の数の最小公倍数を求めましょう。

(1) (5, 7)　(2) (9, 12)　(3) (4, 5, 10)

〔　　〕〔　　〕〔　　〕

**3** (　　)の中の数の最大公約数を求めましょう。

(1) (14, 28)　(2) (32, 56)　(3) (18, 30, 42)

〔　　〕〔　　〕〔　　〕

**4** 高さが15 cmの箱と，高さが18 cmの箱をそれぞれ積んでいきます。最初に高さが等しくなるのは，何cmのときですか。

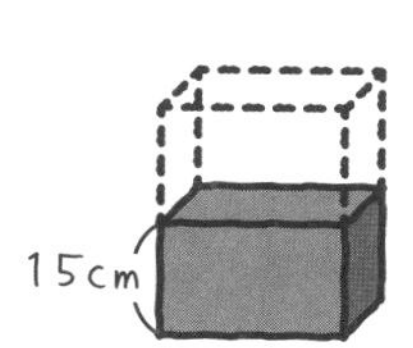

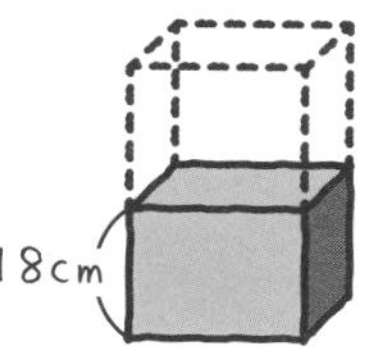


〔　　〕

**5** あめが84こ，チョコレートが78こあります。あめとチョコレートを，それぞれ同じ数ずつあまりがでないように分け，できるだけ多くの人に配ります。次の問いに答えましょう。

(1) 何人に配れますか。

〔　　〕

(2) 1人分のあめとチョコレートはそれぞれ何こですか。

あめ〔　　〕　チョコレート〔　　〕

# 23 レッスン 合同 ［5年］

## このレッスンのイントロ♪

みなさんが持っている，3つの角が30°，60°，90°の三角じょうぎ を，友だちの三角じょうぎと比べてみましょう。2つの三角じょうぎはぴったり重なり合いますか？　大きかったり，小さかったりしますか？　2つの図形の形と大きさが同じであれば，ぴったり重ね合わすことができますね。このレッスンでは，形も大きさも同じである，合同な図形について学びましょう。

# 1 合同［5年］

授業動画はこちらから 115

## ポイント 合同

● ぴったり重ね合わすことのできる２つの図形は，合同(ごうどう)であるという。
うら返すとぴったり重ね合わすことのできる図形も，合同であるという。

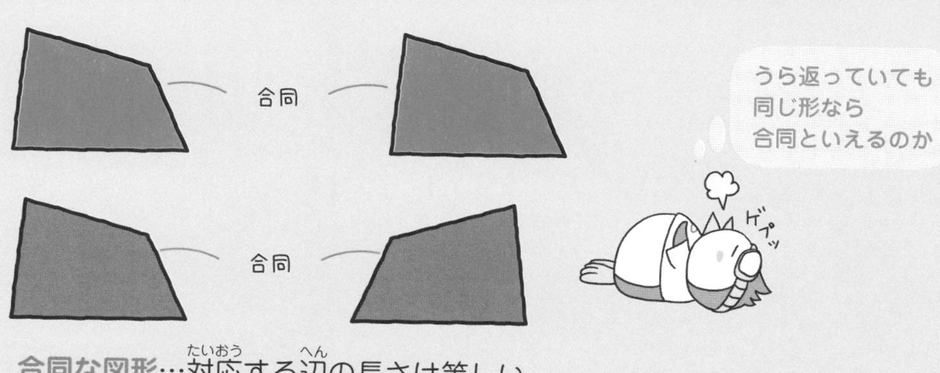


● **合同な図形**…対応(たいおう)する辺(へん)の長さは等しい。
対応する角の大きさは等しい。

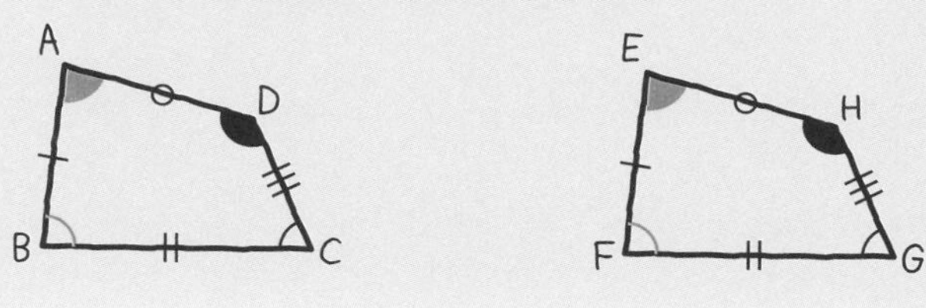


**チェック 1** ㋐と合同な図形を，㋑～㋖の中からすべて選(えら)びましょう。 解答は別冊p.50へ

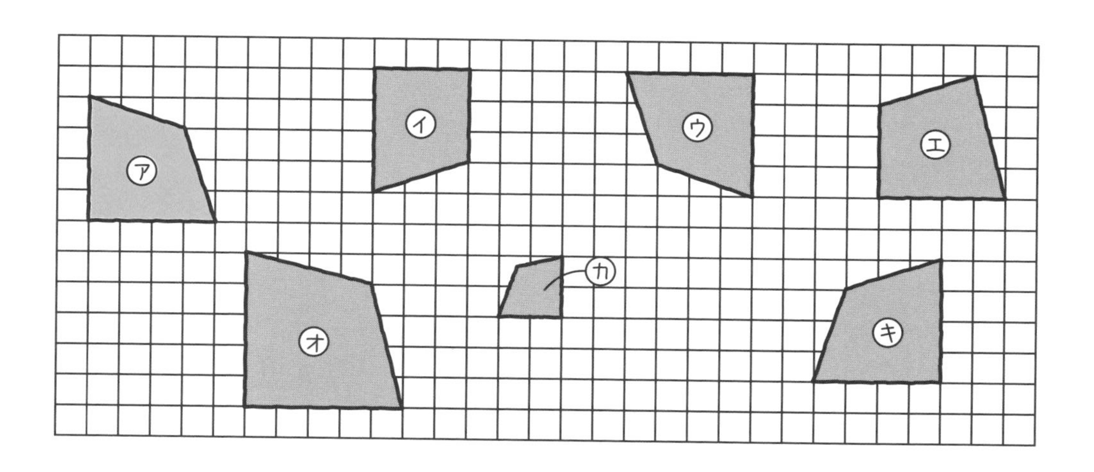


〔　　　　　　　　　　〕

チェック２　㋐と㋑の図形は合同(ごうどう)です。

解答は別冊p.50へ

（1）辺(へん)ABに対応(たいおう)する辺はどれですか。

〔　　　　　〕

（2）角Dに対応する角はどれですか。

〔　　　　　〕

（3）辺EHの長さは何cmですか。

〔　　　　　〕

（4）角Gの大きさは何度ですか。

〔　　　　　〕

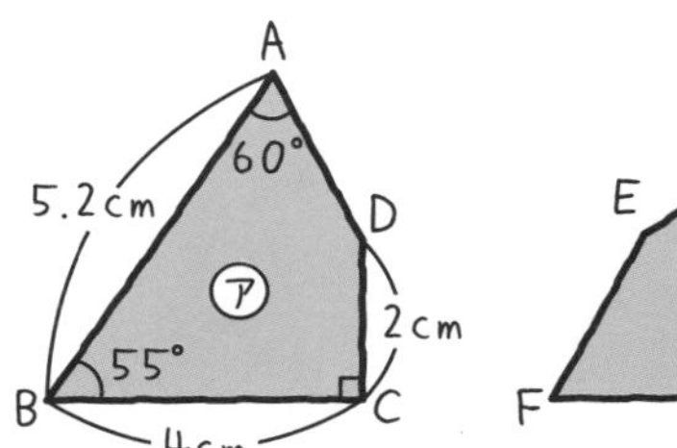


## 2 合同な三角形のかき方 〔5年〕

授業動画は こちらから 116

ポイント　合同な三角形のかき方

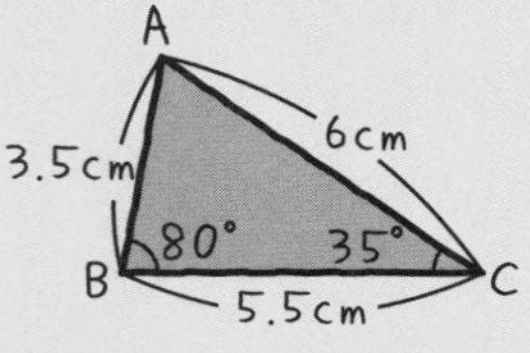

左の三角形と合同な三角形を3つのやり方でかいてみよう

● ２つの辺の長さとその間の角の大きさがそれぞれ同じになるようにかく。

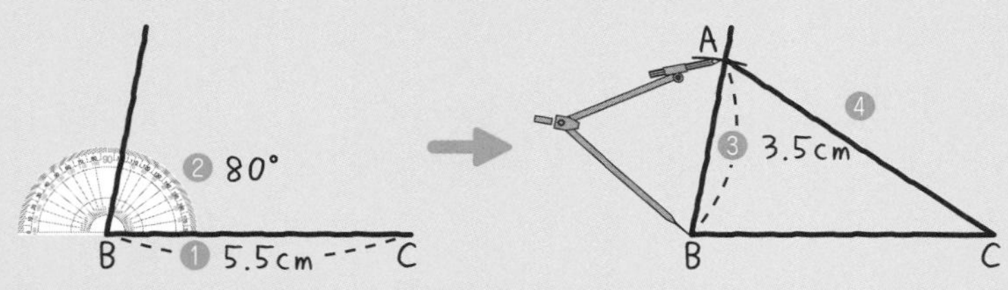


● １つの辺の長さとその両はしの２つの角の大きさが同じになるようにかく。

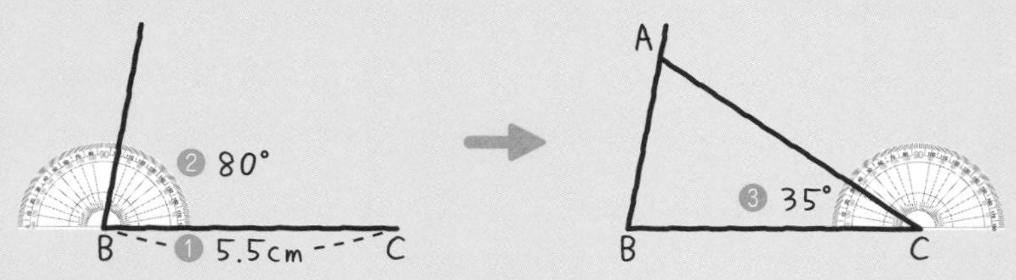


● ３つの辺の長さがそれぞれ同じになるようにかく。

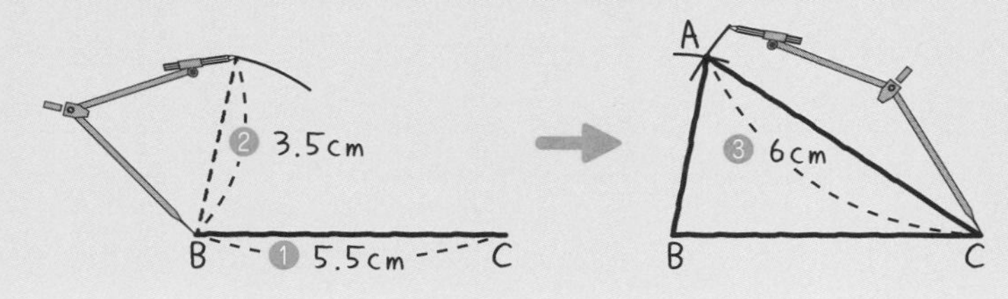

# レッスン23の力だめし

授業動画は こちらから 

解説は別冊p.50へ

**1** 次の図形の中から，合同な図形の組み合わせをすべて選(えら)びましょう。

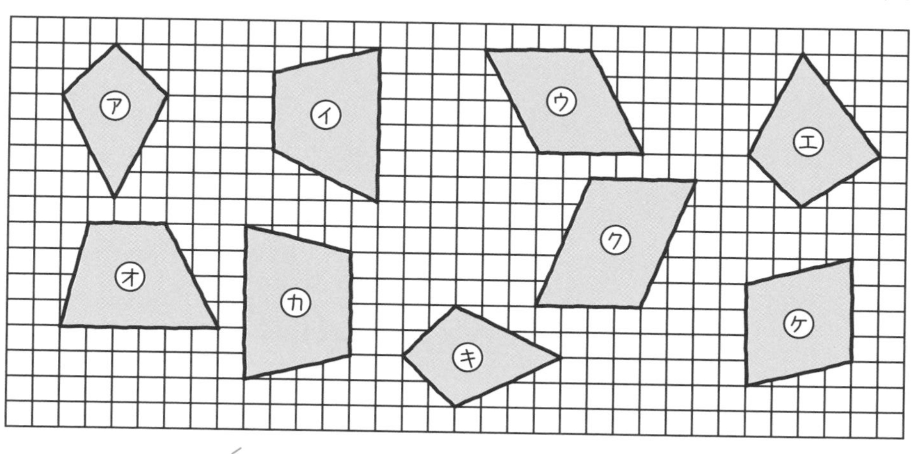


〔　　　　　　　　　　　　　　　　〕

**2** 2つの辺の長さが 7 cm，9 cmで，その間の角の大きさが40°の三角形をかきましょう。

**3** 右の㋐，㋑は合同な二等辺三角形です。㋐，㋑の同じ長さの辺どうしを合わせ，四角形をつくります。どんな四角形ができますか。次の㋐～㋔からすべて選びましょう。

ⓐ 長方形　ⓘ 正方形　ⓤ 台形(だいけい)　ⓔ ひし形(がた)
ⓞ 平行四辺形(へいこうしへんけい)

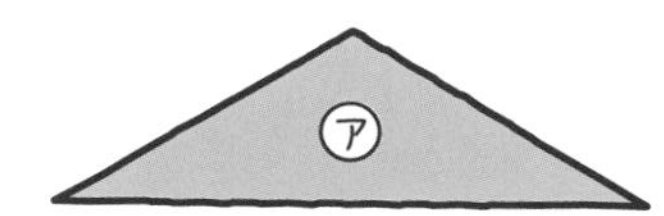


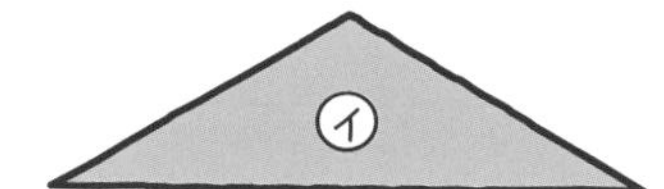


〔　　　　　　〕

# レッスン24 平均［5年］

## このレッスンのイントロ♪

東北新幹線の「はやぶさ」の最高速度は時速320 kmです。しかし，駅を出発してから次の駅に到着するまでずっとこの速度で走っているわけではありません。

カーブしている場所などではスピードを落とさなければならないからです。そのため，「はやぶさ」が東京駅から新青森駅まで走る平均速度は時速約240 kmとなっています。このレッスンで，速さ，長さ，重さなどさまざまな数量をならして，「平均」を求める練習をしましょう。

# 1 平均 〔5年〕

## 平均

● 平均…いくつかの数量を，等しい大きさになるようにならしたもの。

**平均＝合計÷こ数**

**例** たまご5この重さをはかったら，58g，52g，64g，60g，56gでした。たまご1この平均の重さを求めましょう。

❶ 合計を求める。

たまご5この重さの合計は，

58＋52＋64＋60＋56＝290（g）

❷ 平均を求める。

たまご1この平均の重さは

290（合計） ÷ 5（こ数） ＝ 58（g）（平均）

そのたまごを
使って目玉焼きを
作るわよ

58g

● 平均から合計を求める。 **合計＝平均×こ数**

**例** 本を1日に平均20ページ読みます。1週間では何ページ読むことになりますか。

20（平均） × 7（こ数） ＝ 140（ページ）（合計）

140ページ

**チェック 1** 次の表は，Aさんのグループ5人の50m走の記録（きろく）です。 解答は別冊p.51へ

5人の記録の平均を求めましょう。

| | A | B | C | D | E |
|---|---|---|---|---|---|
| 50m走の記録（秒） | 9.8 | 10.0 | 10.4 | 9.6 | 9.7 |

〔　　　　　〕

**チェック 2** けんたさんの家では，6日間で平均3Lの牛にゅうを飲むそうです。30日間では何Lの牛にゅうを飲むことになりますか。 解答は別冊p.51へ

〔　　　　　〕

チェック3 りかさんは算数のテストを3回うけました。1回目と2回目の平均(へいきん)は65点で，1回目から3回目までの平均は，68点でした。3回目のテストの得点(とくてん)は何点ですか。

解答は別冊p.51へ

〔　　　　　〕

## 2 仮の平均 ［5年］

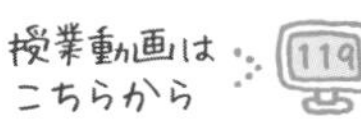

### ポイント 仮の平均

● 仮(かり)の平均を使うと，計算がかんたんになる。

例 次の表は，Aさんの班(はん)5人の身長を記録(きろく)したものです。5人の身長の平均を求(もと)めましょう。

| | A | B | C | D | E |
|---|---|---|---|---|---|
| 身長（cm） | 150 | 148 | 145 | 147 | 155 |

（150＋148＋145＋147＋155）÷5の計算は大変だ！

❶ 5人の身長のうち，最(もっと)も低い145を仮の平均として，145を0とみる。
その他の数量を，145との差(さ)で表す。

| | A | B | C | D | E |
|---|---|---|---|---|---|
| 仮の平均との差（cm） | 5 | 3 | 0 | 2 | 10 |

❷ ❶で表した数量の平均を求める。
(5＋3＋0＋2＋10)÷5＝4

❸ 仮の平均とした145に，❷で求めた平均の4をたす。
145＋4＝149（cm）

149 cm

身長

(cm) 160 140 120 100 80 60 40 20 0
A B C D E

156 155 154 153 152 151 150 149 148 147 146 145
A B C D E

ならしている

チェック 4　次の表は，Aさんの班の５人がソフトボール投げをしたときの記録です。５人の記録の平均を，仮の平均を使って求めましょう。

解答は別冊p.51へ

| | A | B | C | D | E |
|---|---|---|---|---|---|
| きょり（m） | 28 | 24 | 25 | 30 | 32 |

〔　　　　　〕

## 3 単位量あたりの大きさ ［5年］

授業動画は こちらから 120

### ポイント 単位量あたりの大きさ

● こみぐあいなどを比(くら)べるときは，「1 m²あたりの平均の人数」や「1人あたりの平均の面積(めんせき)」を調べて比べるとよい。
このようにして表した大きさを「**単位量(たんいりょう)あたりの大きさ**」という。

例 次の表は，会議室(かいぎしつ)A，Bの面積と各部屋にいる人の数です。どちらの部屋がこんでいますか。

| | 面積（m²） | 人数（人） |
|---|---|---|
| A | 100 | 45 |
| B | 120 | 60 |

**1 m²あたりの平均の人数を調べる。**

会議室A　45÷100＝0.45（人）
人数　面積　1 m²あたりの平均の人数

会議室B　60÷120＝0.5（人）
人数　面積　1 m²あたりの平均の人数

1 m²あたりの平均の人数が多いので，会議室Bの方がこんでいる。

チェック 5　Aさんの畑は500 m$^2$で，1500 kgのじゃがいもがとれました。Bさんの畑は400 m$^2$で，1000 kgのじゃがいもがとれました。どちらの畑の方がよくとれたといえますか。

解答は別冊p.52へ

〔　　　　　　〕

チェック 6　Aの自動車はガソリン20 Lで270 km走り，Bの自動車はガソリン50 Lで480 km走ります。ガソリン1 Lあたりに走る道のりが長いのは，どちらの自動車ですか。

解答は別冊p.52へ

〔　　　　　　〕

## ポイント　人口密度

● 人口密度(じんこうみつど)…単位面積(たんいめんせき)(1 km$^2$)あたりの人口。人口密度＝人口÷面積(km$^2$)

例　A町の面積は76 km$^2$で，人口は14063人です。A町の人口密度を上から2けたの概数(がいすう)で求(もと)めましょう。

14063÷76＝185.…

人口　面積　人口密度

上から2けたの概数にするから，約190人

チェック 7　右の表は，B市とC市の面積と人口をまとめたものです。人口密度が高い市はどちらですか。

解答は別冊p.52へ

| | 面積(km$^2$) | 人口(人) |
|---|---|---|
| B市 | 340 | 185300 |
| C市 | 280 | 170800 |

〔　　　　　　〕

# レッスン24 の力だめし

解説は別冊p.52へ

121

**1** あやなさんは，315ページの本を1週間で読み終わりました。1日に平均何ページ読んだことになりますか。

〔　　　　　〕

**2** あつ紙10まいの重さは40gです。あつ紙何まい分で100gになりますか。

〔　　　　　〕

**3** 右の表は，1班と2班の漢字テストの得点の平均です。1班と2班全体の得点の平均は何点ですか。

| | 人数（人） | 得点の平均（点） |
|---|---|---|
| 1班 | 7 | 6 |
| 2班 | 8 | 7.5 |

〔　　　　　〕

**4** サインペン6本入りで580円のセットと，8本入りで780円のセットがあります。1本あたりのねだんはどちらの方が安いですか。

〔　　　　　〕

**5** 右の表は，A県，B県，C県，D県の面積と人口をまとめたものです。

人口密度がもっとも高い県はどこですか。それぞれの数を上から2けたの概数にして計算しましょう。また，その県の人口密度を上から2けたの概数で求めましょう。

| | 面積（$km^2$） | 人口（人） |
|---|---|---|
| A県 | 11636 | 1050000 |
| B県 | 13562 | 2122000 |
| C県 | 5777 | 1833000 |
| D県 | 2277 | 1415000 |

〔　　　　　〕

レッスン25 # 割合・比 ［5・6年］

## このレッスンのイントロ♪

定価2500円の商品が，A店では「定価の20%引き」，B店では「定価の2割引き」で売られています。あなたはどちらの店で買いますか？　実は「20%」と「2割」は同じ割合なので，A店でもB店でも同じ2000円です。

このレッスンで，割合の意味，使い方についてたしかめましょう。

# 割合 ［5年］

授業動画は こちらから   

## ポイント 割合

● 割合…『もとにする量(りょう)』を1とみたとき，『比(くら)べられる量』がどれだけ（何倍）にあたるのかを表した数。

何を『もとにする量』にすればよいのか？

①「■をもとにするとき」→■の部分

②「～は■の●倍」→■の部分

③「■に対する～の割合」→■の部分

割合＝比べられる量÷もとにする量

比べられる量＝もとにする量×割合
もとにする量＝比べられる量÷割合

**例1** 赤のひもは16 cm，青のひもは48 cm，緑のひもは12 cmです。赤のひもをもとにするとき，青と緑のひもの割合を求(もと)めましょう。

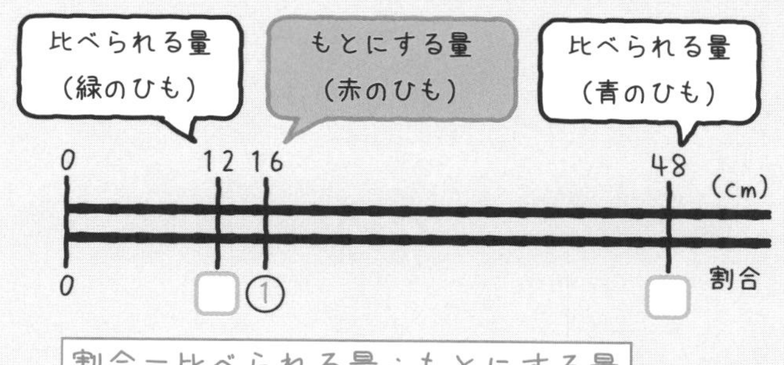


割合＝比べられる量÷もとにする量

青　$48 \div 16 = 3$　　　　3

緑　$12 \div 16 = \frac{12}{16} = \frac{3}{4}$　　　　$\frac{3}{4}$

長さと割合をたてにならべて，もとにする量の何倍になるかを考えよう。

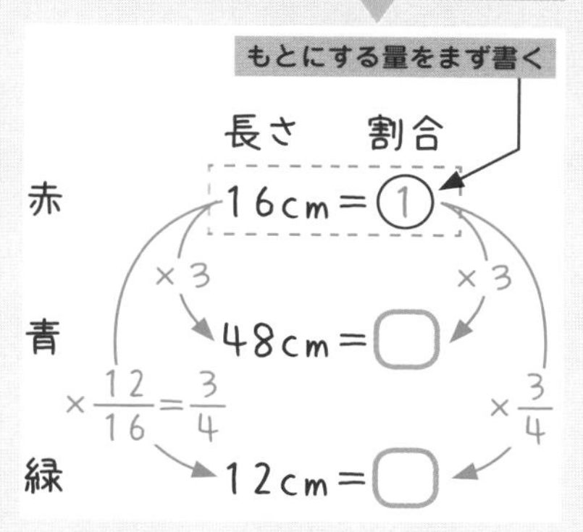


**例2** □gは20gの0.8倍です。

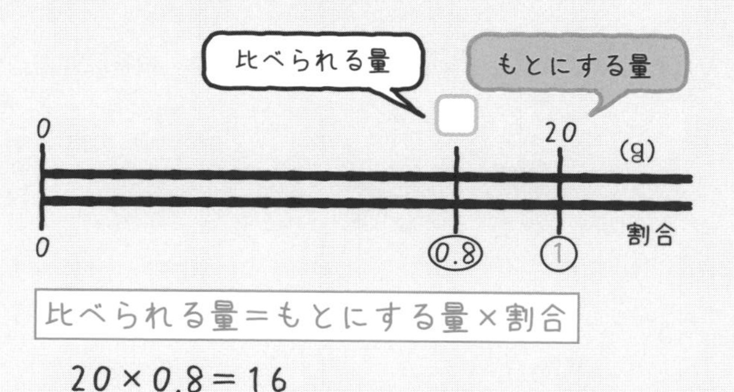


比べられる量＝もとにする量×割合

$20 \times 0.8 = 16$

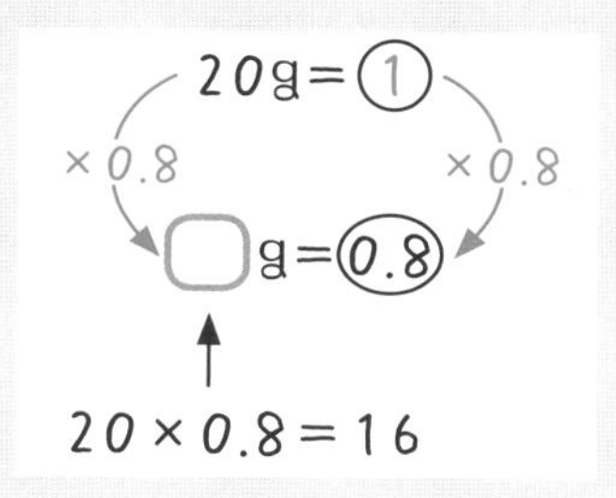

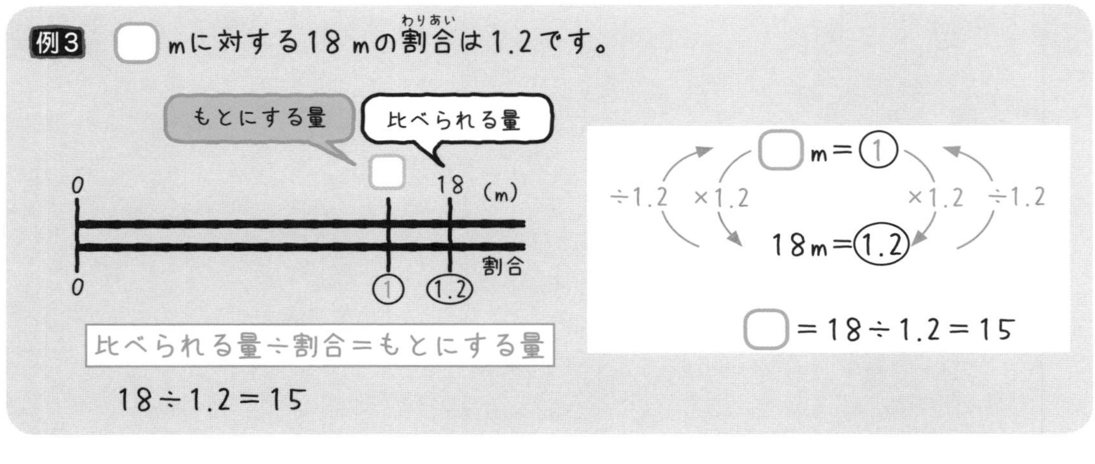


**チェック 1** □にあてはまる数を求めましょう。

解答は別冊p.53へ

（1） 40 gをもとにした32 gの割合は□です。

〔　　　　〕

（2） 72 Lに対する□Lの割合は $\frac{2}{3}$ です。

〔　　　　〕

（3） 56 cmは□cmの1.6倍です。

〔　　　　〕

**チェック 2** ある学校の５年生は84人です。そのうち14人がメガネをかけています。メガネをかけている人の割合は５年生全体のどれだけですか。

解答は別冊p.53へ

〔　　　　〕

**チェック 3** りんごとみかんが合わせて45こあります。そのうち，りんごの割合は0.4です。りんごは何こありますか。

解答は別冊p.53へ

〔　　　　〕

**チェック 4** 畑の一部ににんじんを植えました。にんじんを植えた面積は63 $m^2$ で，畑全体の $\frac{7}{15}$ にあたります。畑全体の面積は何 $m^2$ ですか。

解答は別冊p.53へ

〔　　　　〕

# 2 割合の表し方 〔5年〕

授業動画は こちらから   125 

## ポイント 割合の表し方

● 百分率(ひゃくぶんりつ)…『もとにする量』を100とみた割合の表し方。
%（パーセントと読む）をつけて表す。

● 歩合(ぶあい)…『もとにする量』を10とみた割合の表し方。
割(わり)，分(ぶ)，厘(りん)をつけて表す。

| 割合を表す小数 | 1 | 0.1 | 0.01 | 0.001 |
|---|---|---|---|---|
| 百分率 | 100% | 10% | 1％ | 0.1％ |
| 歩合 | 10割 | 1割 | 1分<br>（0.1割） | 1厘<br>（0.01割） |

**例**
（1） 割合を表す小数 0.3 → 30%または3割
（2） 割合を表す小数 0.87 → 87%または8割7分（8.7割）
（3） 割合を表す小数 0.216 → 21.6%または2割1分6厘（2.16割）

**チェック 5** 小数や整数で表した割合を百分率で表しましょう。 解答は別冊p.53へ

（1） 0.06 〔　　〕　（2） 0.8 〔　　〕

（3） 2 〔　　〕　（4） 1.403 〔　　〕

**チェック 6** 小数で表した割合を歩合（割，分，厘）で表しましょう。 解答は別冊p.53へ

（1） 0.5 〔　　〕　（2） 0.24 〔　　〕

（3） 0.326 〔　　〕　（4） 1.087 〔　　〕

**チェック 7** 百分率や歩合で表した数を小数で表しましょう。 解答は別冊p.54へ

（1） 27% 〔　　〕　（2） 0.9% 〔　　〕

（3） 150% 〔　　〕　（4） 9割2分 〔　　〕

（5） 12割 〔　　〕　（6） 3割5分8厘 〔　　〕

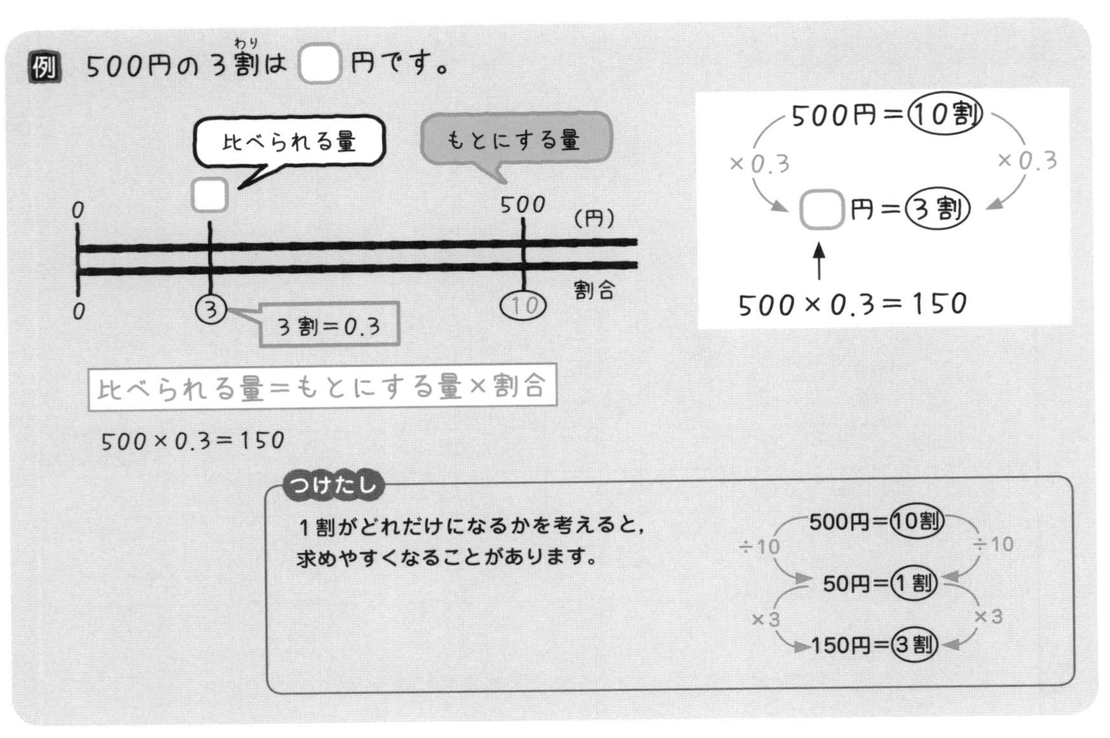


**チェック 8** □ にあてはまる数を求（もと）めましょう。 解答は別冊p.54へ

(1) 300円の24％は □ 円です。

〔　　　　　　〕

(2) 200円の □ 割は140円です。

〔　　　　　　〕

(3) □ 円の4割8分（ぶ）（4.8割）は60円です。

〔　　　　　　〕

**チェック 9** ある映画館（えいがかん）の客席数は150人です。 解答は別冊p.54へ
次の問いに答えましょう。

(1) 10時の回の入館者数は123人でした。客席数に対する入館者数の割合は何割何分ですか。

〔　　　　　　〕

(2) 12時の回の入館者数は客席数の64％でした。入館者数は何人ですか。

〔　　　　　　〕

# 3 割合がふえたり，へったりする問題 ［5年］

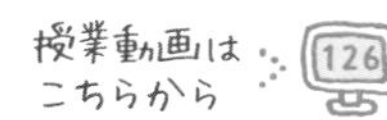

## ポイント ■%増し，▲%引きの数量の求め方

### ● ■%増しの数量

**求め方1**　■%の数量を求めて，もとの数量にたす。

**求め方2**　100%に■%をたした（100＋■）%の数量を求める。

**例**　800円の5%増しのねだんはいくらですか。

5%＝0.05だから，

**求め方1**　800×0.05＝40

800＋40＝840（円）

**求め方2**　800×（1＋0.05）＝800×1.05

＝840（円）

金額と割合をたてにならべて，ふえた分，へった分をたし算・ひき算で求めよう。

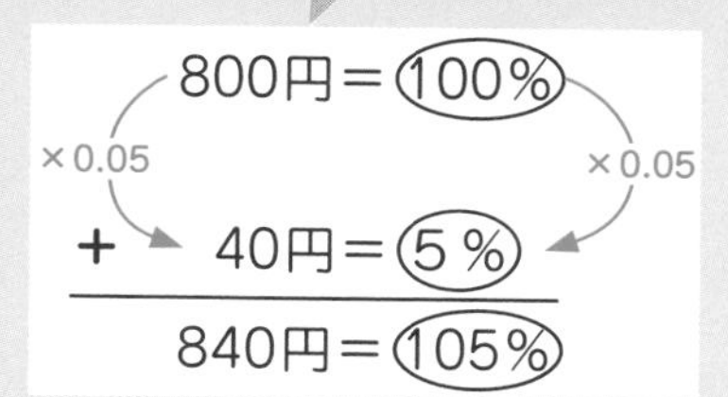


### ● ▲%引きの数量

**求め方1**　▲%の数量を求めて，もとの数量からひく。

**求め方2**　100%から▲%をひいた残りの（100－▲）%の数量を求める。

**例**　600円の10%引きのねだんはいくらですか。

10%＝0.1だから，

**求め方1**　600×0.1＝60

600－60＝540（円）

**求め方2**　600×（1－0.1）＝600×0.9

＝540（円）

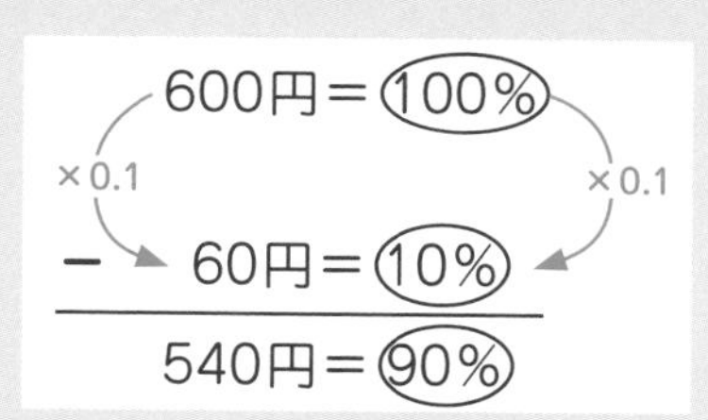


**チェック 10**　□にあてはまる数を求めましょう。　解答は別冊p.54へ

（1）　1000円の36%増しは□円です。

〔　　　　〕

（2）　600円の2割8分引きは□円です。

〔　　　　〕

（3）　□円の40%引きは1500円です。

〔　　　　〕

# 4 比 〔6年〕

授業動画は こちらから 127

## ポイント 比

● 比…2つの量の割合を，「：」の記号を使って表したもの。
2つの量の関係を分数や小数を使わずに，整数だけですっきりと表すことができます。

例

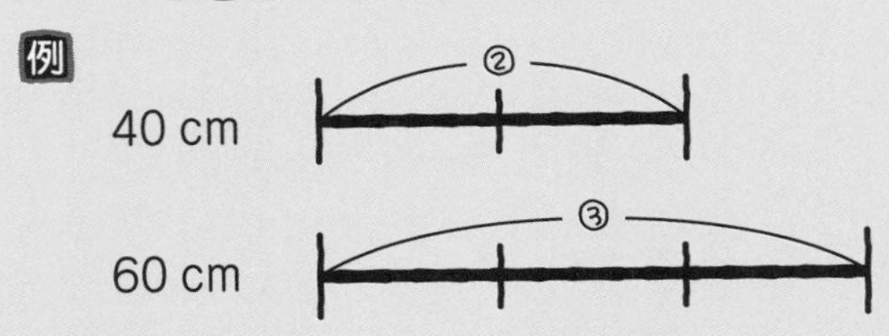

40 cmと60 cmの比は　2：3

「二対三」と読む

● 比の値…a：bの比の値は，a÷bの商になっている。

例　2：3の比の値は　$2 \div 3 = \frac{2}{3}$

● 比を簡単にする…比をできるだけ小さい整数で表したもの。
分数をもう約分できない形にするのと同じ。

比の性質…分数の通分・約分のように，前の数と後の数に同じ数をかけてもわっても，比は変わらない。

例 (1)　45：60＝3：4　（÷15，÷15）

同じこと　$\frac{45}{60} = \frac{3}{4}$

(2)　1.2：2＝12：20＝3：5　（×10，×10）

小数は，10倍，100倍して整数にする

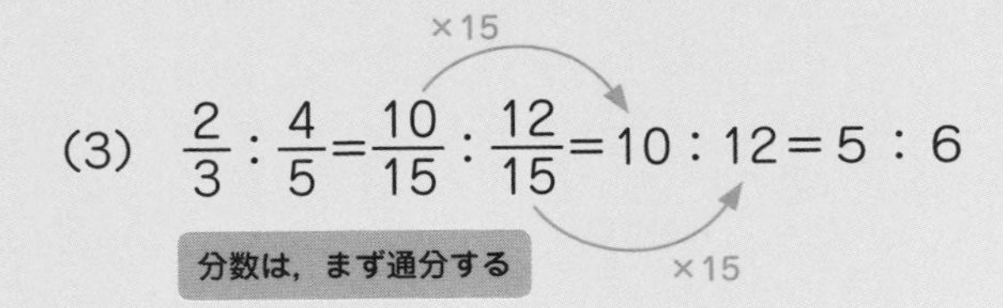

(3)　$\frac{2}{3} : \frac{4}{5} = \frac{10}{15} : \frac{12}{15}$＝10：12＝5：6　（×15，×15）

分数は，まず通分する

**つけたし**

何回かに分けて小さくしてもよいです。

45：60＝15：20＝3：4　（÷3，÷5）

同じこと　$\frac{45}{60} = \frac{15}{20} = \frac{3}{4}$

## チェック 11 次の比の値を求め（もと）ましょう。

解答は別冊p.55へ

（1） 4：5　　（2） 0.8：4.8　　（3） $\frac{2}{3}$：1.4

〔　　〕　〔　　〕　〔　　〕

## チェック 12 次の比を簡単にしましょう。

解答は別冊p.55へ

（1） 28：21　　（2） 0.9：1.35　　（3） $\frac{4}{9}$：$\frac{2}{5}$

〔　　〕　〔　　〕　〔　　〕

## チェック 13 □にあてはまる数を求めましょう。

解答は別冊p.55へ

（1） 2：7＝□：28　　（2） 12：□＝4.5：3　　（3） □：1.6＝$\frac{9}{4}$：3

〔　　〕　〔　　〕　〔　　〕

### コラム

● **比をそろえる（比の統一（とういつ））**…同じものが２回でてきたときに，比を最小公倍数（さいしょうこうばいすう）にそろえること。

A：B＝2：3
B：C＝2：5のとき
A：B：Cを求めましょう。

| A | : | B | : | C |
|---|---|---|---|---|
| 2 | : | 3 | | |
| | | 2 | : | 5 |
| 4 | : | 6 | : | 15 |

（×2，×3）

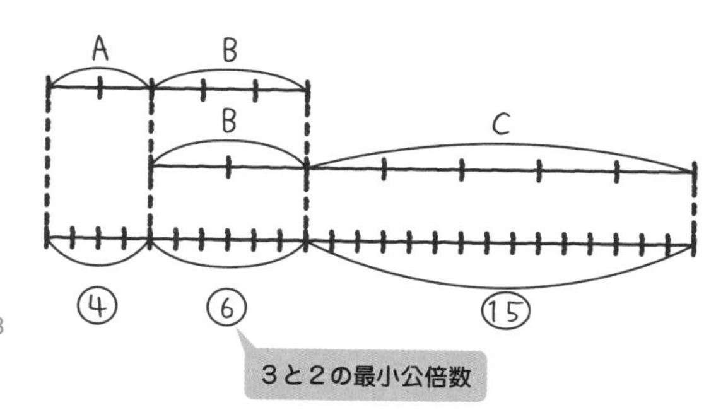


A：B：C＝4：6：15

# 5 割合・比の利用 〔5・6年〕

**例** 定価(ていか)6000円のゲームソフトを4200円で買いました。定価の何%引きのねだんですか。

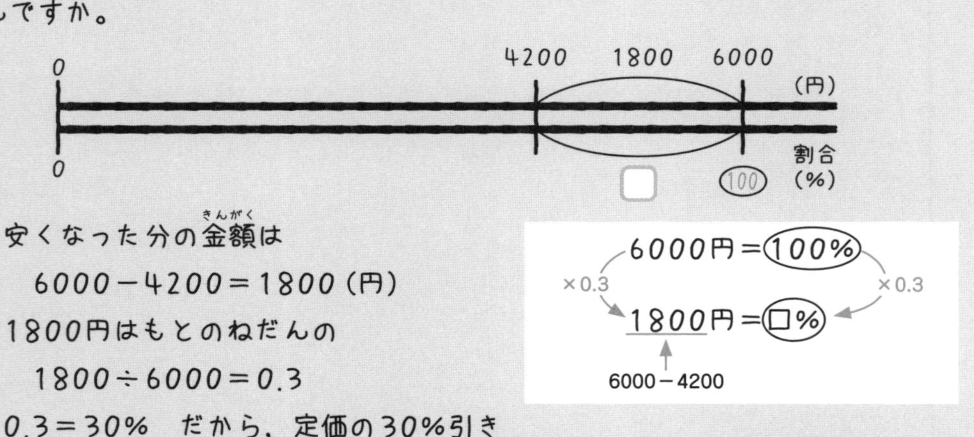


安くなった分の金額(きんがく)は
6000－4200＝1800（円）
1800円はもとのねだんの
1800÷6000＝0.3
0.3＝30%　だから，定価の30%引き

6000円＝100%
×0.3
×0.3
1800円＝□%
6000－4200

---

**チェック 14** ある学校の今年の１年生の人数は130人で，去年より４％ふえました。去年の１年生の人数は何人ですか。

解答は別冊p.55へ

〔　　　　〕

**チェック 15** たてと横の長さの比(ひ)が２：３になる長方形の旗(はた)をつくります。

解答は別冊p.56へ

（1） たての長さを38 cmとすると，横の長さは何cmですか。

〔　　　　〕

（2） 横の長さを48 cmとすると，まわりの長さは何cmですか。

〔　　　　〕

**チェック 16** 180まいの色紙を，Ａさんと Ｂさんの色紙のまい数の比が５：４になるように分けます。２人の色紙のまい数はそれぞれ何まいですか。

解答は別冊p.56へ

Aさん〔　　　　〕 Bさん〔　　　　〕

# レッスン25の力だめし

解説は別冊p.56へ

**1** 小数で表した割合（わりあい）は百分率（ひゃくぶんりつ）で，百分率で表した割合は小数で表しましょう。

(1) 0.004 〔　　〕 (2) 2.05 〔　　〕 (3) 107% 〔　　〕 (4) 2.6% 〔　　〕

**2** 次の問いに答えましょう。

(1) 150 cmの72%は何cmですか。

〔　　〕

(2) 30人は25人の何%ですか。

〔　　〕

**3** 次の比を簡単（かんたん）にしましょう。

(1) 80：16 〔　　〕 (2) 8.4：14 〔　　〕 (3) $\frac{3}{8}:\frac{5}{12}$ 〔　　〕

**4** 2000円で仕入れたシャツがあります。

(1) 利益（りえき）を40%加えて売ります。売るねだんはいくらですか。

〔　　〕

(2) (1)のねだんのシャツを，20%引きで売るとすると，ねだんはいくらになりますか。

〔　　〕

**5** チョコレートのつめあわせがあります。Aさんと Bさんがそれぞれのこ数の比が３：４になるように分けたところ，Aさんのこ数は９こでした。チョコレートの数は全部で何こですか。

〔　　〕

# レッスン26 いろいろなグラフ ［3～6年］

## このレッスンのイントロ♪

テレビのニュース番組や新聞の記事で，グラフを見たことはありませんか。アンケートの結果など割合を表す円グラフ，気温の変化を表す折れ線グラフなど，それぞれの内容に合ったグラフが使われています。このレッスンで，グラフの種類とその特ちょうを整理して，数量の大きさや変化，関係をわかりやすく表せるグラフをつくれるようにしましょう。

# 1 ぼうグラフ ［3年］

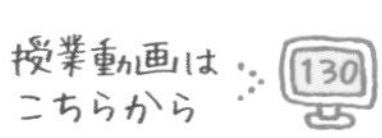

## ぼうグラフ

- 数量をぼうの長さで表したグラフ。数量の大小を比(くら)べやすい。
- グラフのかき方

すきな給食(きゅうしょく)（6年1組）

| メニュー | からあげ | ハンバーグ | カレーライス | オムライス | スパゲティ | その他 |
|---|---|---|---|---|---|---|
| 人数（人） | 10 | 8 | 7 | 5 | 3 | 2 |

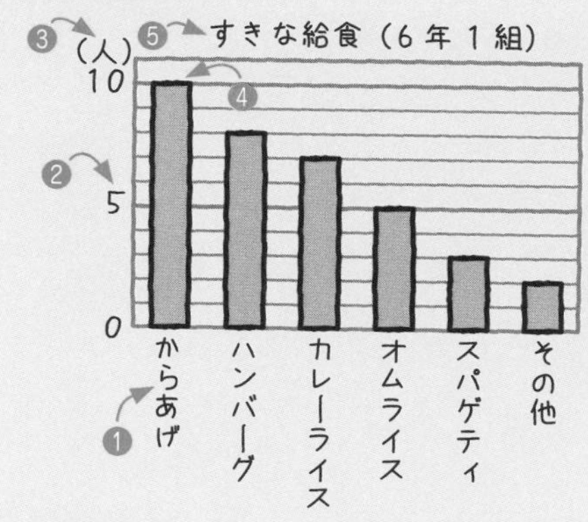


1. 横のじくに種類を書く。「その他」は最後(さいご)に書く。
2. いちばん多い数が書けるように，たてのじくの1めもりの数を決める。
3. めもりの表す数と単位(たんい)を書く。
4. 数に合わせてぼうをかく。
5. 表題を書く。

**つけたし**

**ぼうが横になるように，グラフをかいてもよい。**

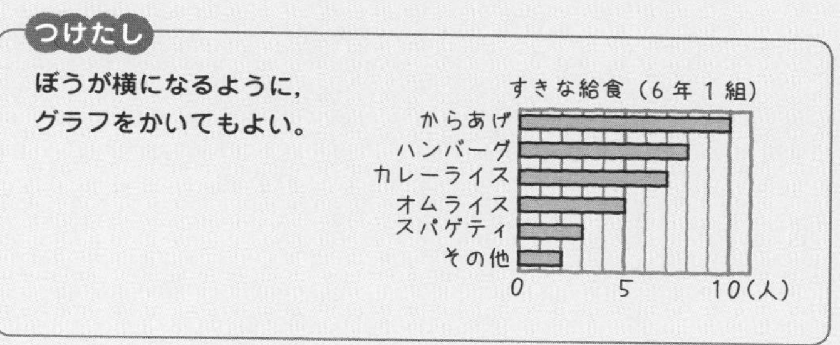

**チェック1** 右のグラフは，6年1組の35人がどんなペットをかっているか調べたものです。次の問いに答えましょう。

解答は別冊p.57へ

(1) たてのじくの1めもりは，何人を表していますか。

〔　　　　〕

(2) うさぎをかっている人は2人です。右のグラフにかき入れて，グラフを完成(かんせい)させましょう。

(3) かっている人がいちばん多いペットの種類は何で，何人かっていますか。

種類〔　　　　〕　人数〔　　　　〕

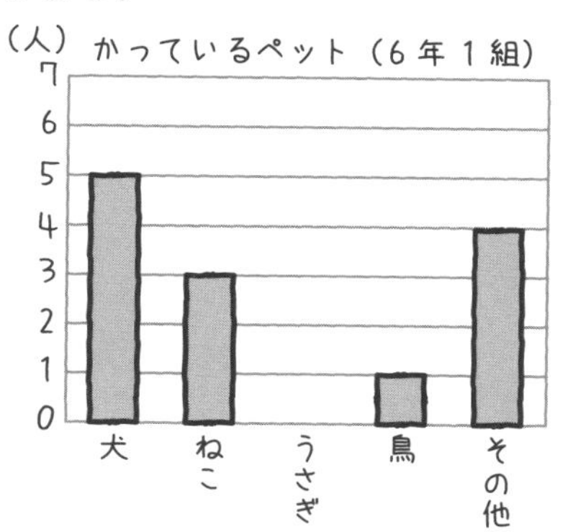

# 2 折れ線グラフ ［4年］

## ポイント 折れ線グラフ

- 折（お）れ線グラフ…数量（すうりょう）の大きさをしめす点を順（じゅん）に線でつないだグラフ。変化のようすがわかりやすい。
- グラフのかき方

1年間の気温の変わり方（高知市（こうちし））

| 月 | 1 | 2 | 3 | 4 | 5 | 6 | 7 | 8 | 9 | 10 | 11 | 12 |
|---|---|---|---|---|---|---|---|---|---|---|---|---|
| 気温（度） | 6 | 7 | 11 | 16 | 20 | 23 | 27 | 28 | 25 | 19 | 14 | 9 |

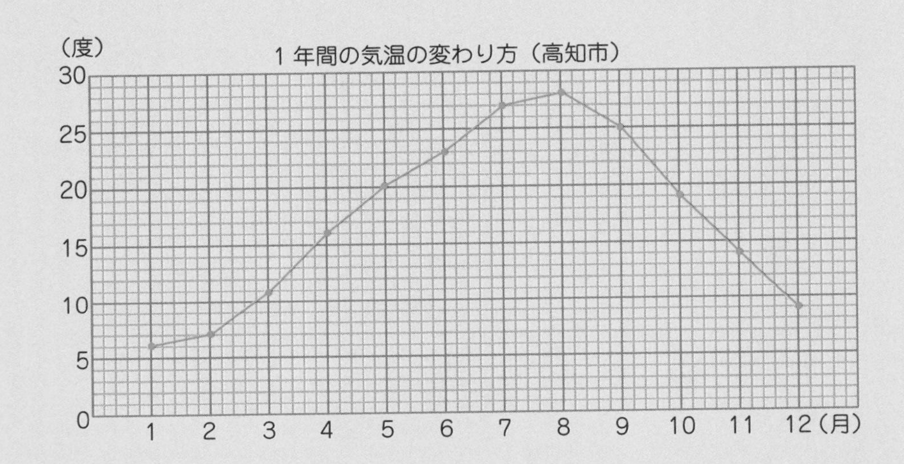


1. 横のじくに種類（しゅるい）と単位（たんい）を書く。
2. いちばん多い数が書けるように，たてのじくの1めもりの数を決める。
3. めもりの表す数と単位を書く。
4. 数に合わせて点をうち，点を直線で結ぶ。
5. 表題を書く。

**つけたし**

折れ線グラフでは，〰〰の印を使って，めもりのとちゅうを省（はぶ）くことがあります。

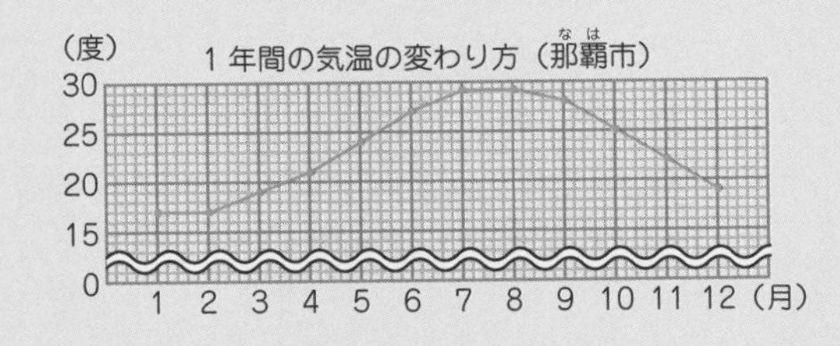

**チェック 2**　前の高知市の気温のグラフを見て，次の問いに答えましょう。

解答は別冊p.57へ

(1)　たてのじくは何を表していますか。〔　　　　　　〕

(2)　たてのじくの１めもりは，何度を表していますか。〔　　　　　　〕

(3)　気温の上がり方がいちばん大きいのは，何月と何月の間ですか。
また，何度上がっていますか。〔　　　月と　　　月の間，　　　度上がっている。〕

(4)　気温の下がり方がいちばん大きいのは，何月と何月の間ですか。
また，何度下がっていますか。〔　　　月と　　　月の間，　　　度下がっている。〕

## 3 帯グラフ・円グラフ〔5年〕

授業動画はこちらから 132

### ポイント 帯グラフ・円グラフ

- 帯(おび)グラフ…全体を**長方形**で表し，各部分の割(わり)合(あい)を直線で区切って表したグラフ。
- 円グラフ…全体を**円**で表し，各部分の割合を半径(はんけい)で区切って表したグラフ。

全体をもとにしたときの各部分の割合を見たり，部分どうしの割合を比べたりしやすい。

- グラフのかき方

なりたい職業(しょくぎょう)（6年）

| 仕事 | スポーツ選手 | ケーキ屋 | 先生 | 医者 | 芸能人 | マンガ家 | その他 | 合計 |
|---|---|---|---|---|---|---|---|---|
| 人数(人) | 36 | 30 | 18 | 15 | 12 | 6 | 33 | 150 |
| 割合(％) | 24 | 20 | 12 | 10 | 8 | 4 | 22 | 100 |

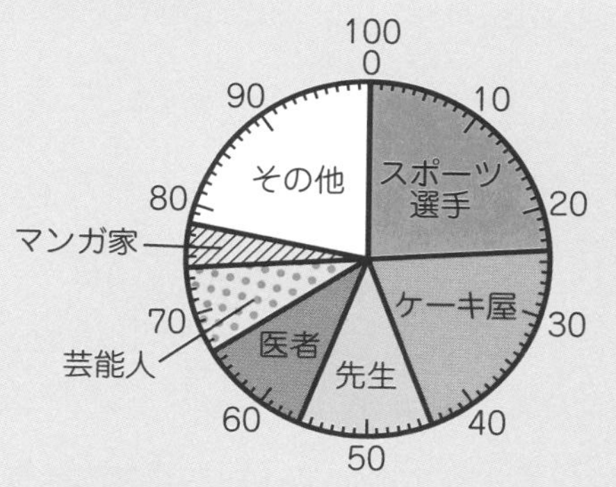


❶　各部分の割合を百分率(ひゃくぶんりつ)で求(もと)める。合計が100％にならないときは，割合のいちばん多い部分か「その他」をふやしたりへらしたりして，合計を100％にする。

❷　ふつう，割合の多い順に，各部分のそれぞれの百分率にしたがって区切る。

❸　「その他」は最後(さいご)に書く。

※割合を求めるのに小数第一位を四捨五入したとき，合計が100％にならないことがある。

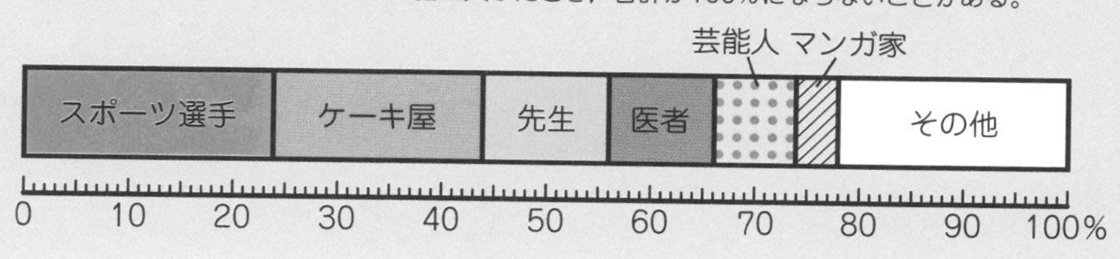

**チェック 3** 右のグラフは，５つの組がそれぞれに，さいばいしたさつまいものしゅうかく量の割合を表したものです。次の問いに答えましょう。

解答は別冊p.57へ

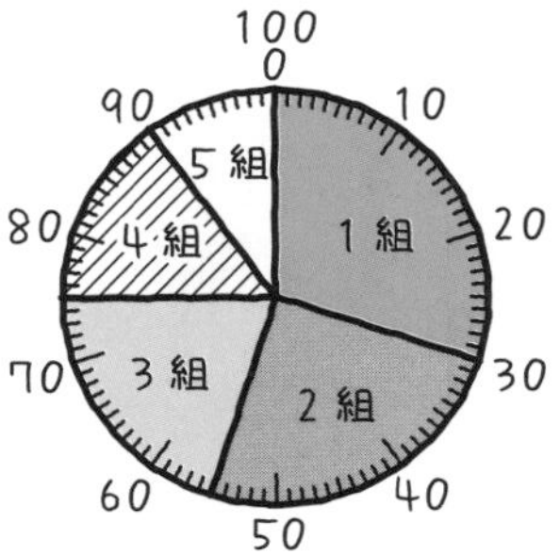


(1) ３組のしゅうかく量は，全体の何％ですか。

〔　　　　　〕

(2) １組のしゅうかく量は，５組のしゅうかく量の何倍ですか。

〔　　　　　〕

(3) 全体のしゅうかく量は80 kgです。２組のしゅうかく量は何kgですか。

〔　　　　　〕

## ４ 資料の整理と代表値〔6年〕

授業動画はこちらから 133

133

### ポイント 度数分布表

- ちらばりのようすを調べるときは，度数分布表に整理するとよい。
- **度数分布表**…資料を階級にわけて整理した表。
- **階級**…資料を整理するために用いる区間。
- **度数**…それぞれの階級に入っているこ数。

**例** 次の表は，１班と２班の立ちはばとびの記録をまとめたものです。次の問いに答えましょう。

立ちはばとびの記録（cm）

| １班 | 158 | 152 | 164 | 150 | 148 | 149 | 154 | 137 | |
|---|---|---|---|---|---|---|---|---|---|
| ２班 | 158 | 156 | 135 | 140 | 158 | 137 | 159 | 149 | 158 |

(1) １班と２班の記録を度数分布表にして整理しました。１班で150 cm未満の人は何人ですか。

・〇のはんいだから，

1＋0＋2＝3　　　３人

(2) １班のとんだきょりが長い方から数えて４番目の人は，どの階級に入りますか。

階級のはばは5だね

・❹の位置だから，

150 cm以上155 cm未満の階級

| 階級（cm） | １班 度数（人） | ２班 度数（人） |
|---|---|---|
| 135以上～140未満 | 1 | 2 |
| 140 ～145 | 0 | 1 |
| 145 ～150 | 2 | 1 |
| 150 ～155 | ❸❹❺ 3 | 0 |
| 155 ～160 | ❷ 1 | 5 |
| 160 ～165 | ❶ 1 | 0 |
| 合計 | 8 | 9 |

ポイント

## 柱状グラフ

● **柱状（ちゅうじょう）グラフ**…長方形の柱で表したグラフ。ちらばりのようすがわかりやすい。**ヒストグラム**ともいう。

**例** 前ページ **例** の１班の記録を柱状グラフに表しましょう。

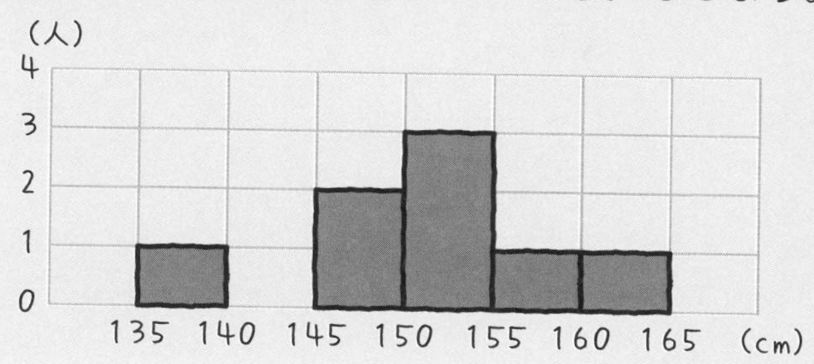


ポイント

## 代表値

● **代表値**…資料の値全体を代表させる値で，平均値・中央値・最頻値がある。

● **平均値**…（資料の値の合計）÷（資料のこ数）で求める。

● **中央値（ちゅうおうち）**…資料の値を大きさの順に並べたときの中央の値。**メジアン**ともいう。

● **最頻値（さいひんち）**…資料の値の中で，いちばん多く出てくる値。**モード**ともいう。

**例** 前ページ **例** の２班の記録について，次の問いに答えましょう。

(1) 平均値を求めましょう。

(158＋156＋135＋140＋158＋137＋159＋149＋158)÷9＝150

150 cm

(2) 中央値を求めましょう。

・資料の値を小さい順に並べる。

135　137　140　149　(156)　158　158　158　159

値が９つあるので，中央の値は，ちょうど真ん中の値だから，156 cm

(3) 最頻値を求めましょう。

・数直線の上に，資料の値をドットプロットに表す。

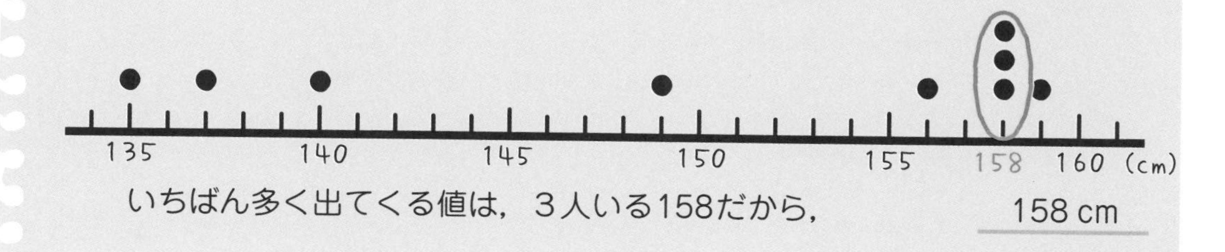


いちばん多く出てくる値は，３人いる158だから，158 cm

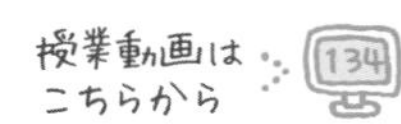 

# 5 いろいろなグラフ ［6年］

今までに学んだグラフのほかにも，さまざまなグラフが利用されています。

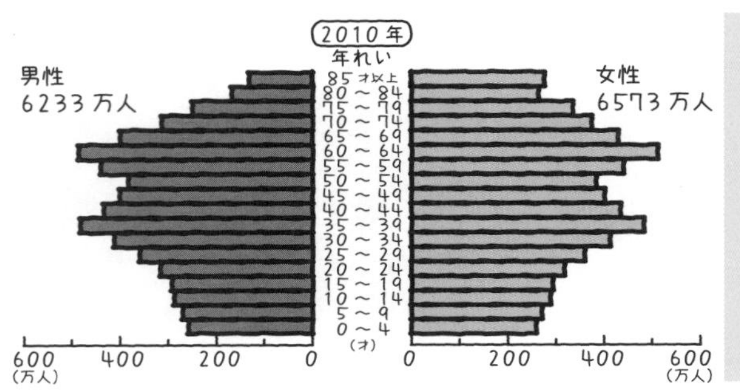


※日本の人口を男女別・年れい別に表したグラフ。

全人口に対する年れい別の人口を上下に積み上げ，男女を左右に分けてならべたグラフ。
国や地域の人口分布のようすがわかる。
**人口ピラミッド**

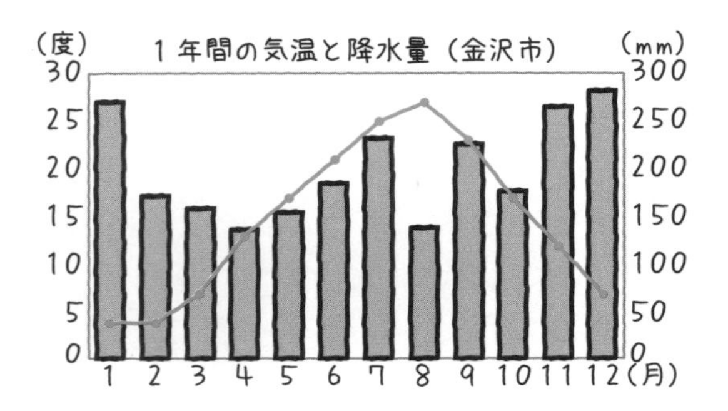


降水量をぼうグラフ，気温を折れ線グラフで表したグラフ。
国や地域の気候のようすがわかる。
**雨温図**

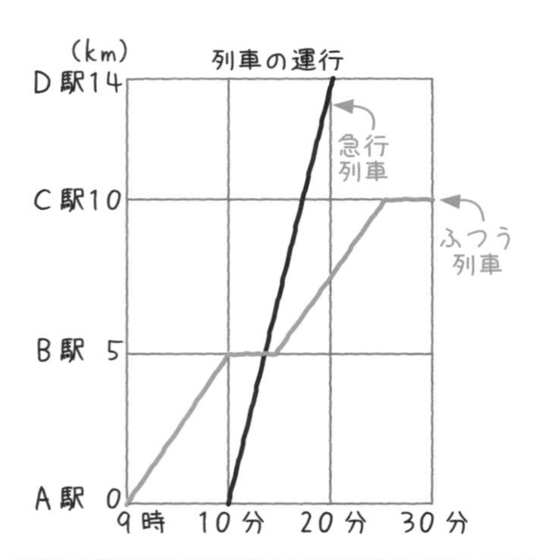


列車の運行のようすを表したグラフ。
たての軸は駅の位置，横の軸は時こくを表す。
**ダイヤグラム**

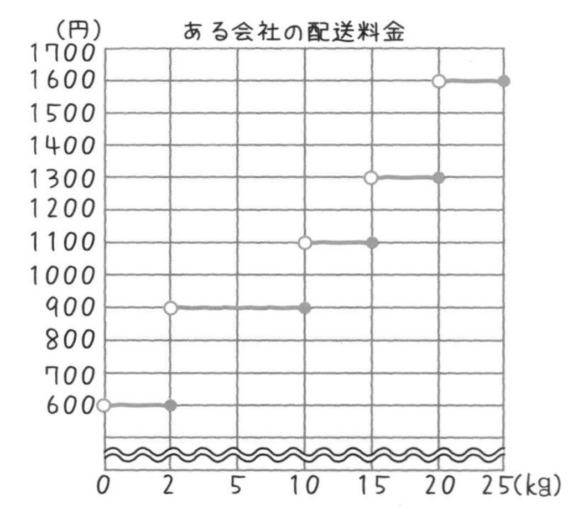


ある会社の配送料金を表したグラフ。
重さのはんいに注意して，料金をよみ取る。

# レッスン26の力だめし

解説は別冊p.58へ

**1** 右のぼうグラフは，ある小学校の１年間の落とし物を種類別に表したものです。次の問いに答えましょう。

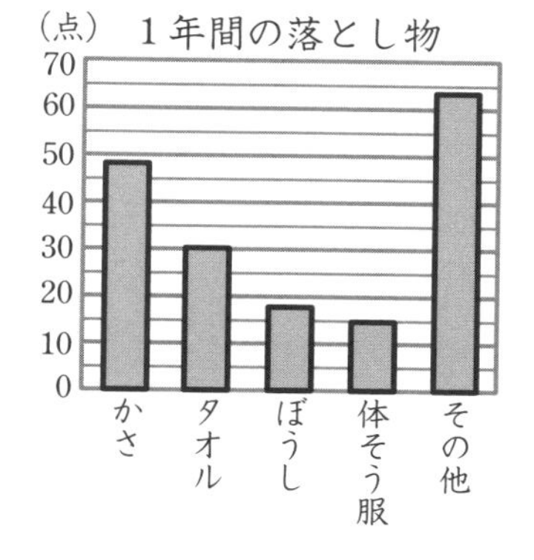


(1) グラフの１めもりは，何点を表していますか。

〔　　　　　〕

(2) タオルの数は体そう服の数の何倍ですか。

〔　　　　　〕

**2** 右の表は，日本の小麦の輸入量について，国別の割合を表しています。下の帯グラフに表しましょう。

国別の輸入量の割合（2013年）

| 国 | アメリカ | カナダ | オーストラリア | その他 |
|---|---|---|---|---|
| 割合（%） | 52 | 27 | 17 | 4 |

国別の輸入量の割合（2013年）

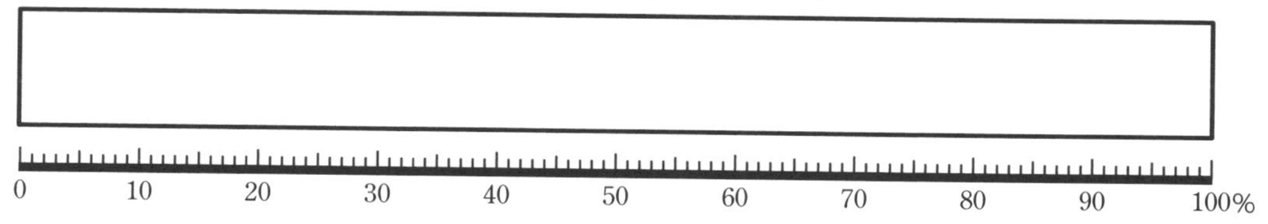


**3** 右の表は，6年2組の人が1年間で借りた本のさつ数をかきこんだものです。次の問いに答えましょう。

(1) 右下の表に人数を書きましょう。

(2) 右の表を柱状グラフに表しましょう。

6年2組の借りた本（さつ）

| | | | | | |
|---|---|---|---|---|---|
| 1 | 12 | 20 | 6 | 8 | 30 |
| 10 | 15 | 23 | 25 | 17 | 21 |
| 27 | 13 | 7 | 18 | 4 | 0 |
| 11 | 5 | 9 | 18 | 16 | 24 |
| 16 | 14 | 11 | 22 | 19 | 16 |
| 14 | 20 | 15 | 12 | 23 | 6 |

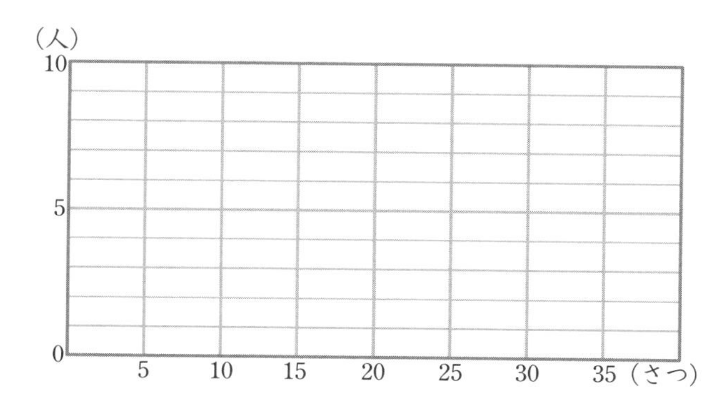


| さつ数（さつ） | 人数（人） |
|---|---|
| 0以上～ 5未満 | |
| 5 ～10 | |
| 10 ～15 | |
| 15 ～20 | |
| 20 ～25 | |
| 25 ～30 | |
| 30 ～35 | |
| 合計 | |

# レッスン27 速さ ［5年］

## このレッスンのイントロ♪

時速90 kmで走る列車Ａ，分速1.5 kmで走る列車Ｂ，秒速25mで走る列車Ｃがあります。このなかでいちばん速い列車はどれでしょう？

なんと，どの列車も速さは同じなんです。速さの表し方がちがうと，すぐには比(くら)べられませんね。このレッスンで，速さの表し方や，速さ・道のり・時間の求(もと)め方を練習しましょう。

# 1 速さ・道のり・時間 ［5年］

授業動画は こちらから 136

速さ・道のり・時間には，次のような関係があります。

## ポイント 速さ・道のり・時間を求める式

● **速さ＝道のり÷時間**

例 18 kmの道のりを3時間で走る自転車の速さ

18÷3＝6　　時速6 km

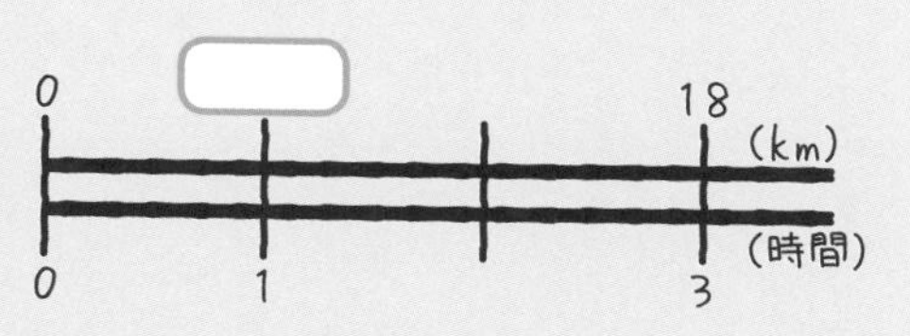


● **道のり＝速さ×時間**

例 分速120 mの速さで40分間走るときの道のり

120×40＝4800　　4800 m

● **時間＝道のり÷速さ**

例 時速55 kmで走る自動車で，220 kmの道のりを進むのにかかる時間

220÷55＝4　　4時間

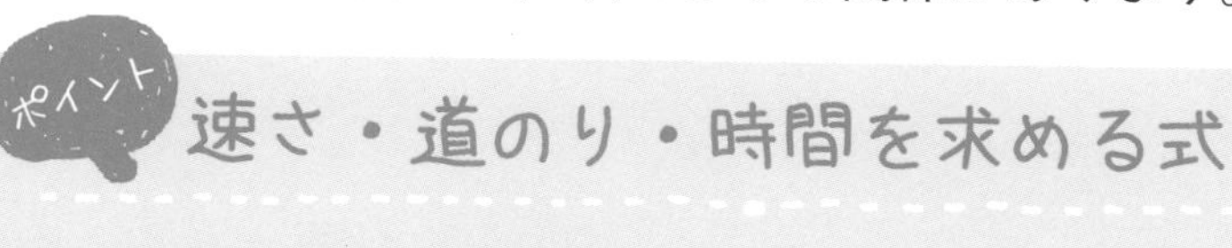


**速さ・道のり・時間の関係**

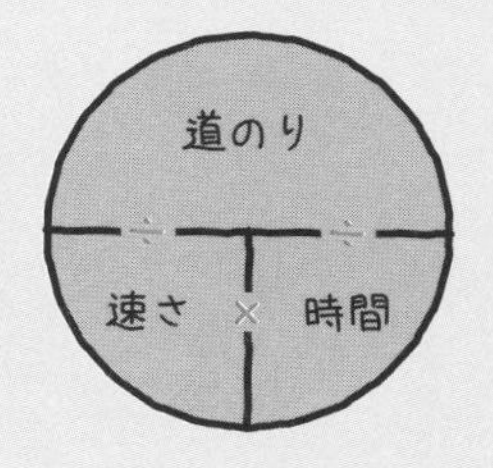


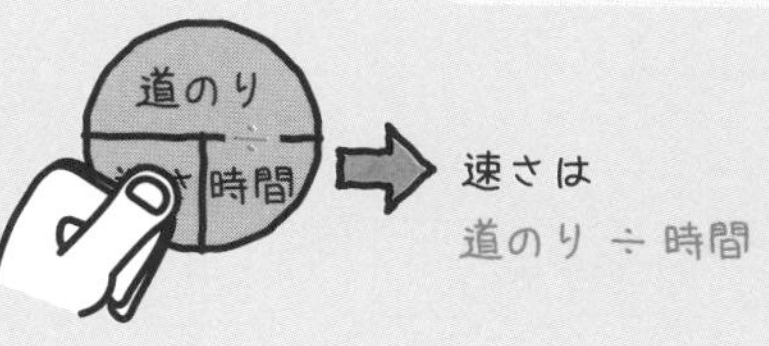

チェック 1　分速13 kmで飛ぶ飛行機が20分飛んだ道のりは何kmですか。また，676 kmを進むのにかかる時間は何分ですか。

解答は別冊p.58へ

〔　　　　km〕
〔　　　　分〕

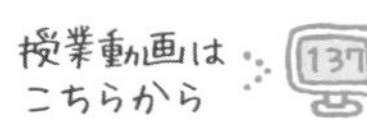

## 2 単位のそろえ方 〔5年〕

### ポイント 道のり，時間，速さの単位の関係

● 道のり…1 km＝1000 m

例 2600m＝2 km600 m＝2.6 km

● 時間…1 時間＝60分，1 分＝60秒

例 75分＝1 時間15分
＝4500秒 ◀ 75×60
＝$\frac{75}{60}$時間＝$\frac{5}{4}$時間

● 速さの表し方

・時速…1 時間あたりに進む道のりで表した速さ。
時速60 km（毎時60 kmの速さともいう。）

・分速…1 分間あたりに進む道のりで表した速さ。
分速80 m（毎分80 mの速さともいう。）

・秒速…1 秒間あたりに進む道のりで表した速さ。
秒速5 m（毎秒5 mの速さともいう。）

時速・分速・秒速の関係

時速●m
×60 ↑ ↓ ÷60
分速■m
×60 ↑ ↓ ÷60
秒速▲m

例 時速120 km＝分速2 km

1 時間＝60分だから，120÷60＝2

---

チェック 2 □にあてはまる数を書きましょう。 ➡解答は別冊p.59へ

（1） 1280 m＝□km□m　（2） 3 km40 m＝□m

（3） 92分＝□時間□分　（4） 5分45秒＝□分

（5） 3.2時間＝□時間□分　（6） $4\frac{3}{5}$分＝□分□秒

チェック 3 次の問いに答えましょう。 ➡解答は別冊p.59へ

（1） 秒速15 mを分速，時速で表しましょう。
分速〔　　　m〕 時速〔　　　km〕

（2） 分速1.8 kmを秒速，時速で表しましょう。
秒速〔　　　m〕 時速〔　　　km〕

（3） 時速144 kmを秒速，分速で表しましょう。
秒速〔　　　m〕 分速〔　　　km〕

チェック 4　分速65 mで歩く人が，1時間40分歩いたときの道のりは何kmですか。

解答は別冊p.59へ

〔　　　　　〕

チェック 5　高速道路を時速72 kmで走る自動車があります。この自動車が8400 mの道のりを走るのに何分かかりますか。

解答は別冊p.59へ

〔　　　　　〕

## 3 速さの比べ方 〔5年〕

授業動画はこちらから 138

### ポイント 単位量あたりの大きさで比べる

例　次の表は，A，B，Cの３台の自動車が走った道のりとかかった時間を表しています。３台を速い順にならべましょう。

走った道のりとかかった時間

| | 道のり（km） | 時間（分） |
|---|---|---|
| A | 24 | 30 |
| B | 15 | 20 |
| C | 45 | 45 |

① 1分間あたりに何km走ったか比べる。

A：24÷30＝0.8（km）

B：15÷20＝0.75（km）

C：45÷45＝1（km）

時間が等しいときは，進んだ道のりが長い方が速い。

**つけたし**

1時間あたりに走った道のりで比べてもよいです。

A：24×2＝48（km）

B：15×3＝45（km）

C：60 km

② 1 kmあたりに何分かかったか比べる。

A：30÷24＝1.25（分）

B：20÷15＝1.33…（分）

C：45÷45＝1（分）

道のりが等しいときは，かかった時間が短い方が速い。

C→A→Bの順に速い。

チェック 6　4時間で260 km走る列車Aと，3時間で210 km走る列車Bでは，どちらが速いですか。

解答は別冊p.60へ

〔　　　　　　〕

## 4 仕事の速さ ［5年］

139

仕事をする速さも，単位(たんい)時間あたりにどれだけの仕事をするかで比(くら)べることができます。

例　A，B2つのプリンターがあります。Aのプリンターは5分で80まい，Bのプリンターは1時間で900まい印刷(いんさつ)することができます。速く印刷できるのは，どちらのプリンターですか。

1分間に印刷できるまい数を比べると

A：80÷5＝16（まい）

B：900÷60＝15（まい）

1分あたりに印刷できるまい数は，Aの方が多い。

Aのプリンター

**つけたし**

1まい印刷するのにかかる時間，1時間あたりに印刷できるまい数で比べてもよいです。

チェック 7　A，B2つのかんづめ工場があります。A工場は8分で168こ生産し，B工場は1時間15分で1500こ生産します。かんづめを生産する速さは，どちらの工場が速いですか。

解答は別冊p.60へ

〔　　　　　　〕

# レッスン27の力だめし

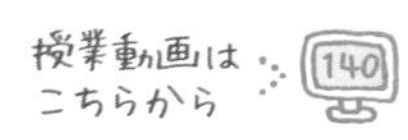

解説は別冊p.60へ

**1** 次の問いに答えましょう。

(1) 1周4.5 kmのマラソンコースを分速150 mで走りました。1周するのに何分かかりますか。

〔　　　　　〕

(2) 時速42 kmで走る自動車で1時間20分走りました。走った道のりは何kmですか。

〔　　　　　〕

(3) 家から3 kmはなれた駅まで歩いたところ，25分かかりました。歩いた速さは時速何kmですか。

〔　　　　　〕

**2** 分速12 kmで飛ぶ飛行機があります。次の問いに答えましょう。

(1) 時速と秒速をそれぞれ求めましょう。

時速〔　　　　km〕 秒速〔　　　　m〕

(2) 同じ速さで，1500 kmの空路を飛びます。何時間何分かかりますか。

〔　　　　　〕

**3** A，B 2つのアイスクリーム工場があります。Aは15分で7500こ，Bは1時間25分で44200このアイスクリームを生産することができます。次の問いに答えましょう。

(1) アイスクリームを生産する速さは，どちらの工場が速いですか。

〔　　　　　〕

(2) A工場で38000このアイスクリームを生産するのにかかる時間は，何時間何分ですか。

〔　　　　　〕

レッスン28

# 比例・反比例 ［6年］

## このレッスンのイントロ♪

1こ100円のガムを2こ買うと代金は200円，3こ買うと300円ですね。このように1つの値（こ数）が2倍，3倍，…になると，もう1つの値（代金）も2倍，3倍，…になる場合を比例の関係といいます。また，1つの値が2倍，3倍，…になると，もう1つの値が $\frac{1}{2}$ 倍，$\frac{1}{3}$ 倍，…になるのが，反比例の関係です。このレッスンでは，このような関係を学習しましょう。

#  比例 [6年]

## ポイント 比例

- 2つの量(りょう)$x$と$y$があり，
  $x$の値が2倍，3倍，…になると，それにともなって
  $y$の値も2倍，3倍，…になり，
  $x$の値が$\frac{1}{2}$倍，$\frac{1}{3}$倍，…になると，それにともなって
  $y$の値も$\frac{1}{2}$倍，$\frac{1}{3}$倍，…となるとき，
  「$y$は$x$に比例する」という。

- $y$が$x$に比例するとき，$y \div x$の商は，いつも決まった数になり，
  $x$と$y$の関係は，$y$＝決まった数×$x$　と表せる。

**例** 底辺(ていへん)が3 cmの平行四辺形の高さを$x$ cm，面積(めんせき)を$y$ cm²とするとき，$y$を$x$の式で表しましょう。

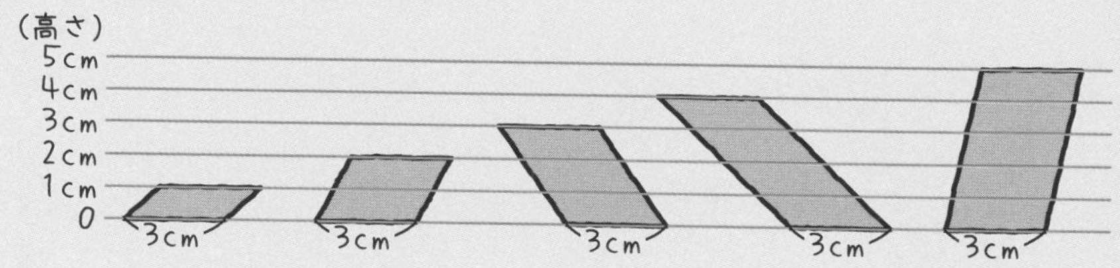


（2倍，3倍）

| 高さ$x$ (cm) | 1 | 2 | 3 | 4 | 5 | 6 | |
|---|---|---|---|---|---|---|---|
| 面積$y$ (cm²) | 3 | 6 | 9 | 12 | 15 | 18 | |

（2倍，3倍）

| 高さ$x$ (cm) | 1 | 2 | 3 | 4 | 5 | 6 | |
|---|---|---|---|---|---|---|---|
| 面積$y$ (cm²) | 3 | 6 | 9 | 12 | 15 | 18 | |

×3

$y$を$x$の式で表すと，$y = 3 \times x$

$y = 3 \times x$

**チェック 1** 三角形の高さを8 cmと決めて，底辺(ていへん)の長さを1 cm，2 cm，…と変えていきます。三角形の面積(めんせき)は，底辺の長さに比例しますか。また，底辺の長さを$x$ cm，面積を$y$ cm²として，$y$を$x$の式で表しましょう。

解答は別冊p.60へ

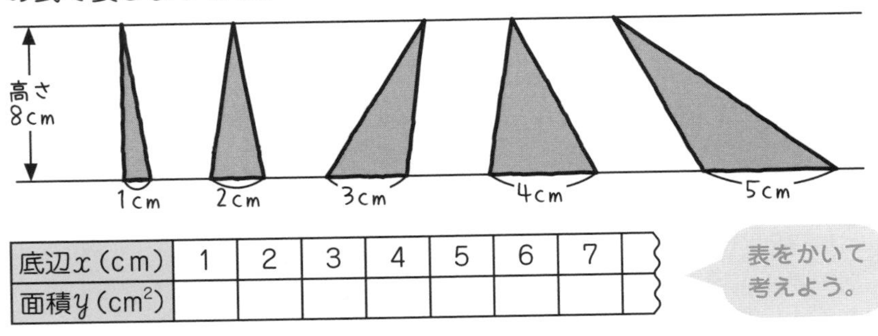


| 底辺$x$（cm） | 1 | 2 | 3 | 4 | 5 | 6 | 7 | |
|---|---|---|---|---|---|---|---|---|
| 面積$y$（cm²） | | | | | | | | |

表をかいて考えよう。

〔　　　　　　〕 式〔　　　　　　〕

授業動画はこちらから 142

## 2 比例のグラフ ［6年］

### ポイント 比例のグラフ

- 比例(ひれい)する２つの量(りょう)の関係(かんけい)を表すグラフは，**直線**になり，**0の点を通る**。
- グラフのかき方

**例** 底辺が3 cmの平行四辺形(へいこうしへんけい)の，面積$y$ cm²が高さ$x$ cmに比例する関係をグラフに表しましょう。

| 高さ$x$（cm） | 1 | 2 | 3 | 4 | 5 | 6 | 7 | 8 | 9 | 10 | |
|---|---|---|---|---|---|---|---|---|---|---|---|
| 面積$y$（cm²） | 3 | 6 | 9 | 12 | 15 | 18 | 21 | 24 | 27 | 30 | |

横軸に$x$の値を，たて軸に$y$の値を表す。

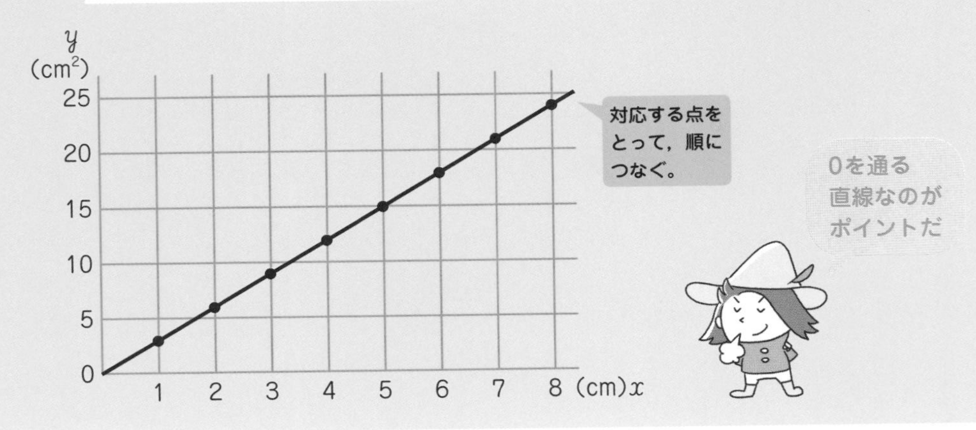

チェック 2　次の表は，水そうに水を入れたときの，水を入れた時間$x$分と水の深さ$y$ cmの関係です。

解答は別冊p.61へ

| 時間$x$（分） | 1 | 2 | 3 | 4 | 5 | 6 | 7 | 8 | |
|---|---|---|---|---|---|---|---|---|---|
| 深さ$y$（cm） | 5 | 10 | 15 | 20 | 25 | 30 | 35 | 40 | |

（1）　$y$を$x$の式で表しましょう。　〔　　　　　　〕

（2）　$x$と$y$の関係を，次のグラフに表しましょう。

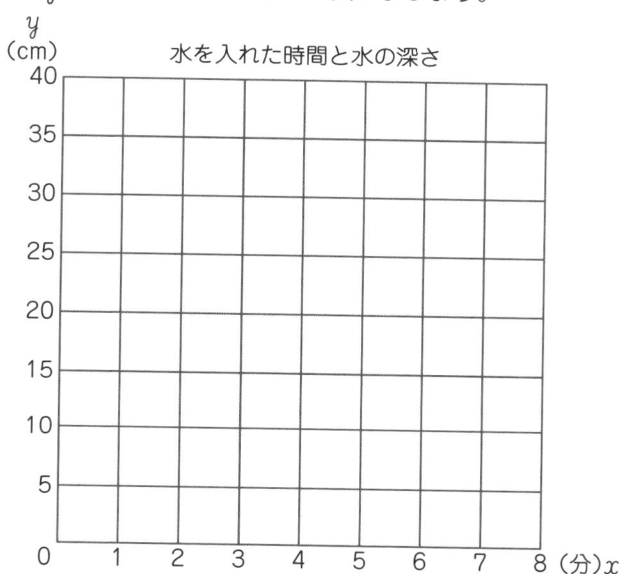

## 3 反比例 〔6年〕

授業動画は
こちらから

### 反比例

● 2つの量$x$と$y$があり，

$x$の値（あたい）が**2**倍，**3**倍，…になると，それにともなって

$y$の値が$\frac{1}{2}$倍，$\frac{1}{3}$倍，…になり，

$x$の値が$\frac{1}{2}$倍，$\frac{1}{3}$倍，…になると，それにともなって

$y$の値が**2**倍，**3**倍，…となるとき，「$y$は$x$に**反比例**（はんぴれい）する」という。

● $y$が$x$に反比例するとき，$x \times y$の積は，いつも決まった数になり，

$x$と$y$の関係は，$x \times y$＝決まった数　または，$y$＝決まった数÷$x$　と表せる。

**例** 面積(めんせき)が18 cm²の長方形の，たての長さを$x$cm，横の長さを$y$cmとするとき，$x$と$y$の関係(かんけい)を式に表しましょう。

$y$ cm / $x$ cm / 18cm²

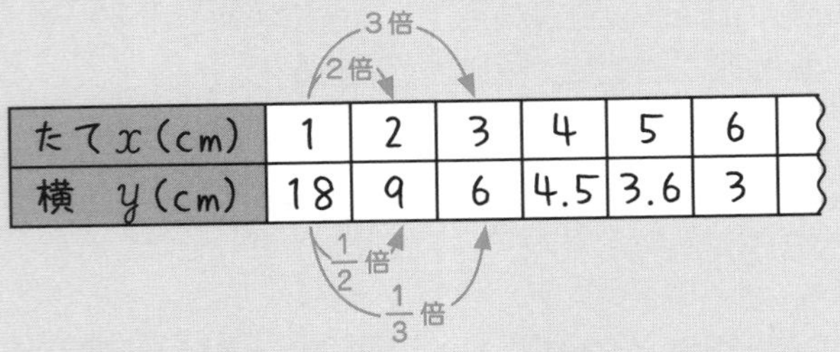


| たて$x$(cm) | 1 | 2 | 3 | 4 | 5 | 6 | |
|---|---|---|---|---|---|---|---|
| 横　$y$(cm) | 18 | 9 | 6 | 4.5 | 3.6 | 3 | |

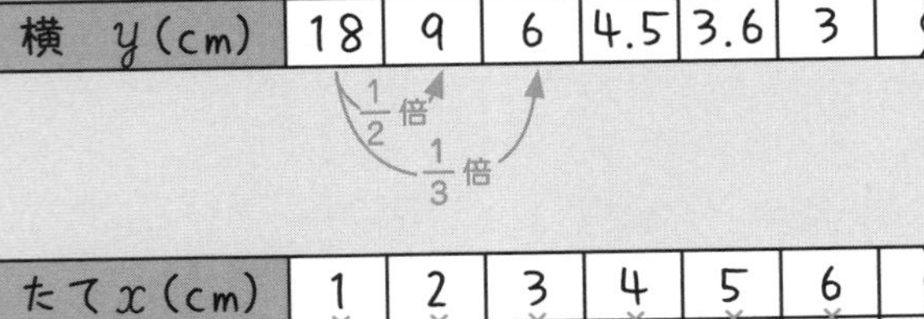


| たて$x$(cm) | 1 | 2 | 3 | 4 | 5 | 6 | |
|---|---|---|---|---|---|---|---|
| 横　$y$(cm) | 18 | 9 | 6 | 4.5 | 3.6 | 3 | |
| | 18 | 18 | 18 | 18 | 18 | 18 | |

$x \times y = 18$　$y$を$x$の式で表すと，$y = 18 \div x$

$y = 18 \div x$　($x \times y = 18$)

---

**チェック3** 平行四辺形(へいこうしへんけい)の面積を20 cm²と決めて，底辺(ていへん)を1 cm，2 cm，…と変えていきます。平行四辺形の高さは底辺に反比例(はんぴれい)しますか。また，底辺を$x$ cm，高さを$y$ cmとして，$x$と$y$の関係を式で表しましょう。

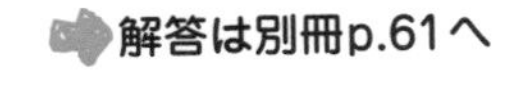

解答は別冊p.61へ


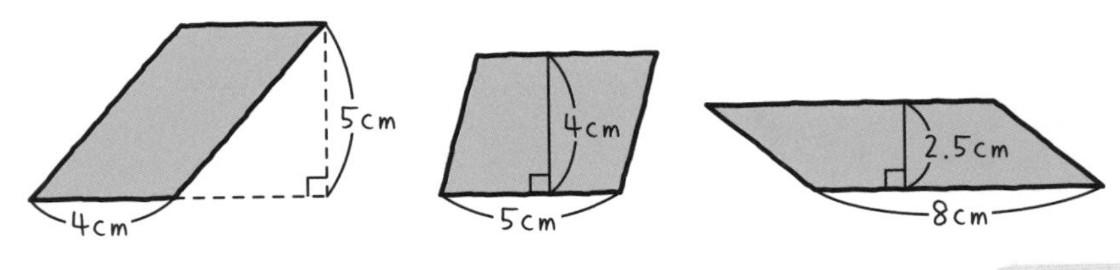


| 底辺$x$(cm) | 1 | 2 | 4 | 5 | 8 | 10 | |
|---|---|---|---|---|---|---|---|
| 高さ$y$(cm) | | | | | | | |

表をかいて考えるんじゃ

〔　　　　　　〕

式〔　　　　　　〕

# 4 反比例のグラフ ［6年］

## ポイント 反比例のグラフ

- 反比例する２つの量(りょう)の関係を表すグラフは，**曲線**になり，**0の点を通らない。**
- グラフのかき方

**例** 面積が16 cm²の長方形の，横の長さ$y$ cmがたての長さ$x$ cmに反比例する関係をグラフに表しましょう。

| たて$x$ (cm) | 1 | 2 | 4 | 5 | 8 | 10 | 16 | |
|---|---|---|---|---|---|---|---|---|
| 横　$y$ (cm) | 16 | 8 | 4 | 3.2 | 2 | 1.6 | 1 | |

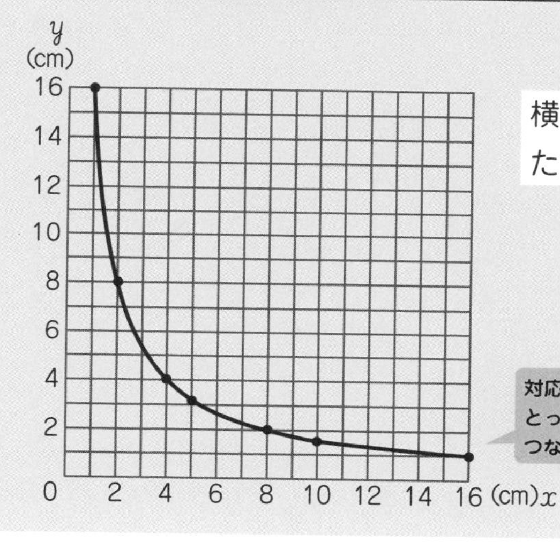


横軸に$x$の値を，
たて軸に$y$の値を表す。

対応する点をとって，順につなぐ。

急な
ジェットコースター
みたいね

**チェック 4** 右のグラフは，体積12cm³の四角柱の，底面積$x$ cm²と高さ$y$ cmの関係を表したものです。

解答は別冊p.61へ

| 底面積$x$ (cm²) | 1 | 2 | | 4 | 6 | 12 |
|---|---|---|---|---|---|---|
| 高さ$y$ (cm) | | | 4 | | 2 | |

(1) 表のあいているところに，あてはまる数をかきましょう。

(2) $x$と$y$の関係を式で表しましょう。

〔　　　　　　　　〕

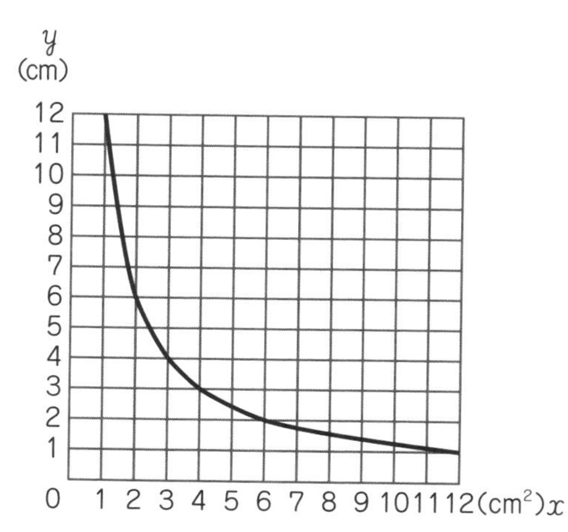

# 5 比例の利用 〔6年〕

授業動画は こちらから 145

**例** 10まい64gのあつ紙があります。このあつ紙を全部数えないで，400まい用意するにはどうすればよいですか。

あつ紙のまい数と重さ

| まい数（まい） | 10 | 400 |
|---|---|---|
| 重さ（g） | 64 | |

あつ紙の重さがまい数に比例していることを使います。

（40倍）

| まい数（まい） | 10 | 400 |
|---|---|---|
| 重さ（g） | 64 | |

（40倍）

400÷10＝40
64×40＝2560

2560g用意する。

---

**チェック 5** 30本174gのくぎがあります。このくぎ1566g分は何本にあたりますか。

解答は別冊p.61へ

くぎの本数と重さ

| 本数（本） | 30 | |
|---|---|---|
| 重さ（g） | 174 | 1566 |

〔　　　　　〕

**チェック 6** かげの長さは，ものの高さに比例します。右の木の高さを求めましょう。

解答は別冊p.61へ

| | ぼう | 木 |
|---|---|---|
| 高さ（cm） | 100 | |
| かげの長さ（cm） | 60 | 180 |

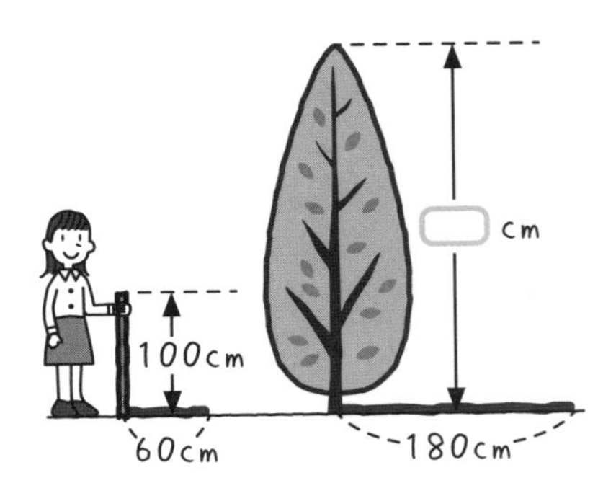


〔　　　　　〕

# レッスン28 の力だめし

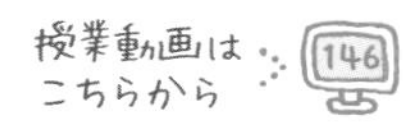

解説は別冊p.62へ

146

**1** 次のア～オから，2つの量が比例しているもの，反比例しているものをそれぞれすべて選びましょう。　比例〔　　　〕　反比例〔　　　〕

ア　1 m 120円のリボンを買うときの長さと代金

イ　100 kmの道のりを進む自動車の速さとかかる時間

ウ　面積が60 $cm^2$の三角形の底辺と高さ

エ　底面積が15 $cm^2$の四角柱の高さと体積

オ　8 kmのハイキングコースを歩いたときの道のりと残りの道のり

**2** 容積が60 Lの水そうがあります。次の表は，水そうに1分に入れる水の量$x$ Lと，水そうをいっぱいにするのにかかる時間$y$分の関係を表したものです。

| 水の量 $x$（L） | 1 | 2 | 3 | 4 | 5 | 6 | 8 | 10 | 12 | 15 | |
|---|---|---|---|---|---|---|---|---|---|---|---|
| 時間 $y$（分） | 60 | 30 | 20 | 15 | 12 | 10 | 7.5 | 6 | 5 | 4 | |

(1)　$y$は$x$に比例していますか，反比例していますか。〔　　　〕

(2)　$x$と$y$の関係を式で表しましょう。〔　　　〕

(3)　$x$と$y$の関係を表したグラフはどれですか。㋐～㋓から，選びましょう。

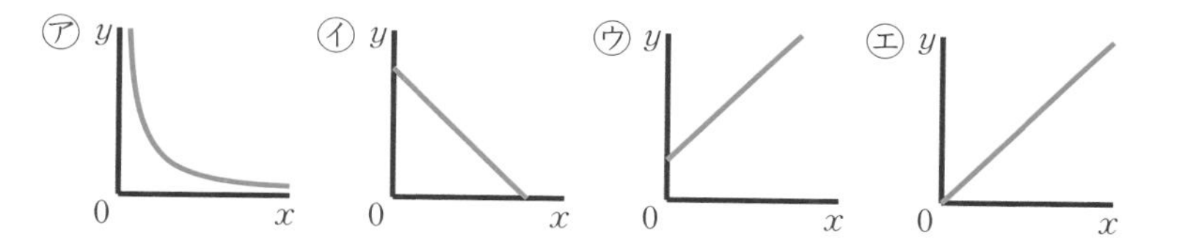


〔　　　〕

**3** みゆさんと妹は，家を同時に出発して，同じコースを走りました。右のグラフは，2人の走った時間と道のりを表しています。

(1)　みゆさんが走った時間を$x$分，走った道のりを$y$ mとして，$y$を$x$の式で表しましょう。〔　　　〕

(2)　みゆさんが10分間で走った道のりは，何mですか。〔　　　〕

(3)　600 mの地点をみゆさんが通過してから，妹が通過するまでの時間は何分ですか。〔　　　〕

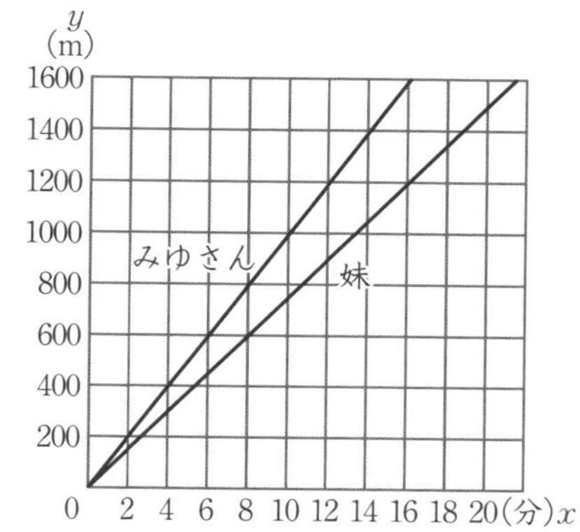


(4)　出発してから16分後，みゆさんと妹は何mはなれていますか。〔　　　〕

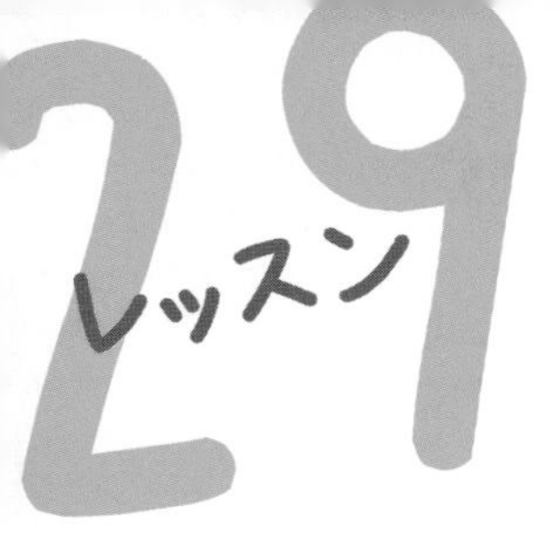


# 対称・拡大・縮小

［6年］

## このレッスンのイントロ♪

MとNは，どちらもつりあいのとれた美しい形ですが，Mは線対称な図形，Nは点対称な図形です。このレッスンで，線対称と点対称のちがいをたしかめましょう。また，形が同じで大きさがちがう図形についても学びましょう。

# 1 線対称 〔6年〕

授業動画は こちらから 147

## ポイント 線対称

● 1本の直線を折り目にして二つ折りにしたとき，両側の部分がぴったり重なる図形を，**線対称**な図形という。また，この直線を**対称の軸**という。

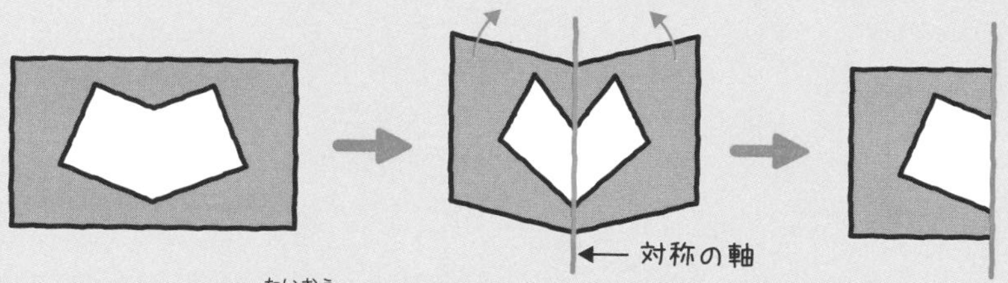


● 線対称な図形では，対応する辺の長さや対応する角の大きさは，それぞれ等しい。

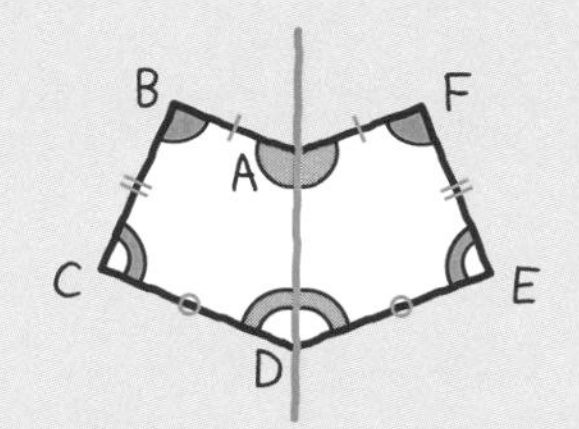


**つけたし**

線対称な図形で，二つ折りにしたときに重なり合う点，辺，角を，それぞれ対応する点，対応する辺，対応する角といいます。

● 線対称な図形では，対応する2つの点を結ぶ直線は，対称の軸と垂直に交わる。また，この交わる点から対応する2つの点までの長さは等しい。

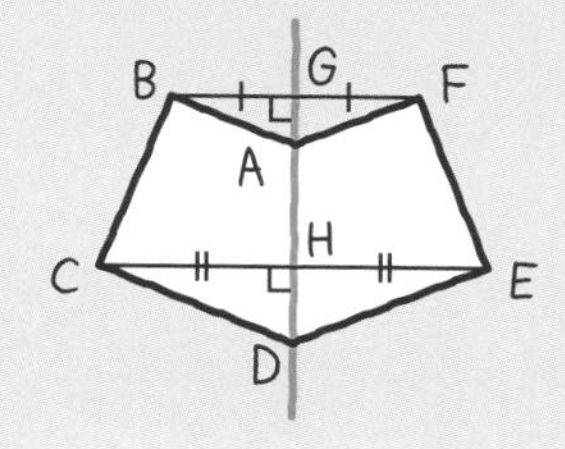


BG＝FG
CH＝EH

---

チェック1　右の四角形は，線対称な図形です。　解答は別冊p.62へ

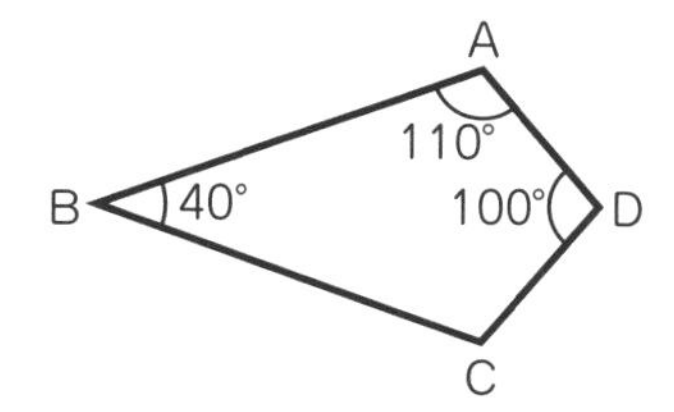


（1）対称の軸をかきましょう。

（2）頂点Aと重なり合う頂点はどれですか。
〔　　　　　〕

（3）辺BCと重なり合う辺はどれですか。
〔　　　　　〕

（4）角Cの大きさは何度ですか。
〔　　　　　〕

## 2 点対称 〔6年〕

授業動画は こちらから 148

### 点対称

● 1つの点のまわりに180°回転させたとき，もとの図形にぴったり重なる図形を，**点対称**(てんたいしょう)な図形という。また，この点を**対称の中心**という。

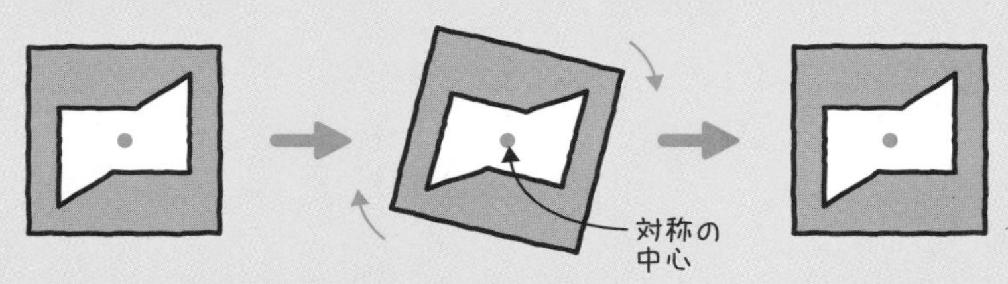


● 点対称な図形では，対応(たいおう)する辺(へん)の長さや対応する角の大きさは，それぞれ等しい。

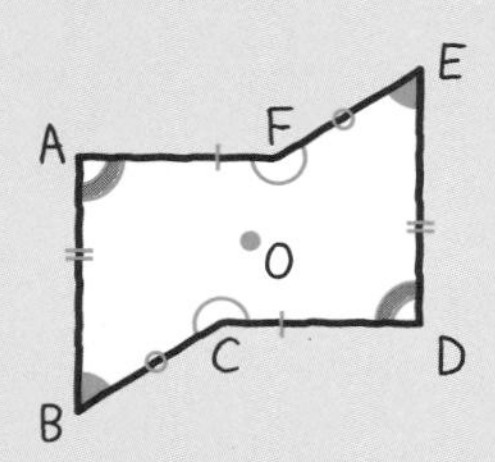


**つけたし**

点対称な図形で，対称の中心のまわりに180°回転したときに重なり合う点，辺，角を，それぞれ対応する点，対応する辺，対応する角といいます。

● 点対称な図形では，対応する2つの点を結ぶ直線は，対称の中心を通る。また，対称の中心から対応する2つの点までの長さは，等しい。

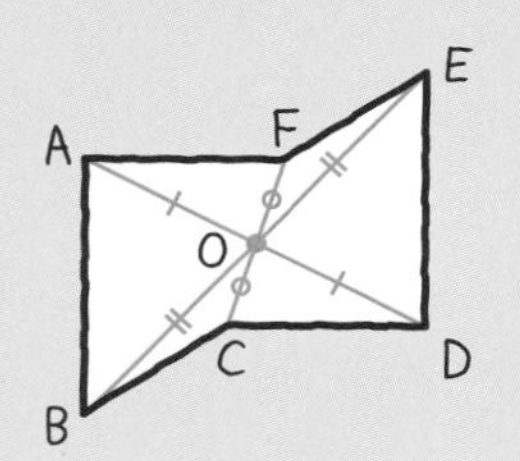


AO＝DO
BO＝EO
CO＝FO

**チェック 2** 右の図は点対称な図形です。

解答は別冊p.63へ

(1) 対称の中心Oをみつけましょう。

(2) 辺ABに対応する辺はどれですか。

〔　　　　〕

(3) 辺CDは何cmですか。

〔　　　　〕

(4) 角Eの大きさは何度ですか。

〔　　　　〕

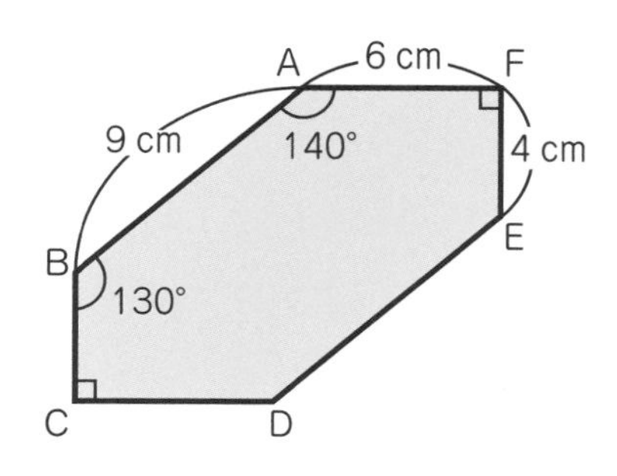

# 3 多角形と対称 ［6年］

授業動画は こちらから 149

## 多角形と対称

### ● 四角形

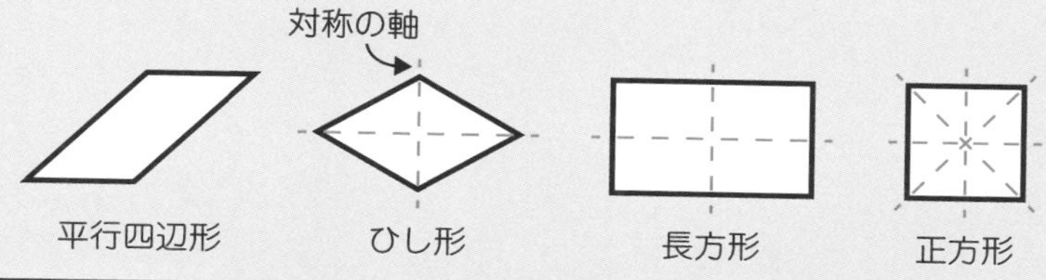


|  | 線対称 | 対称の軸の数 | 点対称 |
|---|---|---|---|
| 平行四辺形 | × | 0 | ○ |
| ひし形 | ○ | 2 | ○ |
| 長方形 | ○ | 2 | ○ |
| 正方形 | ○ | 4 | ○ |

### ● 正多角形

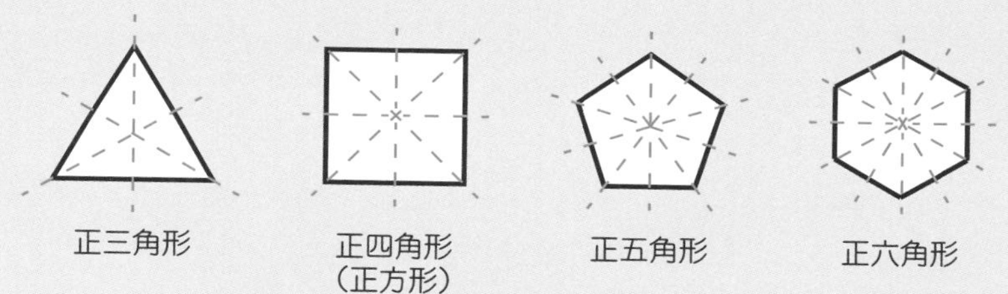


|  | 線対称 | 対称の軸の数 | 点対称 |
|---|---|---|---|
| 正三角形 | ○ | 3 | × |
| 正四角形（正方形） | ○ | 4 | ○ |
| 正五角形 | ○ | 5 | × |
| 正六角形 | ○ | 6 | ○ |

**チェック 3** 正七角形，正八角形について，線対称な図形か点対称な図形かを調べて，表に書きましょう。また，線対称であれば，対称の軸（じく）の数も書きましょう。

解答は別冊p.63へ

|  | 線対称 | 対称の軸の数 | 点対称 |
|---|---|---|---|
| 正七角形 |  |  |  |
| 正八角形 |  |  |  |

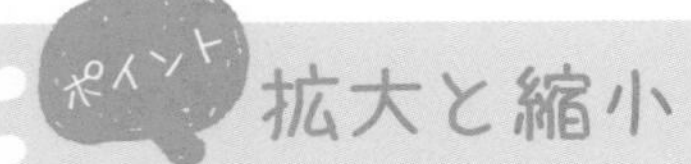

# 4 拡大と縮小［6年］

## ポイント 拡大と縮小

- 拡大図…対応する角の大きさがそれぞれ等しく，対応する辺の比が等しくなるようにもとの図を大きくした図。
- 縮図…対応する角の大きさがそれぞれ等しく，対応する辺の比が等しくなるようにもとの図を小さくした図。

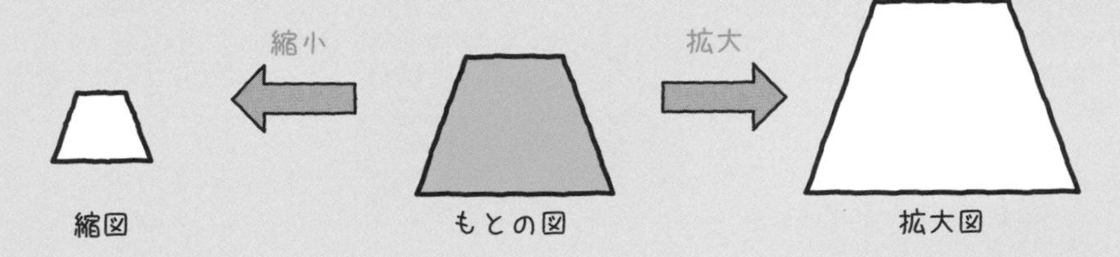


- 縮尺…実際の長さを縮めた割合。次のような表し方がある。

① $\frac{1}{1000}$　② 1：1000　③ 0　10　20　30　40m

**チェック 4**　右の四角形EFGHは，四角形ABCDの２倍の拡大図です。 解答は別冊p.63へ

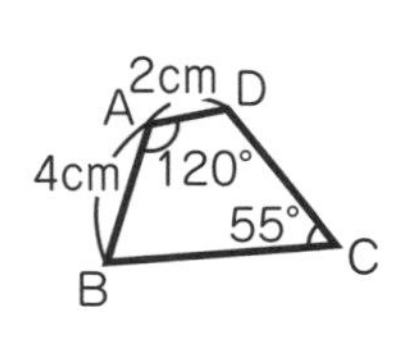


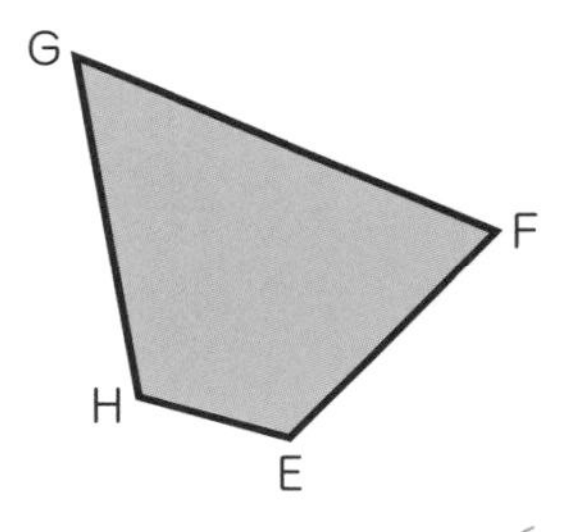


（1）辺ADに対応する辺はどれですか。［　　　］

（2）角Bに対応する角はどれですか。［　　　］

（3）辺EFは何cmですか。［　　　］

（4）角Gは何度ですか。［　　　］

**チェック 5**　縮尺が $\frac{1}{10000}$ の地図があります。この地図で２点間の長さが２cmであるとき，実際は何mですか。 解答は別冊p.63へ

［　　　］

# レッスン29の力だめし

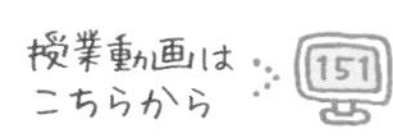

解説は別冊p.63へ

**1** (1) 直線アイが対称の軸になるように，線対称な図形をかきましょう。

(2) 点Oが対称の中心になるように，点対称な図形をかきましょう。

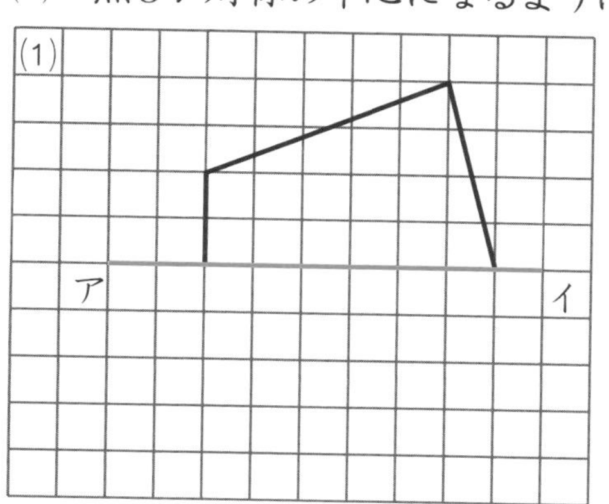


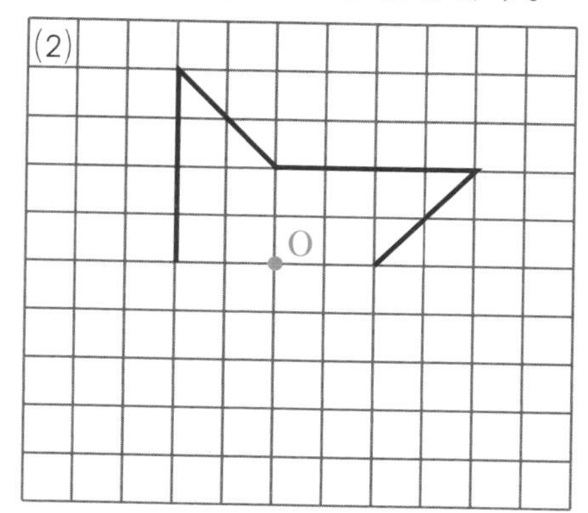


**2** 次のア～オから，線対称な図形，点対称な図形をそれぞれすべて選びましょう。

ア　イ　ウ　エ　オ

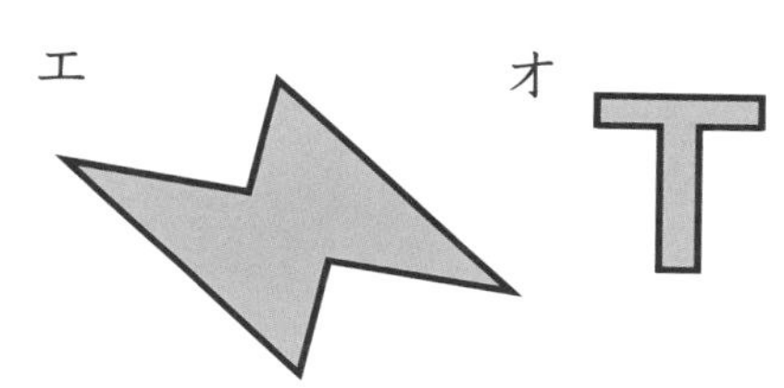

線対称〔　　　　　〕　点対称〔　　　　　〕

**3** 右の図で，建物の実際の高さはおよそ何mですか。

$\frac{1}{400}$ の縮図をかいて求めましょう。

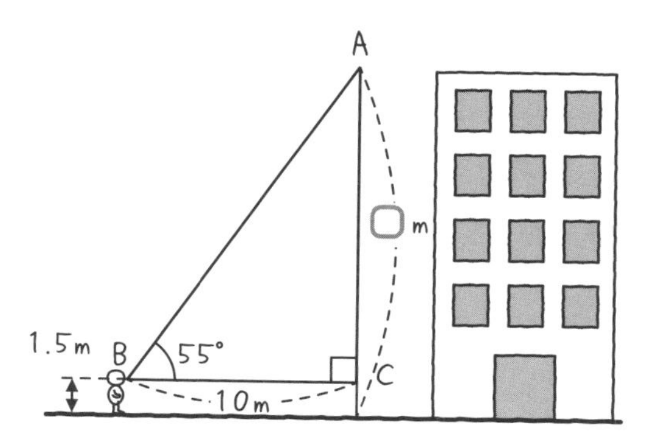


〔　　　　　〕

# 30 レッスン 場合の数 ［6年］

## このレッスンのイントロ♪

６つのサッカーチームが，どのチームも，ちがったチームと１回ずつ試合をするとき，全部で何試合あるでしょう。みなさんはどうやって数えますか。全部の試合をかきならべようとして，同じ組み合わせの試合をかいてしまったり，組み合わせをかきわすれてしまったりすることがあります。

このレッスンで，組み合わせを図や表に表して，重なりや数えわすれがないように順じょよく整理する方法を学びましょう。

# 1 ならべ方 〔6年〕

授業動画は こちらから 152

## ポイント ならべ方

● **順番を考えるならべ方**

**例** A，B，Cの3人でリレーのチームをつくります。3人が走る順番は何通りありますか。

① すべての場合をかきならべる。

(A，B，C) (A，C，B) (B，A，C) (B，C，A)
(C，A，B) (C，B，A)

6通り

(A，B，C)と(A，C，B)は，走る順番がちがうので べつべつに数える。

② 落ちや重なりがないように，すべての場合を図に表す。

| 1番め | 2番め | 3番め |
|---|---|---|
| A | B | C |
| | C | B |

| 1番め | 2番め | 3番め |
|---|---|---|
| B | A | C |
| | C | A |

| 1番め | 2番め | 3番め |
|---|---|---|
| C | A | B |
| | B | A |

6通り

**つけたし**
起こりうるすべての場合を，枝分かれした樹木のようにかいたものを，樹形図(じゅけいず)といいます。

**チェック 1** [1]，[2]，[3]，[4]の4まいのカードを使って，4けたの整数をつくります。全部で何通りできますか。

解答は別冊p.64へ

〔　　　　　〕

チェック 2　右の図のような旗(はた)を，赤・白・黒・青の４色のうち３色を使ってぬり分けます。ぬり方は全部で何通りありますか。

解答は別冊p.64へ

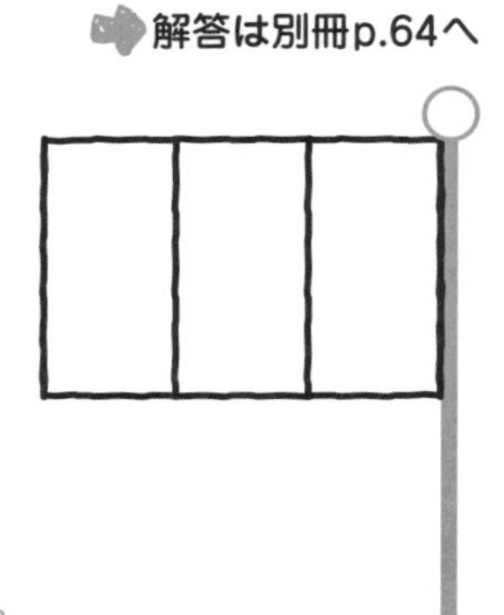

〔　　　　　　〕

チェック 3　10円玉を続(つづ)けて３回投げます。このとき，表と裏(うら)の出方は，全部で何通りありますか。

解答は別冊p.65へ

〔　　　　　　〕

## 2 組み合わせ方〔6年〕

### ポイント 組み合わせ方

● 順番(じゅんばん)を考えない組み合わせ

例　６年生は４組あります。ドッジボール大会で，どの組も，ちがう組と１回ずつ試合(しあい)をするとき，全部で何試合になりますか。

① すべての場合をかきならべる。

（1，2）（1，3）（1，4）
（2，3）（2，4）
（3，4）

（1，2）と（2，1）は同じ組み合わせの対戦なので，１試合に数える。

6試合

② すべての場合を図に表す。

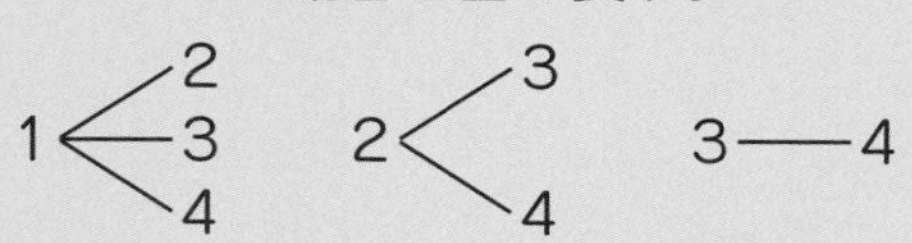


6試合

③　すべての場合を表に表す。

|  | 1 | 2 | 3 | 4 |
|---|---|---|---|---|
| 1 | ＼ | ○ | ○ | ○ |
| 2 |  | ＼ | ○ | ○ |
| 3 |  |  | ＼ | ○ |
| 4 |  |  |  | ＼ |

6試合

④　すべての場合を図形に表す。

四角形の辺と対角線の数が，組み合わせの数になる。

6試合

**もっとくわしく**

● リーグ戦…すべての相手と対戦する総(そう)あたり戦。
試合数は同じ組み合わせを入れた，のべの試合数の半分。
上の例のドッジボール大会はリーグ戦だから，のべの試合数12の半分で，6試合。

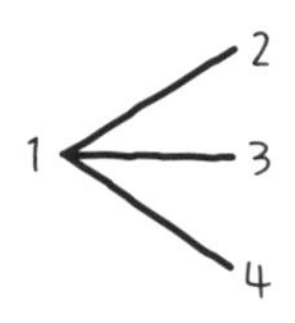

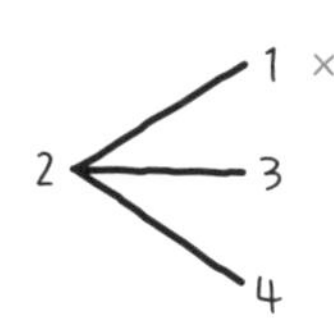

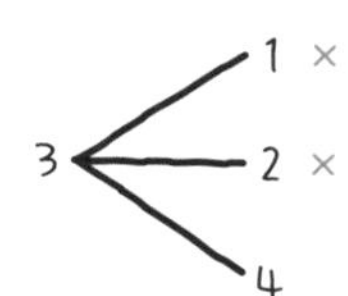

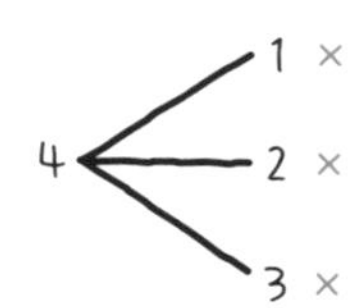


$12 \div 2 = 6$

● トーナメント戦…勝(か)ったものは次の試合に進み，負けたものは次の試合に進めない。

試合数＝チーム数－1　　1試合につき1チーム負けていく！

上の例のドッジボール大会をトーナメント戦でおこなうと，4組が参加(さんか)するから，
$4 - 1 = 3$（試合）

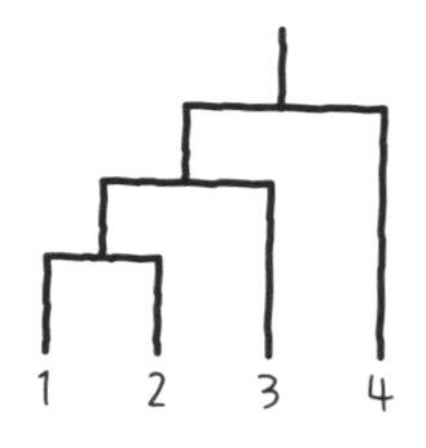

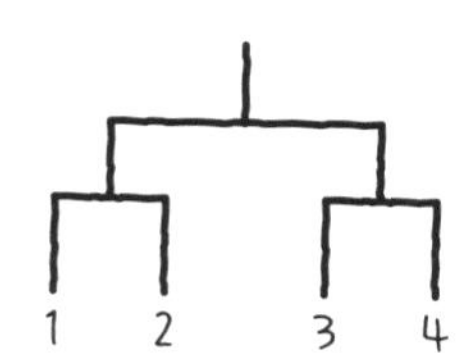


どういう組み方をしても

試合数は同じよ

**チェック 4**　A，B，C，Dの４人でじゃんけんをします。どの子も，ちがう子と１回ずつじゃんけんをするとき，全部で何通りの組み合わせがありますか。

解答は別冊p.65へ

〔　　　　　　〕

**チェック 5**　A，B，C，D，Eの５人の中から，給食係（きゅうしょくがかり）２人を選（えら）びます。選び方は全部で何通りありますか。

解答は別冊p.65へ

〔　　　　　　〕

## コラム

### ● さいころの目の出方

大きいさいころと小さいさいころの２つを同時に投げるとき，さいころの目の出方は全部で36通り。

大きいさいころの目を１～６，小さいさいころの目を１～６として表に表す。

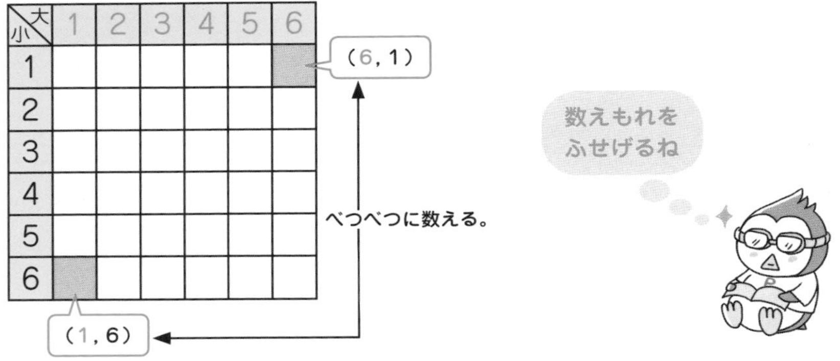

| 小＼大 | 1 | 2 | 3 | 4 | 5 | 6 |
|---|---|---|---|---|---|---|
| 1 | | | | | | (6，1) |
| 2 | | | | | | |
| 3 | | | | | | |
| 4 | | | | | | |
| 5 | | | | | | |
| 6 | (1，6) | | | | | |



● ２つのさいころの目の積が偶数になる場合

| 小＼大 | 1 | 2 | 3 | 4 | 5 | 6 |
|---|---|---|---|---|---|---|
| 1 | | ● | | ● | | ● |
| 2 | ● | ● | ● | ● | ● | ● |
| 3 | | ● | | ● | | ● |
| 4 | ● | ● | ● | ● | ● | ● |
| 5 | | ● | | ● | | ● |
| 6 | ● | ● | ● | ● | ● | ● |

➡27通り

● ２つのさいころの目の和が８以上になる場合

| 小＼大 | 1 | 2 | 3 | 4 | 5 | 6 |
|---|---|---|---|---|---|---|
| 1 | | | | | | |
| 2 | | | | | | ● |
| 3 | | | | | ● | ● |
| 4 | | | | ● | ● | ● |
| 5 | | | ● | ● | ● | ● |
| 6 | | ● | ● | ● | ● | ● |

➡15通り

# レッスン30 の力だめし

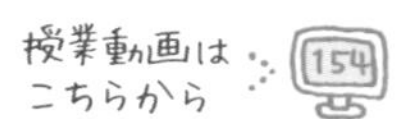

解説は別冊p.65へ

154

**1** 10円玉を続けて4回投げます。このとき，表と裏の出方は，全部で何通りありますか。

〔　　　　〕

**2** 千円さつ，五千円さつ，一万円さつが1まいずつあります。このうち2まいを組み合わせてできる金額を全部求めましょう。

〔　　　　〕

**3** 右のようなケーキセットがあります。何通りのセットができますか。

〔　　　　〕

ケーキセットメニュー

★ケーキ，ドリンクを1つずつお選びください。

ケーキ
- ショートケーキ
- チーズケーキ
- チョコレートケーキ

ドリンク
- コーヒー
- 紅茶
- オレンジジュース
- コーラ

**4** 0，1，2，3，4 の5まいのカードがあります。

(1) 同時に2まい取り出すとき，その取り出し方は全部で何通りありますか。

〔　　　　〕

(2) 2まいを選んで2けたの整数をつくるとき，全部で何通りできますか。

〔　　　　〕

# Epilogue
［エピローグ］

王子が算数を好きになったのも，なつみどのと楽しく勉強できたおかげですじゃ
なつみどの，ありがとう
ちがうって
それに…もともと王子が算数をできるようになるまでの留学でしたからのう
そろそろ帰るように星から連絡がきておりますじゃ
帰ってきなさーい
ビビビ
そうなんだね
決まったことならさみしいけどしかたないわね…
コクン
うう…
よーし！今日はお母さん奮発してたくさん料理作っちゃうわよ！
ペーン
ペーン
うれしいよう
アハハハ
次の日…
チュン
チュン
本当に行っちゃうんだね
なつみどの，母どの大変お世話になりました
こちらこそ
ガサッ
なつみ，これやるよ
お気をつけて
今までありがとな
えっ?

さんすう星のコイン
友情のあかしに…
ありがとう…
えへっ
はなれていても
オレたちは友だちだ
うん，友だち！
さんすう星でも
がんばってね
ガシッ
オウ！
ウィーン
王子ー
そろそろ
出発
しますぞー
お元気でー！
さようならー！
バイバーイ
みんなも元気でねー
キラン
さあ，なつみ
学校に行く時間よ！
やばい！
遅刻しちゃう！

キーン
コーン
カーン
コーン
この前やった
算数のテストを
返すぞー
なんと！
なつみが今回は
100点だ！
すげー
なつみ
おー
!!
なつみは算数がドンドン
できるようになっているな！
これからもがんばれよ
えへへ
なつみ
やるねー！
これも
クックとジイジと
ペンタのおかげだな…
みんな
ありがとう
ん？
チラッ
あれ？
なつみ泣いてやんの！
100点取ったのが
そんなにうれしいのかよ！
どれ
どれ
泣いて
ないわよ！
あくびしたの！

お母さーん！！
バタ
バタ
バタ
私，算数で100点
取ったよ！！
みて
みて！
なつみ
100
おおすごい！
さすがなつみどの！
なつみにしては
よくやったな
よかったね
パチ
パチ
ズズ
ド
ン
って… なんでいるのー！！
それが…さんすう星に
もどったら，王子がすごく
成長していたもので…
もうしばらく地球にいて
勉強してこいと…
私の
なみだ
返してよ！
ごはんも
よろしく
ということで
もうしばらくよろしく
それと…
申し訳ないのですが
もう１人おりまして…
さ，こっちに
おいで

私，クックの妹の
ニシ＝ガ＝ハッチ
さんすう星の
王女よ
こいつも
算数がすごく
ニガテで…
一緒に勉強させても
いいかな？
いいんじゃない？
かわいいし
よろしくね
この際，1人くらい
増えても同じよ
ありがたいこと
ですじゃ
ただ王女には
欠点がありまして…
ホホ
なつみって変な顔してるね
お母さんの顔 シワだらけじゃん
謝りなさーーーーい！！
まちなさい!!
ほんとのこと
言っただけ
だもーん
オレの100倍
性格悪いからね
王女は，口の悪さが
星でも問題になっていまして…
まあ
おやつでも
たべようよ
なつみとクックの算数特訓は
これからもっとにぎやかに
なりそうです…
おわり

**イラスト**：関谷由香理

**デザイン**：山本光徳

**データ作成**：株式会社四国写研

**図版作成**：有限会社熊アート

**動画授業**：大谷知仁（市進学院）

**動画編集**：ジャパンライム株式会社

**ＤＶＤプレス**：東京電化株式会社

**製作**
やさしくまるごと小学シリーズ製作委員会
（宮崎 純，細川順子，小椋恵梨，難波大樹，
延谷朋実，髙橋龍之助，石本智子）

**編集協力**
高橋純子，林千珠子，（株）シナップス
森 一郎

# 『やさしくまるごと小学』シリーズ 授業動画DVD-BOX　発売のお知らせ

商品コード：3100002759

商品コード：3100002761

商品コード：3100002762

商品コード：3100002760

商品コード：3100002763

各価格8,580円（本体7,800円＋税10%）　送料無料

**本書の授業動画はすべてYouTubeで無料視聴が可能ですが，
すべての動画をDVDに収録したDVD-BOXも販売しております。**

・ご自宅にインターネットの環境がない。
・お子さまにパソコンやスマホはまだ使わせたくない。
・リビングのTVの画面で動画授業を見せたい。

**上記のようなご要望のある方は，ぜひ以下のURLまたはQRコードより
DVD-BOXの商品紹介ページをご覧いただき，ご購入をご検討ください。**

https://gakken-ep.jp/extra/yasamaru_p/movie.html

**お電話での注文は以下へお願いします。**（注文内容は必ず控えをとっておいてください）

**0120-92-5555**（学研通販受注センター）／（携帯電話・PHS通話可能）受付時間：月～金　9:30-17:30（土日・祝日・年末年始を除く）

### ●支払方法・手数料

【代金引換】
配送業者がお届けの際に商品代金と送料、代引き手数料を引き換えでいただきますので、お受け取りの際にはあらかじめ代金を現金にてご用意ください。
※送料の他に代引手数料をいただいております。商品の合計代金（税込価格）が10,000円以下は手数料300円（税抜）、10,000円超30,000円以下は手数料400円（税抜）。なお、3万円を超える場合は、ご注文の際にご確認ください。
※ご配送指定日がない場合、ご注文確認後３営業日以内に発送いたします。
※以下の場合は代金引換はご利用いただけません。
・お届け先がお申込者と異なる場合
・離島など代金引換がご利用いただけない地域からのご注文の場合
・ギフト注文の場合

### ●送料

商品の合計代金が2,000円（税込）未満の場合…500円（税抜）
商品の合計代金が2,000円（税込）以上の場合…無料

### ●返品・交換

1）お客様のご都合による返品・交換は承っておりません。
2）商品の 誤送・破損・乱丁・落丁の場合のみ、返品交換をお受けいたします。その場合の返品交換手数料は、弊社負担とさせていただきます。
※お客様によって加工（ご記入や裁断等）されたものは交換対象外となります。

### ●個人情報について

当社は、商品の受注のためにお客様から入手した個人情報を以下の範囲内で利用いたします。
・商品をお届けする目的で、その業務の委託先である配送会社や商品仕入先会社（メーカー直送品のみ）に通知します。
・商品代金をお支払いいただく目的で、その業務の委託先の代金回収会社に通知します。
・その他、業務を円滑に進めるために、業務の一部を外部に委託し、業務委託先に対して必要な範囲で個人情報を提供することがあります。この場合、当社はこれらの業務委託先との間で委託された個人情報の取扱いに関する契約の締結をはじめ、当該個人情報の安全管理が図られるよう必要かつ適切な監督を行います。
・「メールマガジン」の配信（ご希望者のみ）
・お客様へ学研グループ各社商品、サービスのご案内やご意見等をお伺いさせていただく場合があります。
当社は責任を持ってお客様の個人情報を管理します。
当社のプライバシーポリシーはホームページをご覧ください。
https://www.corp-gakken.co.jp/privacypolicy/
〈発売元〉
株式会社Gakken
〒141-8416
東京都品川区西五反田2-11-8
☎03-6431-1579（編集部）

※DVD-BOXの販売は予告なく終了することがございます。在庫の状況によっては，発送までにお時間がかかることがございます。ご了承くださいませ。
また，DVD1枚ずつのバラ売りはしておりませんので，ご理解くださいませ。

# やさしくまるごと 小学算数 改訂版

## 別冊

軽くのりづけされていますので，ゆっくりと取りはずしてお使いください。

Gakken

# レッスン1 たし算【1～3年】

## チェック 1

(1) 23　(2) 32　(3) 44

**解説**

(1) 19＋4＝23
　　　　1　3

4を1と3に分ける。
19に1をたして20。
20と3をたして23。

(2) 25＋7＝32
　　　　5　2

(3) 8＋36＝44
　　4　4

## チェック 2

(1) 59　(2) 78　(3) 98

**解説**

(1)

| | | |
|---|---|---|
| | 3 | 4 |
| ＋ | 2 | 5 |
| | | |

位をたてにそろえて書く。

↓

| | | |
|---|---|---|
| | 3 | 4 |
| ＋ | 2 | 5 |
| | | 9 |

一の位の計算をする。
4＋5＝9

↓

| | | |
|---|---|---|
| | 3 | 4 |
| ＋ | 2 | 5 |
| | 5 | 9 |

十の位の計算をする。
3＋2＝5

## チェック 3

(1) 44　(2) 90　(3) 103
(4) 126　(5) 130　(6) 173

**解説**

(1)

| | | |
|---|---|---|
| | 2 | 6 |
| ＋ | 1 | 8 |
| | | |

位をたてにそろえて書く。

↓

| | | |
|---|---|---|
| | 1 | |
| | 2 | 6 |
| ＋ | 1 | 8 |
| | | 4 |

一の位の計算をする。
6＋8＝14
十の位に1くり上げる。

↓

| | | |
|---|---|---|
| | 1 | |
| | 2 | 6 |
| ＋ | 1 | 8 |
| | 4 | 4 |

十の位の計算をする。
1＋2＋1＝4

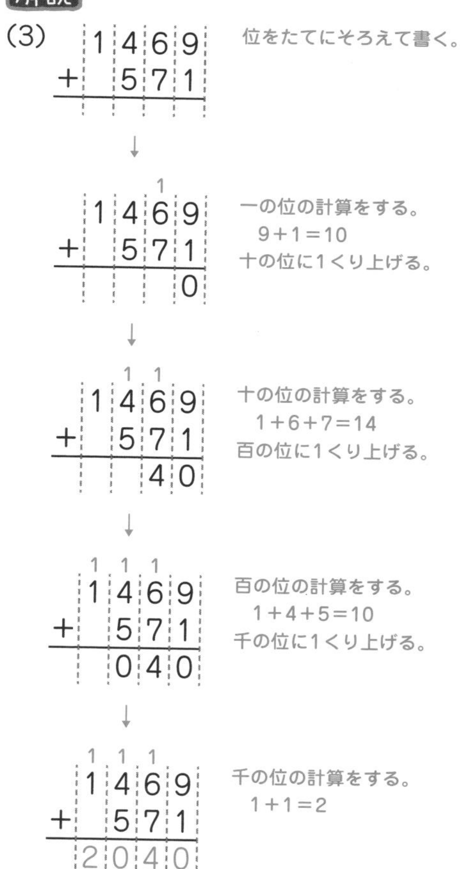

## チェック 4

(1) 655　(2) 571　(3) 2040
(4) 5001　(5) 8604　(6) 9000

**解説**

(3)

| | | | | |
|---|---|---|---|---|
| | 1 | 4 | 6 | 9 |
| ＋ | | 5 | 7 | 1 |
| | | | | |

位をたてにそろえて書く。

↓

| | | | | |
|---|---|---|---|---|
| | | | 1 | |
| | 1 | 4 | 6 | 9 |
| ＋ | | 5 | 7 | 1 |
| | | | | 0 |

一の位の計算をする。
9＋1＝10
十の位に1くり上げる。

↓

| | | | | |
|---|---|---|---|---|
| | | 1 | 1 | |
| | 1 | 4 | 6 | 9 |
| ＋ | | 5 | 7 | 1 |
| | | | 4 | 0 |

十の位の計算をする。
1＋6＋7＝14
百の位に1くり上げる。

↓

| | | | | |
|---|---|---|---|---|
| | 1 | 1 | 1 | |
| | 1 | 4 | 6 | 9 |
| ＋ | | 5 | 7 | 1 |
| | | 0 | 4 | 0 |

百の位の計算をする。
1＋4＋5＝10
千の位に1くり上げる。

↓

| | | | | |
|---|---|---|---|---|
| | 1 | 1 | 1 | |
| | 1 | 4 | 6 | 9 |
| ＋ | | 5 | 7 | 1 |
| | 2 | 0 | 4 | 0 |

千の位の計算をする。
1＋1＝2

## チェック 5

〔式〕270＋60＝330　答え　330 g

解説

小麦粉の重さ＋さとうの重さ＝全部の重さ

270 ＋ 60 ＝ 330

筆算
```
  270
+  60
  330
```

ポイント「ふえたあとの数」を求める（もと）ときは，たし算を使いましょう。

チェック 6

〔式〕167＋53＝220　答え　220台

解説

残りの数＋出て行った数＝はじめの数

167 ＋ 53 ＝ 220

筆算
```
  167
+  53
  220
```

ポイント「はじめの数」を求めるときはたし算を使いましょう。

## レッスン1の力だめし

1 (1) 25　(2) 35　(3) 64

解説

(1) 17＋8＝25（8を3と5に分ける）

(2) 26＋9＝35（9を4と5に分ける）

(3) 6＋58＝64（6を4と2に分ける）

2 (1) 72　(2) 156　(3) 962
(4) 1312　(5) 4832　(6) 8000

解説

(6)
```
  1 1 1
  4 2 5 4
+ 3 7 4 6
  8 0 0 0
```
一の位，十の位，百の位で，くり上がる。

3 〔式〕375＋780＝1155

答え　1155円

解説

残りの金額＋使った金額＝はじめの金額

375 ＋ 780 ＝ 1155

筆算
```
   375
+  780
  1155
```

# レッスン2 ひき算【1～3年】

チェック 1

(1) 8　(2) 17　(3) 29

解説

(1) 13－5＝8（13を3と10に分ける）

13を3と10に分ける。
10から5をひいて5。
3と5をたして8。

(2) 21－4＝17（21を11と10に分ける）

(3) 37－8＝29（37を27と10に分ける）

チェック 2

(1) 43　(2) 41　(3) 13

解説

(1)
```
  5 6
- 1 3
```
↓

位をたてにそろえて書く。

```
  5 6
− 1 3
    3
```
一の位の計算をする。
6−3=3

↓

```
  5 6
− 1 3
  4 3
```
十の位の計算をする。
5−1=4

## チェック 3

(1) 6　(2) 25　(3) 36
(4) 19　(5) 9　(6) 8

**解説**

(1)
```
  2 5
− 1 9
```
位をたてにそろえて書く。

↓

```
  1
  2 5
− 1 9
    6
```
一の位の5から9はひけないので，十の位から1くり下げる。
15−9=6

↓

```
  1
  2 5
− 1 9
    6
```
一の位に1くり下げたので，十の位の計算は，1−1=0

## チェック 4

(1) 416　(2) 441　(3) 4369
(4) 5967　(5) 806　(6) 2136

**解説**

(5)
```
      9
    3 10
  2 4 0 3
− 1 5 9 7
        6
```
一の位の計算をする。
3から7はひけないので，十の位から1くり下げたいが，十の位も0なので百の位からくり下げる。
13−7=6

↓

```
      9
    3 10
  2 4 0 3
− 1 5 9 7
      0 6
```
十の位の計算をする。
一の位に1くり下げたので，
9−9=0

↓

```
      9
  1 3 10
  2 4 0 3
− 1 5 9 7
    8 0 6
```
百の位の計算をする。
3から5はひけないので，千の位から1くり下げて，
13−5=8
千の位の計算をする。
百の位に1くり下げたので，
1−1=0

## チェック 5

〔式〕800−540=260　答え　260円

**解説**

はじめの金額−使った金額=残りの金額
800　−　540　=　260

筆算
```
  8 0 0
− 5 4 0
  2 6 0
```

ポイント 「残(のこ)りの数」を求めるときは，ひき算を使いましょう。

## チェック 6

〔式〕6700−3250=3450
答え　3450円

**解説**

兄の金額−弟の金額=金額のちがい
6700　−　3250　=　3450

筆算
```
  6 7 0 0
− 3 2 5 0
  3 4 5 0
```

ポイント 「ちがいの数」を求めるときは，ひき算を使いましょう。

## レッスン2の力だめし

1 (1) 3　(2) 18　(3) 26

解説

(1) 12－9＝3
　2　10

(2) 24－6＝18
　14　10

(3) 33－7＝26
　23　10

2 (1) 48　(2) 127　(3) 308
(4) 506　(5) 535　(6) 972

解説

(5)
```
   1 3 4 2
 －   8 0 7
 ─────────
     5 3 5
```
十の位，千の位から，くり下げる。

3 〔式〕823－108＝715
答え　715人

解説

きのうの人数－へった人数＝今日の人数
823　－　108　＝　715

筆算
```
   8 2 3
 － 1 0 8
 ───────
   7 1 5
```

## レッスン3　かけ算【2～4年】

チェック 1
(1) 14　(2) 21　(3) 16　(4) 30
(5) 36　(6) 0　(7) 48　(8) 42
(9) 133

解説

(6) 0にどんな数をかけても，答えは0。

(7) 12×4＝10×4＋2×4
＝40＋8＝48

12を10と2に分けて，それぞれに4をかけてたす。

(8) 14×3＝10×3＋4×3
＝30＋12＝42

(9) 19×7＝10×7＋9×7
＝70＋63＝133

チェック 2
(1) 324　(2) 632　(3) 1068

解説

(1)
```
   5 4
 ×   6
 ─────
   ²4
```
6×4＝24
十の位に2くり上げる。

↓

```
   5 4
 ×   6
 ─────
 3 2 4
```
6×5＝30
一の位からくり上げた2をたして32。
百の位に3くり上げる。

チェック 3
(1) 399　(2) 5348

解説

(1)
```
   1 9
 × 2 1
 ─────
   1 9
 3 8
 ─────
 3 9 9
```
1×19＝19
2×19＝38
位をそろえてたす。

(2)
```
   3 8 2
 ×   1 4
 ───────
 1 5 2 8
 3 8 2
 ───────
 5 3 4 8
```
4×382=1528
1×382=382
位をそろえてたす。

チェック 4
(1) 23595　(2) 194544

**解説**

(1)

```
    1 6 5
  × 1 4 3
    4 9 5
  6 6 0
1 6 5
2 3 5 9 5
```

(2)

```
      3 8 6
    × 5 0 4
    1 5 4 4
    0 0 0    ← はぶいてもよい。
1 9 3 0
1 9 4 5 4 4
```

**チェック 5**

〔式〕540×15＝8100

答え　8100g

**解説**

1こあたりの重さ × こ数 ＝ 全部の重さ

540 × 15 ＝ 8100

筆算

```
   5 4 0
 ×   1 5
 2 7 0 0
 5 4 0
 8 1 0 0
```

**チェック 6**

〔式〕120×7＝840　答え　840円

**解説**

「7倍する」ときは「7こ分」と考えて，かけ算を使う。

りんごのねだん × ●倍 ＝ メロンのねだん

120 × 7 ＝ 840

筆算

```
  1 2 0
 ×    7
  8 4 0
```

## レッスン3の力だめし

**1**　(1) 15　(2) 36　(3) 32
(4) 27　(5) 40　(6) 28　(7) 0
(8) 0　(9) 0

**解説**

(7) どんな数に0をかけても，答えは0。
(8) 0にどんな数をかけても，答えは0。
(9) 0に0をかけると，答えは0。

**2**　(1) 266　(2) 945　(3) 10634
(4) 192348

**解説**

(2)

```
   6 3
 × 1 5
   3 1 5
 6 3
   9 4 5
```

5×63=315
1×63=63
位をそろえてたす。

(3)

```
     4 0 9
  ×    2 6
   2 4 5 4
   8 1 8
 1 0 6 3 4
```

6×409=2454
2×409=818
位をそろえてたす。

(4)

```
       2 7 4
     × 7 0 2
       5 4 8
     0 0 0    ← はぶいてもよい。
 1 9 1 8
 1 9 2 3 4 8
```

**3**　〔式〕970×172＝166840

答え　166840円

**解説**

1人分の金額 × 人数 ＝ 全部の金額

970 × 172 ＝ 166840

筆算
```
      970
    ×172
    1940
   6790
   970
  166840
```

## レッスン4 わり算【3・4年】

チェック 1

(1) 4　(2) 6　(3) 5　(4) 7　(5) 6
(6) 9　(7) 4　(8) 0　(9) 0

解説

(8) 0を，0でないどんな数でわっても，答えは0。

チェック 2

(1) 6あまり4
〈たしかめ〉6×6+4=40
(2) 3あまり2
〈たしかめ〉7×3+2=23
(3) 4あまり6
〈たしかめ〉8×4+6=38
(4) 5あまり7
〈たしかめ〉9×5+7=52

解説

(1) 6のだんの九九（くく）を考える。
6×5=30　←あまりが6より大きいので×。
6×6=36
6×7=42　←40より大きいので×。
あまりを求（もと）める。40−36=4
(2) 7のだんの九九を考える。
7×3=21
あまりを求める。23−21=2
(3) 8のだんの九九を考える。
8×4=32
あまりを求める。38−32=6
(4) 9のだんの九九を考える。
9×5=45
あまりを求める。52−45=7

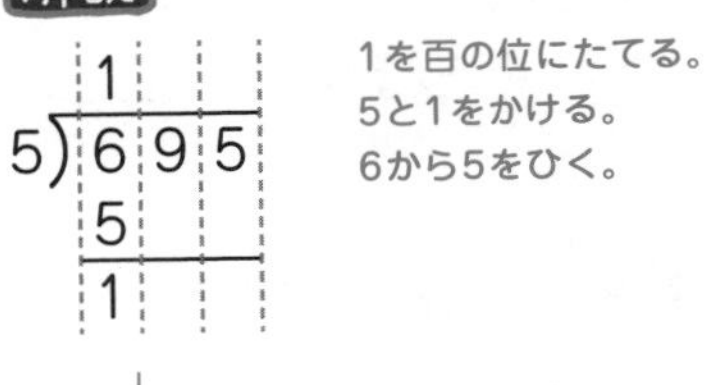


チェック 3

139

解説

```
    1
 5)695
   5
   1
```
1を百の位にたてる。
5と1をかける。
6から5をひく。

↓

```
    13
 5)695
   5
   19
   15
    4
```
十の位の9をおろす。
3を十の位にたてる。
5と3をかける。
19から15をひく。

↓

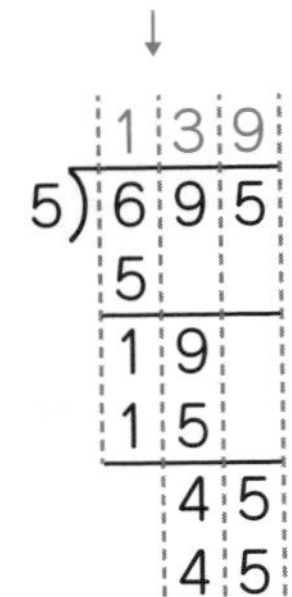

一の位の5をおろす。
9を一の位にたてる。
5と9をかける。
45から45をひく。

**チェック 4**

(1) 4あまり2　(2) 6
(3) 12あまり10　(4) 5あまり24

**解説**

(1)

```
      4     ←商の見当をつける。
23)94
   92
    2       ←あまりが23より小さいことをたしかめる。
```

(2)

```
     6
12)72
   72
    0
```

(3)

```
     12
34)418
   34
    78
    68
    10
```

(4)

```
      5
45)249
   225
    24
```

**チェック 5**

(1) 10あまり22　(2) 8あまり600

**解説**

(1)

```
     10
28)302
   28
    22
```

(2)

```
       8
8ØØ)7000
    64
     600
```

**チェック 6**

〔式〕36÷9=4　　答え　4倍

**解説**

「何倍」は「何こ分」と考えて，わり算を使って求める。

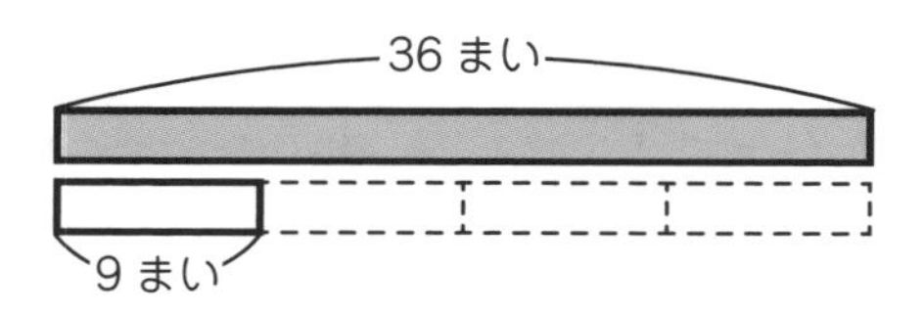


姉のまい数÷妹のまい数=●倍
36　÷　9　=　4

**チェック 7**

〔式〕50÷6=8あまり2　　答え　8つ

**解説**

50÷6=8あまり2
6本ずつの花たばが8つできて，2本あまる。あまりは花たばの数に数えないので，花たばは8つ。

## レッスン4の力だめし

**1**　(1) 7　(2) 8　(3) 9あまり6
(4) 6あまり4　(5) 3あまり3
(6) 0

**解説**

(1)「七七(しちしち)49」で7。(2)「四八(しは)32」で8。
(3) 9のだんの九九を考える。
　9×9=81
　あまりを求める。87−81=6
(4) 8のだんの九九を考える。
　8×6=48
　あまりを求める。52−48=4
(5) 6のだんの九九を考える。
　6×3=18
　あまりを求める。21−18=3
(6) 0を，0でないどんな数でわっても，答えは0。

**2**　(1) 21あまり4　(2) 7あまり10
(3) 16あまり26　(4) 15あまり200

解説

(1)

```
     2 1
6)1 3 0
  1 2
    1 0
      6
      4
```

(2)

```
        7
1 2)9 4
    8 4
    1 0
```

(3) (4)

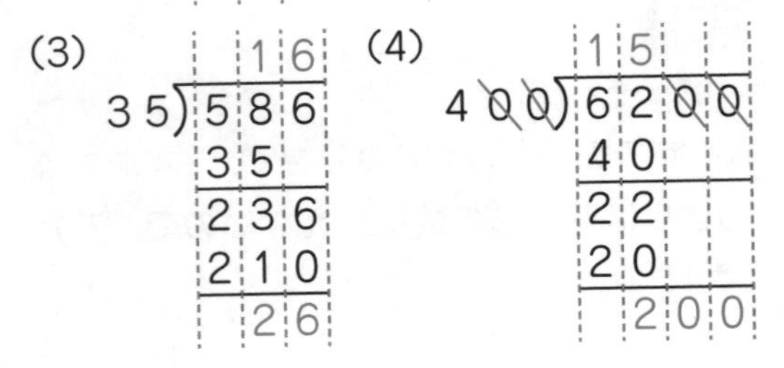


3 〔式〕200÷16＝12あまり8
12＋1＝13　　答え　13日

解説

200÷16＝12あまり8　←「12日」としては×。

12＋1＝13

筆算

```
      1 2
1 6)2 0 0
    1 6
      4 0
      3 2
        8
```

ポイント「読み終わる日数」を求める(もと)ので，残り(のこ)のページを読む日数をたしましょう。

## レッスン5 分数のしくみ【2～5年】

チェック 1

ア$\frac{1}{7}$　イ$\frac{3}{7}$　ウ$\frac{5}{7}$

解説

1を7等分したうちのア1こ分，イ3こ分，ウ5こ分。

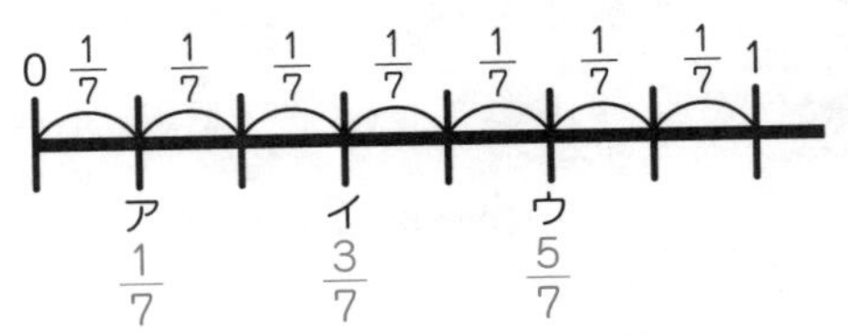


チェック 2

(1) 4　(2) 1　(3) 10

解説

分母と分子が同じ分数は1になる。

(1) 分母が4だから，分子も4。

(2) 分母も分子も7だから，1。

(3) 分子が10だから，分母も10。

チェック 3

(1) <　(2) >　(3) <

(4) >　(5) ＝　(6) >

解説

(1) 分母が同じ分数では，分子が大きい方が大きい。

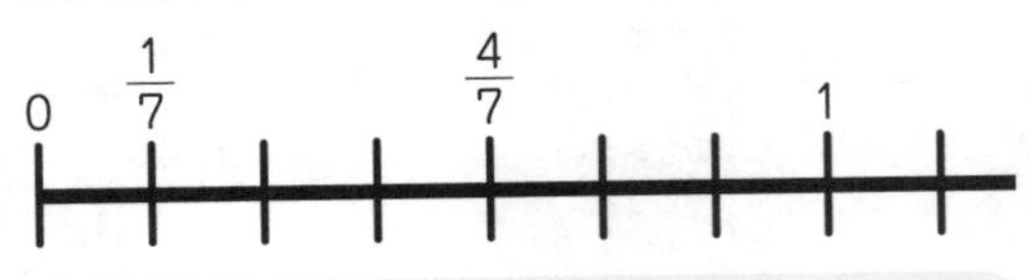


ポイント 数直線は右にいくほど数が大きくなります。

(3) 分子が同じ分数では，分母が小さい方が大きい。

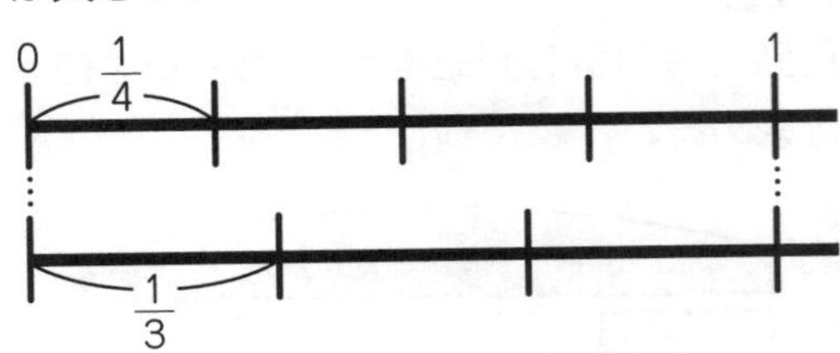

(5) 分母と分子が同じ分数は1になる。

$\frac{9}{9}=1$　　$\frac{2}{2}=1$

(6) $1=\frac{5}{5}$

分母が同じ分数では，分子が大きい方が大きいから，$1>\frac{4}{5}$

### チェック 4

ア仮分数 $\frac{7}{4}$　帯分数 $1\frac{3}{4}$

イ仮分数 $\frac{13}{4}$　帯分数 $3\frac{1}{4}$

**解説**

ア　$\frac{1}{4}$ の7こ分だから，仮分数は $\frac{7}{4}$

1と，$\frac{1}{4}$ の3こ分をあわせた大きさだから，帯分数は $1\frac{3}{4}$

イ　$\frac{1}{4}$ の13こ分だから，仮分数は $\frac{13}{4}$

3と，$\frac{1}{4}$ の1こ分をあわせた大きさだから，帯分数は $3\frac{1}{4}$

### チェック 5

(1) $6\frac{1}{2}$　(2) 4　(3) $\frac{17}{3}$

**解説**

(1) 13÷2＝6あまり1　だから，$6\frac{1}{2}$

(2) 16÷4＝4　あまりはないので，4

(3) 帯分数の分母×整数部分＋分子を計算して，その答えを分子にする。

3×5+2＝17　だから，$\frac{17}{3}$

### チェック 6

(1) 0.4　(2) 1.75　(3) $\frac{9}{10}$

(4) $\frac{19}{100}$　(5) $\frac{6}{1}$　(6) $\frac{14}{1}$

**解説**

(1) 分数を小数になおすときは，分子を分母でわる。2÷5＝0.4

(2) 7÷4＝1.75

(3) 分母を10とする分数になおす。

$0.9=0.1\times9$

$=\frac{1}{10}\times9=\frac{9}{10}$

(4) 分母を100とする分数になおす。

$0.19=0.01\times19$

$=\frac{1}{100}\times19$

$=\frac{19}{100}$

(5) 整数は，1を分母とする分数になおす。

$6\div1=\frac{6}{1}$

(6) $14\div1=\frac{14}{1}$

## レッスン5の力だめし

**1**　(1) $\frac{3}{5}$　(2) $\frac{8}{5}$　(3) $2\frac{4}{5}$

**解説**

(1) 1を5等分したうちの3こ分。

(2) 1を5等分したうちの8こ分。

(3) 2と，1を5等分したうちの4こ分をあわせた大きさ。

**2**　(1) 5　(2) 8　(3) $\frac{5}{6}$

解説

(1) $1\frac{1}{4}=\frac{5}{4}$ だから，$\frac{1}{4}$ の5こ分。

(2) 分母と分子が同じ分数は1になるから，分子も8

(3) 11÷6＝1あまり5だから，$1\frac{5}{6}$

3 (1) $1\frac{5}{8}$ (2) 4 (3) $\frac{11}{4}$

解説

(1) 13÷8＝1あまり5だから，$1\frac{5}{8}$

(2) 20÷5＝4　あまりはないから，4

(3) 分母は4，分子は4×2＋3＝11だから，

$\frac{11}{4}$

4 (1) $\frac{5}{8}$，1，$\frac{5}{4}$

(2) 0.5，$\frac{3}{5}$，1.6，$1\frac{3}{4}$

解説

(1) 1と比(くら)べる。

$1<\frac{5}{4}$，$\frac{5}{8}<1$　だから，

$\frac{5}{8}$，1，$\frac{5}{4}$　の順(じゅん)。

**〔別の解き方1〕** 分数を小数になおして比べる。

$\frac{5}{4}=1.25$，$\frac{5}{8}=0.625$　だから，

$\frac{5}{8}$，1，$\frac{5}{4}$　の順。

**〔別の解き方2〕** 通分して比べる。

$\frac{5}{4}=\frac{10}{8}$，$1=\frac{8}{8}$ だから，

$\frac{5}{8}$，1，$\frac{5}{4}$　の順。

(2) 分数を小数になおして比べる。

$\frac{3}{5}=0.6$，$1\frac{3}{4}=\frac{7}{4}=1.75$　だから，

0.5，$\frac{3}{5}$，1.6，$1\frac{3}{4}$　の順。

5 〔$\frac{7}{10}$と0.7〕〔$\frac{10}{7}$と$1\frac{3}{7}$〕

〔$1\frac{7}{10}$と1.7〕

解説

仮(か)分数になおして調べる。

$\frac{1}{7}$，$\frac{7}{10}$，$\frac{10}{7}$，$1\frac{1}{7}=\frac{8}{7}$，$1\frac{3}{7}=\frac{10}{7}$，

$1\frac{7}{10}=\frac{17}{10}$，$0.7=\frac{7}{10}$，1，$1.7=\frac{17}{10}$，7

**〔別の解き方〕** 小数になおして調べてもよい。

## レッスン6 分数のたし算・ひき算【3～5年】

チェック 1

$\frac{6}{8}$，$\frac{9}{12}$，$\frac{12}{16}$

解説

分母と分子を，2倍，3倍，4倍する。

$\frac{3}{4}=\frac{6}{8}$，$\frac{3}{4}=\frac{9}{12}$，$\frac{3}{4}=\frac{12}{16}$

(×2，×3，×4)

チェック 2

(1) $\frac{1}{2}$ (2) $\frac{1}{3}$ (3) $\frac{2}{7}$ (4) $\frac{5}{6}$

解説

(1) 分母8と分子4を，最大公約数4でわる。

$$\frac{4}{8}=\frac{1}{2}\quad(\div 4)$$

(2) 分母30と分子10を，最大公約数10でわる。

$$\frac{10}{30}=\frac{1}{3}\quad(\div 10)$$

(3) 分母56と分子16を，最大公約数8でわる。

$$\frac{16}{56}=\frac{2}{7}\quad(\div 8)$$

(4) 分母54と分子45を，最大公約数9でわる。

$$\frac{45}{54}=\frac{5}{6}\quad(\div 9)$$

チェック 3

(1) $\left(\frac{6}{15},\ \frac{5}{15}\right)$ (2) $\left(\frac{9}{12},\ \frac{10}{12}\right)$

解説

(1) 分母を5と3の最小公倍数15にする。

$$\frac{2}{5}=\frac{6}{15}\ (\times 3),\quad \frac{1}{3}=\frac{5}{15}\ (\times 5)$$

(2) 分母を4と6の最小公倍数12にする。

$$\frac{3}{4}=\frac{9}{12}\ (\times 3),\quad \frac{5}{6}=\frac{10}{12}\ (\times 2)$$

チェック 4

(1) $\frac{5}{7}$ (2) $1\frac{4}{9}\left(\frac{13}{9}\right)$ (3) $3\frac{4}{5}\left(\frac{19}{5}\right)$

(4) $\frac{1}{5}$ (5) $1\frac{3}{11}\left(\frac{14}{11}\right)$ (6) $1\frac{2}{3}\left(\frac{5}{3}\right)$

(7) $4\frac{1}{4}\left(\frac{17}{4}\right)$ (8) $3\frac{1}{2}\left(\frac{7}{2}\right)$

解説

(1) 分母はそのままで，分子どうしをたす。

(2) $1\frac{2}{9}+\frac{2}{9}=1+\left(\frac{2}{9}+\frac{2}{9}\right)=1\frac{4}{9}$

**〔別の解き方〕** 仮分数になおして計算する。

$$1\frac{2}{9}+\frac{2}{9}=\frac{11}{9}+\frac{2}{9}=\frac{13}{9}$$

(3) $2\frac{7}{10}+1\frac{1}{10}=(2+1)+\left(\frac{7}{10}+\frac{1}{10}\right)$

$=3\frac{8}{10}$ ←分母・分子を2でわって約分。

$=3\frac{4}{5}$

**〔別の解き方〕** 仮分数になおして計算する。

$$2\frac{7}{10}+1\frac{1}{10}=\frac{27}{10}+\frac{11}{10}$$

$=\frac{38}{10}$ ←分母・分子を2でわって約分。

$=\frac{19}{5}$

(4) 分母はそのままで，分子どうしをひく。

(5) $1\frac{9}{11}-\frac{6}{11}=1+\left(\frac{9}{11}-\frac{6}{11}\right)=1\frac{3}{11}$

**〔別の解き方〕** 仮分数になおして計算する。

$$1\frac{9}{11}-\frac{6}{11}=\frac{20}{11}-\frac{6}{11}=\frac{14}{11}$$

(6) $2\frac{5}{6}-1\frac{1}{6}=(2-1)+\left(\frac{5}{6}-\frac{1}{6}\right)$

$=1\frac{4}{6}$ ←分母・分子を2でわって約分。

$=1\frac{2}{3}$

**〔別の解き方〕** 仮分数になおして計算する。

$2\frac{5}{6}-1\frac{1}{6}=\frac{17}{6}-\frac{7}{6}$

$=\frac{10}{6}$ ←分母・分子を2でわって約分。

$=\frac{5}{3}$

(7) $1\frac{3}{8}+2\frac{7}{8}=(1+2)+\left(\frac{3}{8}+\frac{7}{8}\right)$

$=3\frac{10}{8}=4\frac{2}{8}$ ←分母・分子を2でわって約分。

$=4\frac{1}{4}$

**〔別の解き方〕** 仮分数になおして計算する。

$1\frac{3}{8}+2\frac{7}{8}=\frac{11}{8}+\frac{23}{8}$

$=\frac{34}{8}$ ←分母・分子を2でわって約分。

$=\frac{17}{4}$

(8) $5\frac{1}{4}-1\frac{3}{4}=4\frac{5}{4}-1\frac{3}{4}$

$=(4-1)+\left(\frac{5}{4}-\frac{3}{4}\right)$

$=3\frac{2}{4}$ ←分母・分子を2でわって約分。

$=3\frac{1}{2}$

**〔別の解き方〕** 仮分数になおして計算する。

$5\frac{1}{4}-1\frac{3}{4}=\frac{21}{4}-\frac{7}{4}$

$=\frac{14}{4}$ ←分母・分子を2でわって約分。

$=\frac{7}{2}$

## チェック 5

(1) $\frac{7}{8}$　(2) $4\frac{11}{35}\left(\frac{151}{35}\right)$

(3) $4\frac{7}{15}\left(\frac{67}{15}\right)$　(4) $\frac{2}{9}$

(5) $3\frac{25}{28}\left(\frac{109}{28}\right)$　(6) $2\frac{11}{20}\left(\frac{51}{20}\right)$

**解説**

(1) 通分して，たす。$\frac{1}{4}=\frac{2}{8}$ （×2）

$\frac{1}{4}+\frac{5}{8}=\frac{2}{8}+\frac{5}{8}=\frac{7}{8}$

(2) $1\frac{5}{7}=1\frac{25}{35}$（×5），$2\frac{3}{5}=2\frac{21}{35}$（×7）

$1\frac{5}{7}+2\frac{3}{5}=1\frac{25}{35}+2\frac{21}{35}$

$=3\frac{46}{35}$

$=4\frac{11}{35}$

**〔別の解き方〕** 仮分数になおして計算する。

$1\frac{5}{7}+2\frac{3}{5}=\frac{12}{7}+\frac{13}{5}$

$=\frac{60}{35}+\frac{91}{35}$

$=\frac{151}{35}$

(3) $2\frac{3}{10}=2\frac{9}{30}$（×3），$2\frac{1}{6}=2\frac{5}{30}$（×5）

$2\frac{3}{10}+2\frac{1}{6}=2\frac{9}{30}+2\frac{5}{30}$

$=4\frac{14}{30}$ ←分母・分子を2でわって約分。

$=4\frac{7}{15}$

〔別の解き方〕 仮分数になおして計算する。

$$2\frac{3}{10}+2\frac{1}{6}=\frac{23}{10}+\frac{13}{6}$$
$$=\frac{69}{30}+\frac{65}{30}$$
$$=\frac{134}{30}$$ ←分母・分子を2でわって約分。
$$=\frac{67}{15}$$

(4) 通分して，ひく。$\frac{2}{3}=\frac{6}{9}$ (×3)

$$\frac{2}{3}-\frac{4}{9}=\frac{6}{9}-\frac{4}{9}=\frac{2}{9}$$

(5) $5\frac{3}{4}=5\frac{21}{28}$ (×7)，$1\frac{6}{7}=1\frac{24}{28}$ (×4)

$$5\frac{3}{4}-1\frac{6}{7}=5\frac{21}{28}-1\frac{24}{28}$$
$$=4\frac{49}{28}-1\frac{24}{28}=3\frac{25}{28}$$

〔別の解き方〕 仮分数になおして計算する。

$$5\frac{3}{4}-1\frac{6}{7}=\frac{23}{4}-\frac{13}{7}$$
$$=\frac{161}{28}-\frac{52}{28}$$
$$=\frac{109}{28}$$

(6) $4\frac{7}{15}=4\frac{28}{60}$ (×4)，$1\frac{11}{12}=1\frac{55}{60}$ (×5)

$$4\frac{7}{15}-1\frac{11}{12}=4\frac{28}{60}-1\frac{55}{60}$$
$$=3\frac{88}{60}-1\frac{55}{60}$$
$$=2\frac{33}{60}$$ ←分母・分子を3でわって約分。
$$=2\frac{11}{20}$$

〔別の解き方〕 仮分数になおして計算する。

$$4\frac{7}{15}-1\frac{11}{12}=\frac{67}{15}-\frac{23}{12}$$
$$=\frac{268}{60}-\frac{115}{60}$$
$$=\frac{153}{60}$$ ←分母・分子を3でわって約分。
$$=\frac{51}{20}$$

チェック 6

〔式〕$2\frac{1}{4}-\frac{1}{2}=1\frac{3}{4}$

答え $1\frac{3}{4}\left(\frac{7}{4}\right)$ km

解説

$$2\frac{1}{4}-\frac{1}{2}=2\frac{1}{4}-\frac{2}{4}$$
$$=1\frac{5}{4}-\frac{2}{4}=1\frac{3}{4}$$

〔別の解き方〕 仮分数になおして計算する。

$$2\frac{1}{4}-\frac{1}{2}=\frac{9}{4}-\frac{1}{2}$$
$$=\frac{9}{4}-\frac{2}{4}$$
$$=\frac{7}{4}$$

ポイント ちがいを求(もと)めるときは，ひき算を使います。

## レッスン6の力だめし

1 (1) ア2 イ30 (2) ウ10 エ3

解説

(1) ア $\frac{4}{6}=\frac{2}{3}$ (÷2)　イ $\frac{4}{6}=\frac{20}{30}$ (×5)

(2) ウ $\frac{24}{40}=\frac{6}{10}$（÷4） エ $\frac{24}{40}=\frac{3}{5}$（÷8）

**2** (1) $\frac{2}{7}$ (2) $\frac{5}{6}$ (3) $\frac{3}{4}$

**解説**

(1) $\frac{8}{28}=\frac{2}{7}$（÷4） (2) $\frac{35}{42}=\frac{5}{6}$（÷7） (3) $\frac{27}{36}=\frac{3}{4}$（÷9）

**3** (1) $\left(\frac{21}{18}, \frac{8}{18}\right)$

(2) $\left(\frac{45}{30}, \frac{10}{30}, \frac{24}{30}\right)$

**解説**

(1) 分母を6と9の最小公倍数（さいしょうこうばいすう）18にする。

$\frac{7}{6}=\frac{21}{18}$（×3）, $\frac{4}{9}=\frac{8}{18}$（×2）

(2) 分母を2，3，5の最小公倍数30にする。

$\frac{3}{2}=\frac{45}{30}$（×15）, $\frac{1}{3}=\frac{10}{30}$（×10）, $\frac{4}{5}=\frac{24}{30}$（×6）

**4** (1) $\frac{11}{13}$ (2) $\frac{1}{2}$ (3) $3\frac{8}{9}\left(\frac{35}{9}\right)$

(4) $\frac{1}{2}$ (5) $\frac{7}{15}$ (6) $\frac{13}{24}$

**解説**

(2) $\frac{15}{16}-\frac{7}{16}=\frac{8}{16}$ ←分母・分子を8でわって約分。

$=\frac{1}{2}$

(3) $4\frac{1}{9}-\frac{2}{9}=3\frac{10}{9}-\frac{2}{9}=3\frac{8}{9}$

〔別の解き方〕

$4\frac{1}{9}-\frac{2}{9}=\frac{37}{9}-\frac{2}{9}=\frac{35}{9}$

(4) $\frac{5}{18}+\frac{2}{9}=\frac{5}{18}+\frac{4}{18}$

$=\frac{9}{18}$ ←分母・分子を9でわって約分。

$=\frac{1}{2}$

(5) $\frac{11}{20}-\frac{1}{12}=\frac{33}{60}-\frac{5}{60}$

$=\frac{28}{60}$ ←分母・分子を4でわって約分。

$=\frac{7}{15}$

(6) $2\frac{3}{8}-1\frac{5}{6}=2\frac{9}{24}-1\frac{20}{24}$

$=1\frac{33}{24}-1\frac{20}{24}=\frac{13}{24}$

〔別の解き方〕

$2\frac{3}{8}-1\frac{5}{6}=\frac{19}{8}-\frac{11}{6}$

$=\frac{57}{24}-\frac{44}{24}$

$=\frac{13}{24}$

**5** 〔式〕 $1\frac{1}{2}-\frac{2}{5}-\frac{1}{4}=\frac{17}{20}$

答え $\frac{17}{20}$ L

**解説**

$1\frac{1}{2}-\frac{2}{5}-\frac{1}{4}=1\frac{10}{20}-\frac{8}{20}-\frac{5}{20}$

$=\frac{30}{20}-\frac{8}{20}-\frac{5}{20}=\frac{17}{20}$

式は $1\frac{1}{2}-\left(\frac{2}{5}+\frac{1}{4}\right)=\frac{17}{20}$ としてもよい。

# レッスン7 分数のかけ算・わり算【6年】

**チェック 1**

(1) $\frac{3}{10}$ (2) $\frac{5}{21}$ (3) $\frac{32}{9}\left(3\frac{5}{9}\right)$

(4) $\frac{35}{4}\left(8\frac{3}{4}\right)$ (5) $\frac{5}{14}$ (6) $\frac{4}{3}\left(1\frac{1}{3}\right)$

**解説**

分母どうし，分子どうしをかける。

(2) $\frac{5}{6}\times\frac{2}{7}=\frac{5}{\cancel{6}_3}\times\frac{\cancel{2}^1}{7}=\frac{5}{21}$

(3) $\frac{4}{9}\times8=\frac{4}{9}\times\frac{8}{1}=\frac{32}{9}$

(4) $7\times\frac{5}{4}=\frac{7}{1}\times\frac{5}{4}=\frac{35}{4}$

(5) $\frac{5}{8}\times\frac{4}{7}=\frac{5}{\cancel{8}_2}\times\frac{\cancel{4}^1}{7}=\frac{5}{14}$

(6) $\frac{3}{2}\times\frac{8}{9}=\frac{\cancel{3}^1}{\cancel{2}_1}\times\frac{\cancel{8}^4}{\cancel{9}_3}=\frac{4}{3}$

**チェック 2**

(1) $\frac{45}{8}\left(5\frac{5}{8}\right)$ (2) $\frac{5}{18}$ (3) $\frac{5}{56}$

(4) $\frac{33}{10}\left(3\frac{3}{10}\right)$ (5) $\frac{28}{9}\left(3\frac{1}{9}\right)$

(6) $\frac{1}{4}$

**解説**

わる数の分母と分子を入れかえて，かけ算の式にする。

(1) $\frac{5}{4}\div\frac{2}{9}=\frac{5}{4}\times\frac{9}{2}=\frac{45}{8}$

(2) $\frac{1}{6}\div\frac{3}{5}=\frac{1}{6}\times\frac{5}{3}=\frac{5}{18}$

(3) $\frac{5}{7}\div8=\frac{5}{7}\times\frac{1}{8}=\frac{5}{56}$

(4) $3\div\frac{10}{11}=\frac{3}{1}\times\frac{11}{10}=\frac{33}{10}$

(5) $\frac{7}{2}\div\frac{9}{8}=\frac{7}{2}\times\frac{8}{9}$

$=\frac{7}{\cancel{2}_1}\times\frac{\cancel{8}^4}{9}$

$=\frac{28}{9}$

(6) $\frac{3}{10}\div\frac{6}{5}=\frac{3}{10}\times\frac{5}{6}$

$=\frac{\cancel{3}^1}{\cancel{10}_2}\times\frac{\cancel{5}^1}{\cancel{6}_2}$

$=\frac{1}{4}$

**チェック 3**

(1) $\frac{20}{21}$ (2) $\frac{88}{45}\left(1\frac{43}{45}\right)$

(3) $\frac{7}{20}$ (4) $\frac{20}{33}$

**解説**

(1) 帯(たい)分数は仮(か)分数になおして，計算する。

$\frac{5}{6}\times1\frac{1}{7}=\frac{5}{6}\times\frac{8}{7}$

$=\frac{5}{\cancel{6}_3}\times\frac{\cancel{8}^4}{7}=\frac{20}{21}$

(2) $1\frac{2}{9}\div\frac{5}{8}=\frac{11}{9}\times\frac{8}{5}=\frac{88}{45}$

(3) 小数は分数になおして，計算する。

$\frac{1}{4}\times1.4=\frac{1}{4}\times\frac{7}{5}$ ←$\frac{14}{10}$

$=\frac{7}{20}$

(4) $\frac{6}{11}\div0.9=\frac{6}{11}\div\frac{9}{10}$

$=\frac{6}{11}\times\frac{10}{9}$

$=\frac{\cancel{6}^{2}}{11}\times\frac{10}{\cancel{9}_{3}}$

$=\frac{20}{33}$

**チェック 4**

(1) ＞　(2) ＞　(3) <

**解説**

(1) かける数が1より大きいとき，積（せき）はかけられる数より大きくなる。

(2) わる数が1より小さいとき，商はわられる数より大きくなる。

(3) わる数が1より大きいとき，商はわられる数より小さくなる。

**チェック 5**

〔式〕$\frac{2}{5}\div\frac{4}{3}=\frac{3}{10}$　　答え $\frac{3}{10}$倍

**解説**

比べられる量÷もとにする量＝倍（割合）

比べられる量はしばふの面積（めんせき），もとにする量は広場の面積だから，

$\frac{2}{5}\div\frac{4}{3}=\frac{2}{5}\times\frac{3}{4}$

$=\frac{\cancel{2}^{1}}{5}\times\frac{3}{\cancel{4}_{2}}=\frac{3}{10}$

## レッスン7の力だめし

1 (1) $\frac{21}{32}$　(2) $\frac{25}{28}$　(3) $\frac{3}{8}$

(4) $\frac{4}{7}$　(5) $\frac{5}{4}\left(1\frac{1}{4}\right)$

(6) $\frac{8}{5}\left(1\frac{3}{5}\right)$　(7) $\frac{7}{10}$　(8) $\frac{1}{21}$

**解説**

(2) $\frac{5}{7}\div\frac{4}{5}=\frac{5}{7}\times\frac{5}{4}=\frac{25}{28}$

(3) $\frac{7}{12}\times\frac{9}{14}=\frac{\cancel{7}^{1}}{\cancel{12}_{4}}\times\frac{\cancel{9}^{3}}{\cancel{14}_{2}}=\frac{3}{8}$

(4) $\frac{2}{9}\div\frac{7}{18}=\frac{2}{9}\times\frac{18}{7}$

$=\frac{2}{\cancel{9}_{1}}\times\frac{\cancel{18}^{2}}{7}=\frac{4}{7}$

(5) $\frac{1}{3}\times4\div\frac{16}{15}=\frac{1}{3}\times\frac{4}{1}\times\frac{15}{16}$

$=\frac{1}{\cancel{3}_{1}}\times\frac{\cancel{4}^{1}}{1}\times\frac{\cancel{15}^{5}}{\cancel{16}_{4}}=\frac{5}{4}$

(6) $2\frac{3}{5}\div1\frac{5}{8}=\frac{13}{5}\div\frac{13}{8}$

$=\frac{13}{5}\times\frac{8}{13}$

$=\frac{\cancel{13}^{1}}{5}\times\frac{8}{\cancel{13}_{1}}=\frac{8}{5}$

(7) $0.8\times1\frac{1}{6}\times0.75=\frac{\cancel{4}^{1}}{5}\times\frac{7}{\cancel{6}_{2}}\times\frac{\cancel{3}^{1}}{\cancel{4}_{1}}=\frac{7}{10}$

(8) $\frac{5}{24}\div1.25\times\frac{2}{7}=\frac{5}{24}\div\frac{5}{4}\times\frac{2}{7}$

$=\frac{\cancel{5}^{1}}{\cancel{24}_{\cancel{6}\,3}}\times\frac{\cancel{4}^{1}}{\cancel{5}_{1}}\times\frac{\cancel{2}^{1}}{7}$

$=\frac{1}{21}$

2　イ，エ

解説

かける数が1より大きいとき，積はかけられる数より大きくなる。
わる数が1より小さいとき，商はわられる数より大きくなる。

3　〔式〕$\frac{9}{20}\times\frac{4}{3}=\frac{3}{5}$　答え　$\frac{3}{5}$L

解説

もとにする量×倍(割合)＝比べられる量
もとにする量はきのう飲んだお茶の量だから，

$$\frac{9}{20}\times\frac{4}{3}=\frac{\overset{3}{\cancel{9}}}{\underset{5}{\cancel{20}}}\times\frac{\overset{1}{\cancel{4}}}{\underset{1}{\cancel{3}}}=\frac{3}{5}$$

# レッスン8　小数のしくみ【3・4年】

チェック 1

(1) 8.54　(2) 0.329
(3) ア1　イ0.1　ウ0.01　エ0.001
(4) ア0.1　イ0.001

解説

(1) 8と0.5と0.04をあわせた数は，8.54
(2) 0.3と0.02と0.009をあわせた数は，0.329
(3) 7.152は，7と0.1と0.05と0.002をあわせた数。
(4) 0.806は，0.8と0.006をあわせた数。

チェック 2

(1) 45こ　(2) 620こ　(3) 109こ

解説

(1) 0.4は0.01を40こ，0.05は0.01を5こ集めた数。
(2) 6は0.01を600こ，0.2は0.01を20こ集めた数。
(3) 1は0.01を100こ，0.09は0.01を9こ集めた数。

チェック 3

(1) 203こ　(2) 940こ　(3) 3700こ

解説

(1) 0.2は0.001を200こ，0.003は0.001を3こ集めた数。
(2) 0.9は0.001を900こ，0.04は0.001を40こ集めた数。
(3) 3は0.001を3000こ，0.7は0.001を700こ集めた数。

チェック 4

(1) 10倍　9.6　100倍　96
(2) 10倍　12　100倍　120

解説

(1) 10倍すると，小数点は右へ1けたうつる。

0.9.6

100倍すると，小数点は右へ2けたうつる。

0.9 6.

(2) 1.2を100倍したとき，一の位(くらい)の0をかきわすれないようにする。

1.2 0.

### チェック 5

(1) $\frac{1}{10}$ 10.7 $\frac{1}{100}$ 1.07

(2) $\frac{1}{10}$ 5.8 $\frac{1}{100}$ 0.58

**解説**

$\frac{1}{10}$ にすると，小数点は左へ1けたうつる。

$\frac{1}{100}$ にすると，小数点は左へ2けたうつる。

(1) $\frac{1}{10}$ 1 0.7

$\frac{1}{100}$ 1.0 7

(2) $\frac{1}{10}$ 5.8

$\frac{1}{100}$ 0.5 8 ←一の位の0をかきわすれない。

### チェック 6

(1) < (2) >

**解説**

(1) $\frac{1}{100}$ の位(くらい)の数を比(くら)べる。3より8の方が大きいので，1.03<1.08

(2) $\frac{1}{10}$ の位の数を比べる。9より0の方が小さいので，5.91>5.09

### チェック 7

(1)

0.6 0.7 0.8 0.9 1 1.1

イ ア ウ

(2)

1.99 2 2.01 2.02 2.03

キ ク カ

**解説**

(1) 1めもりの大きさは0.01。

(2) 1めもりの大きさは0.001。

### チェック 8

(1) ア，ウ，イ (2) イ，ウ，ア

**解説**

(1) $\frac{1}{10}$ の位の数を比べる。

5.07<5.17<5.7

(2) $\frac{1}{100}$ の位の数を比べる。

8.419<8.42<8.436

## レッスン8 の力だめし

**1** (1) 0.519 (2) 0.802
(3) 10.046 (4) 7.013

**解説**

(1) 0.5と0.01と0.009をあわせた数は，0.519

(2) 0.8と0.002をあわせた数は，0.802

(3) 10と0.04と0.006をあわせた数は，10.046

(4) 7と0.013をあわせた数は，7.013

**2** (1) 28こ (2) 493こ
(3) 70こ (4) 610こ

**解説**

(1) 0.2は0.01を20こ，0.08は0.01を8こ集めた数。

(2) 4は0.01を400こ，0.9は0.01を90こ，0.03は0.01を3こ集めた数。

(3) 0.7は0.01を70こ集めた数。

(4) 6は0.01を600こ，0.1は0.01を10こ集めた数。

**3** (1) 10倍 30.4 100倍 304

$\frac{1}{10}$ 0.304 $\frac{1}{100}$ 0.0304

(2) 10倍 5 100倍 50

$\frac{1}{10}$ 0.05 $\frac{1}{100}$ 0.005

**解説**

10倍すると，小数点は右へ1けたうつる。

100倍すると，小数点は右へ2けたうつる。

$\frac{1}{10}$ にすると，小数点は左へ1けたうつる。

$\frac{1}{100}$ にすると，小数点は左へ2けたうつる。

**4** ア2.79 イ2.86 ウ3.04

エ1.985 オ2.001 カ2.018

**解説**

数直線の1めもりがどんな大きさを表しているか，注意する。ア～ウの数直線の1めもりの大きさは0.01。エ～カの数直線の1めもりの大きさは0.001。

**5** イ，ウ，ア，エ，オ

**解説**

上の位から順（じゅん）に，同じ位どうしの数を比べる。0がいちばん小さい。

## レッスン9 小数のたし算・ひき算【3·4年】

### チェック 1

(1) 0.9 (2) 0.78 (3) 1.9

(4) 0.67

**解説**

(1) 0.1が9こ分。 ←8+1=9

(2) 0.01が78こ分。 ←6+72=78

(3) 0.1が19こ分。 ←15+4=19

(4) 0.01が67こ分。 ←54+13=67

### チェック 2

(1) 10.5 (2) 0.82 (3) 3.34

**解説**

(1)

$$\begin{array}{r} 7.6 \\ +\ 2.9 \\ \hline \end{array}$$

小数点をそろえて書く。

↓

$$\begin{array}{r} 7.6 \\ +\ 2.9 \\ \hline . \end{array}$$

上にそろえて，小数点をうつ。

↓

$$\begin{array}{r} 7.6 \\ +\ 2.9 \\ \hline 10.5 \end{array}$$

整数の筆算と同じように計算する。

(2)

$$\begin{array}{r} 0.35 \\ +\ 0.47 \\ \hline 0.82 \end{array}$$

(3)

$$\begin{array}{r} 0.80 \\ +\ 2.54 \\ \hline 3.34 \end{array}$$

### チェック 3

(1) 0.2 (2) 0.41 (3) 1.1

(4) 0.22

**解説**

(1) 0.1が2こ分。 ←8−6=2

(2) 0.01が41こ分。 ←54−13=41

(3) 0.1が11こ分。 ←13−2=11

(4) 0.01が22こ分。 ←26−4=22

**チェック 4**

(1) 1.9　(2) 1.08　(3) 1.58

**解説**

(1)
```
  6.5
− 4.6
```
小数点をそろえて書く。

↓
```
  6.5
− 4.6
```
上にそろえて，小数点をうつ。

↓
```
  6.5
− 4.6
  1.9
```
整数の筆算と同じように計算する。

(2)
```
  4.81
− 3.73
  1.08
```

(3)
```
  3.00
− 1.42
  1.58
```

**チェック 5**

〔式〕2.4+1.63=4.03

答え　4.03 km

**解説**

2.4+1.63=4.03

筆算
```
  2.40
+ 1.63
  4.03
```

ポイント 「全部の数」を求(もと)めるときは，たし算を使います。

## レッスン9のカだめし

**1** (1) 1　(2) 0.6　(3) 1.85

**解説**

(1) 0.1が10こ分。 ←3+7=10

(2) 0.1が6こ分。 ←15−9=6

(3) 0.01が185こ分。 ←286−101=185

**2** (1) 7.56　(2) 15.6　(3) 5

(4) 4.85　(5) 0.48　(6) 2.46

**解説**

(1)
```
  5.70
+ 1.86
  7.56
```

(2)
```
  12.48
+  3.12
  15.60
```
（0を消す）

(3)
```
  0.71
+ 4.29
  5.00
```
（0を消す）

(4)
```
  7.350
− 2.50
  4.85
```

(5)
```
  1.46
− 0.98
  0.48
```

(6)
```
  6.20
− 3.74
  2.46
```

**3** 〔式〕4−1.6=2.4　答え　2.4 L

**解説**

4−1.6=2.4

筆算
```
  4.0
− 1.6
  2.4
```

ポイント 「へった数」を求めるときは，ひき算を使います。

# レッスン10 小数のかけ算・わり算【5年】

**チェック 1**

(1) 9.6　(2) 0.5

**解説**

(1) 10倍して計算し，答えを $\frac{1}{10}$ にする。

$$3.2\times3=9.6$$
$$\downarrow \qquad\qquad \uparrow$$
$$32\times3=96$$

(2) 100倍して計算し，答えを $\frac{1}{100}$ にする。

$$2.5\times0.2=0.5$$
$$\downarrow \quad \downarrow \quad \uparrow$$
$$25\times2=50$$

**チェック 2**

(1) 0.48　(2) 0.12　(3) 17.64
(4) 19.692　(5) 71.575　(6) 4.368
(7) 3.854　(8) 0.99

**解説**

(1)

```
  0.6   ←1けた
× 0.8   ←1けた
─────
 0.48   ←2けた
```

↑答えの小数点は，かけられる数とかける数の小数点の右にあるけた数の和だけ，右から数えてうつ。

(2)

```
  0.24   ←2けた
×  0.5   ←1けた
──────
 0.120   ←3けた
```

(末尾の0を消す)

(3)

```
   2.8
 × 6.3
 ─────
    84
  168
 ─────
 17.64
```

(4)

```
   5.47
 ×  3.6
 ──────
   3282
  1641
 ──────
 19.692
```

(5)

```
    17.5
  × 4.09
  ──────
    1575
  700
  ──────
  71.575
```

(6)

```
  0.52
 × 8.4
 ─────
   208
  416
 ─────
 4.368
```

(7)

```
   1.64
 × 2.35
 ──────
    820
   492
  328
 ──────
 3.8540
```

(8)

```
   0.75
 × 1.32
 ──────
    150
   225
   75
 ──────
 0.9900
```

0を消す。

**チェック 3**

(1) 8　(2) 3

**解説**

(1) 整数になおして計算する。

$$5.6\div0.7=8$$
$$\downarrow \qquad \downarrow$$
$$56\div7=8$$

(2) $0.36\div0.12=3$

$$\downarrow \qquad \downarrow$$
$$36\div12=3$$

**チェック 4**

(1) 1.5　(2) 0.84

**解説**

(1)

```
0.8 ) 1.2 0
```

うつした小数点にそろえて商の小数点をうつ。

↓

```
     1.5
 8 ) 12.0
     8
    ───
     40
     40
    ───
      0
```

整数と同じように計算する。

(2)

```
        0.
25)21
```

一の位に商がたたないので，0を書く。

↓

```
       0.84
25)2100
      200
       100
       100
         0
```

0をつけたしてわり進む。

## チェック 5

(1) 2あまり0.2　(2) 約1.6

**解説**

(1)

```
        2
7.4)15.0
     148
     0.2
```

あまりの小数点は，わられる数のもとの小数点にそろえてうつ。

(2)

```
       1.58
4.3)6.800
     43
     250
     215
      350
      344
        6
```

←上から3けたまで求める。

1.58 → 1.6

↑小数第二位を四捨五入する。

## チェック 6

(1)0.8あまり0.6　(2)2.1あまり0.16

**解説**

(1)

```
          0.8
10.5)9.00
       840
       0.60
```

〈たしかめ〉10.5×0.8＋0.6＝9

(2)

```
          2.1
8.4)17.80
     168
      100
       84
     0.16
```

〈たしかめ〉8.4×2.1＋0.16＝17.8

## チェック 7

〔式〕6.5×1.4＝9.1　　答え　9.1 m

**解説**

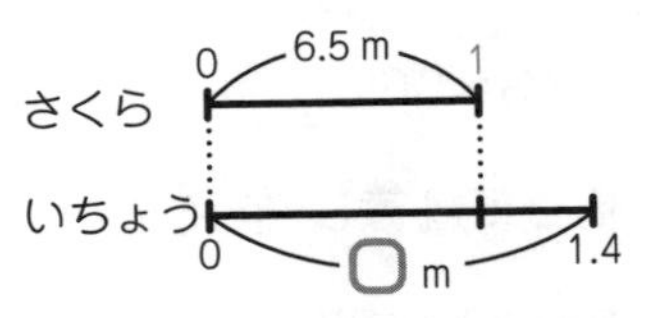


もとにする量×倍(割合)＝比べられる量

もとにする量(りょう)はさくらの木の高さ，比(くら)べられる量はいちょうの木の高さだから，

6.5×1.4＝9.1

筆算

```
   6.5
 × 1.4
   260
   65
  9.10
```

## レッスン10の力だめし

**1** (1) 18.56　(2) 0.384

(3) 0.098

**解説**

(1)

```
   5.8
 × 3.2
   116
  174
 18.56
```

(2)

```
  0.96
 ×  0.4
 0.384
```

(3)

```
    0.3 5
  ×0.2 8
   2 8 0
   7 0
 0.0 9 8 0
```

**2** (1) 1.5　(2) 5.25　(3) 2.6

解説

(1)
```
        1.5
2.6 )3.9 0
     2 6
     1 3 0
     1 3 0
         0
```

(2)
```
        5.2 5
0.8 )4.2 0 0
     4 0
       2 0
       1 6
         4 0
         4 0
           0
```

(3)
```
          2.6
7.5 )1 9.5 0
     1 5 0
       4 5 0
       4 5 0
           0
```

**3** (1) 1.6あまり0.06
(2) 0.8あまり0.24
(3) 2.3あまり0.03

解説

(1)
```
        1.6
5.4 )8.7 0
     5 4
     3 3 0
     3 2 4
     0.0 6
```

(2)
```
        0.8
9.2 )7.6 0
     7 3 6
     0.2 4
```

(3)
```
          2.3
4.9 )1 1.3 0
       9 8
       1 5 0
       1 4 7
       0.0 3
```

**4** 〔式〕24÷0.75＝32

答え　32 $km^2$

解説

比べられる量÷倍(割合)＝もとにする量

比べられる量はA町の面積(めんせき)，もとにする量はB町の面積だから，

24÷0.75＝32

筆算
```
             3 2
0.7 5 )2 4.0 0
       2 2 5
         1 5 0
         1 5 0
             0
```

## レッスン11 数のしくみ【3・4年】

**チェック 1**

(1) 六十兆八千三百億五千四百十万七千

(2) 120100574003008

解説

(1) 兆(ちょう)　億(おく)　万

60 | 8300 | 5410 | 7000

(2) 兆　億　万

120 | 1005 | 7400 | 3008

**チェック 2**

(1) 240000000

(2) 10032000059000

解説

(1) 千万を24こ集めた数は2億4千万。

億　万

2 | 4000 | 0000

(2) 1兆を10こ …10兆

1億を320こ…320億

千を59こ　…5万9千

兆　億　万

10 | 0320 | 0005 | 9000

### チェック 3

(1) 10倍　6000000000

$\frac{1}{10}$　60000000

(2) 10倍　150000000000000

$\frac{1}{10}$　1500000000000

**解説**

(1) 億　万

| 6000 | 0000 （$\frac{1}{10}$）

6 | 0000 | 0000 （10倍）

60 | 0000 | 0000

(2) 兆　億　万

1 | 5000 | 0000 | 0000 （$\frac{1}{10}$）

15 | 0000 | 0000 | 0000 （10倍）

150 | 0000 | 0000 | 0000

### チェック 4

(1) 420000　(2) 5340000

(3) 1200000

**解説**

0を省いて計算し，その積の右に，省いた0の数だけ0をつける。

(1) 1400×300＝14×100×3×100
＝14×3×100×100
＝42×10000
＝420000

(2) 890×6000＝89×10×6×1000
＝89×6×10×1000
＝534×10000
＝5340000

(3) 4800×250＝48×100×25×10
＝48×25×100×10
＝1200×1000
＝1200000

### チェック 5

ア9000万　イ1億4000万

**解説**

数直線の1めもりは1000万。

ポイント 数直線の1めもりがいくつを表しているかをよみ取りましょう。

### チェック 6

(1) <　(2) >

**解説**

(1) 3億＋7億＝10億だから，10億<12億

(2) 8000万－6000万＝2000万だから，
3000万>2000万

### チェック 7

(1) 137000　(2) 6600000

**解説**

(1) 千の位までの概数にするときは，百の位の数を四捨五入する。

137265 → 137000

(2) 上から2けたの概数にするときは，上から3けための数を四捨五入する。

6558310 → 6600000

ポイント 概数にするときは，求めたい位の1つ下の位を四捨五入しましょう。

### チェック 8

いちばん小さい数　350
いちばん大きい数　449

**解説**

いちばん大きい数は450より，1小さい
449

たしかめ
350を百の位までの概数にすると，350→400
449を百の位までの概数にすると，449→400

### チェック 9

①ウ　②イ　③ア

**解説**

①それぞれのねだんを十の位で四捨五入しておよその金額を求め，代金を見積もる。
②それぞれのねだんを十の位で切り上げ，多めに見積もる。
③それぞれのねだんをたして，代金の合計を求める。

### チェック 10

(1) 約1500000　(2) 約150

**解説**

上から2けためのの数を四捨五入する。
(1) 547→500　2634→3000
　500×3000＝1500000
(2) 60125→60000　381→400
　60000÷400＝150

### チェック 11

約96000円

**解説**

上から3けためのの数を四捨五入する。
643 → 640　148 → 150
　640×150＝96000

### チェック 12

約40倍

**解説**

上から2けためのの数を四捨五入する。
83457 → 80000　1862 → 2000
　80000÷2000＝40

## レッスン11 の力だめし

**1** (1) 三兆二千九百四億七千一万八千
(2) 一兆　(3) 9　(4) 一千万
(5) 10倍　32904700180000
$\frac{1}{10}$　329047001800

**解説**

(1)　兆　億　万
3 | 2904 | 7001 | 8000
(2) 一兆の位　(4) 一千万の位
(3) 百億の位

(5) 10倍…0を1つつけたす。
$\frac{1}{10}$…0を1つ消す。

**2** (1) 74600000　(2) 75000000

**解説**

(1) 千の位の1を四捨五入する。

74601359 → 74600000

(2) 上から3けための6を四捨五入する。

74601359 → 75000000

**3** (1) ＞ (2) ＜

**解説**

(1) 上の位から順に，同じ位どうしを比べる。

百の位の9は7より大きいから，

同じ

234016920＞234016789

比べる

(2) 1億－6千万＝4千万 だから，

1億－6千万＜5千万

**4** (1) 10 (2) 295以上305未満

**解説**

(1) 一の位が4以下は切り捨て，5以上は切り上げだから，10こ。

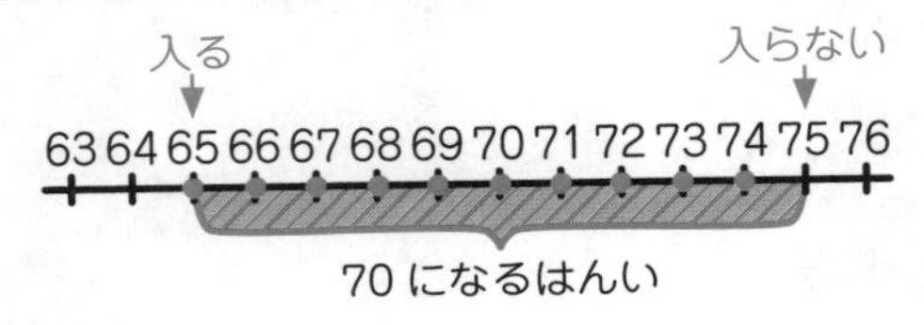


(2)

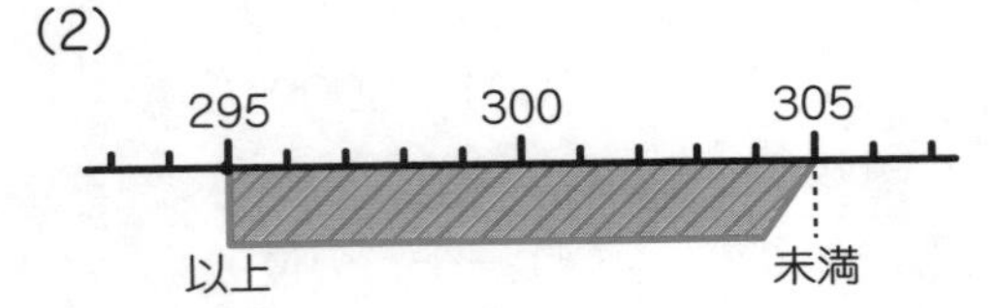


ポイント 「以上」「以下」はその数をふくみ，「未満」はその数をふくみません。

**5** 約1400円

**解説**

上から1けたの概数にすると，

46 → 50，72500 → 70000

だから，1人分のバス代は

70000÷50＝1400（円）

## レッスン12 いろいろな単位【2～6年】

**チェック 1**

10時30分（10時半）

**チェック 2**

11時45分

**チェック 3**

2時間45分

**チェック 4**

5時間55分

**チェック 5**

(1) 1200 m (2) 900 m

(3) 100 m

**解説**

(1) 道のりは2つの地点の間を道にそってはかった長さだから，

600＋400＋200＝1200（m）

(2) きょりは2つの地点の間をまっすぐにはかった長さだから，900 m

(3) 駅から市役所までの道のりは，

600＋400＝1000（m）だから，道のりときょりのちがいは1000－900＝100（m）

チェック 6

(1) 1 km 500 m
(2) 230 cm
(3) 7 cm 4 mm
(4) 8060 m

解説

(1) 1000 m＝1 km
(2) 1 m＝100 cmだから，2 m＝200 cm
(3) 10 mm＝1 cmだから，70 mm＝7 cm
(4) 1 km＝1000 mだから，8 km＝8000 m

チェック 7

(1) 21 cm 9 mm　(2) 4 m 20 cm
(3) 1 km 400 m　(4) 5 km 600 m

解説

(1) 同じ単位(たんい)どうしをたす。
16 cm 2 mm＋5 cm 7 mm
＝(16 cm＋5 cm)＋(2 mm＋7 mm)
＝21 cm 9 mm

〔別の解き方〕
単位を mmにそろえて計算する。
162＋57＝219 (mm)
単位をcmとmmになおす。
219 mm＝21 cm 9 mm

(2) 3 m 80 cm＋40 cm
＝3 m＋(80 cm＋40 cm)
＝3 m＋120 cm　←120 cm＝1 m 20 cm
＝3 m＋1 m＋20 cm
＝4 m 20 cm

〔別の解き方〕
単位をcmにそろえて計算する。
380＋40＝420 (cm)
単位をmとcmになおす。
420 cm＝4 m 20 cm

(3) 同じ単位どうしをひく。
9 km 600 m－8 km 200 m
＝(9 km－8 km)＋(600 m－200 m)
＝1 km 400 m

〔別の解き方〕
単位をmにそろえて計算する。
9600－8200＝1400 (m)
単位をkmとmになおす。
1400 m＝1 km 400 m

(4) 6 km 100 m－500 m　←100 mから500 mはひけない。
＝5 km＋(1100 m－500 m)
＝5 km600 m

〔別の解き方〕
単位をmにそろえて計算する。
6100－500＝5600 (m)
単位をkmとmになおす。
5600 m＝5 km 600 m

ポイント 単位をそろえて計算した後，もとの単位にもどしましょう。

チェック 8

〔式〕
7 m 50 cm－4 m 90 cm＝2 m 60 cm
答え　2 m 60 cm

解説

7 m 50 cm－4 m 90 cm　←50 cmから90 cmはひけない。
＝6 m 150 cm－4 m 90 cm
＝(6 m－4 m)＋(150 cm－90 cm)
＝2 m 60 cm

〔別の解き方〕
750－490＝260 (cm)
260 cm＝2 m 60 cm

チェック 9

(1) 9 dL　(2) 1 L 6 dL
(3) 1 L 3 dL　(4) 500 mL

解説

(1) 1 L＝10 dLだから，1 Lますの1めもりは1 dL。めもり9こ分で，9 dL。
(2) めもり6こ分は6 dLだから，
1 L 6 dL。
(3) 1 dLます10こで1 Lだから，13こで，
1 L 3 dL。
(4) 1000 mLますの1めもりは100 mL。めもり5こ分だから，500 mL。

チェック 10

(1) 30 dL
(2) 2 L 4 dL
(3) 6 L　(4) 400 mL

解説

(1) 1 L＝10 dLだから，3 L＝30 dL
(2) 10 dL＝1 Lだから，2 L 4 dL。
(3) 1000 mL＝1 Lだから，
6000 mL＝6 L
(4) 10 dL＝1000 mLだから，
1 dL＝100 mL
4 dL＝400 mL

チェック 11

(1) 4 L 5 dL　(2) 8 L 2 dL
(3) 1 L 7 dL　(4) 6 L 3 dL

解説

(1) 同じ単位(たんい)どうしをたす。
4 L 1 dL＋4 dL＝4 L＋(1 dL＋4 dL)
＝4 L 5 dL

〔別の解き方〕
単位をdLにそろえて計算する。
41＋4＝45 (dL)
単位をLとdLになおす。
45 dL＝4 L 5 dL

(2) 5 L 9 dL＋2 L 3 dL
＝(5 L＋2 L)＋(9 dL＋3 dL)
＝7 L＋12 dL　←12 dL＝1 L 2 dL
＝7 L＋1 L＋2 dL＝8 L 2 dL

〔別の解き方〕
59＋23＝82 (dL)
82 dL＝8 L 2 dL

(3) 同じ単位どうしをひく。
2 L 9 dL－1 L 2 dL
＝(2 L－1 L)＋(9 dL－2 dL)
＝1 L 7 dL

〔別の解き方〕
29－12＝17 (dL)
17 dL＝1 L 7 dL

(4) 13 L－6 L 7 dL
＝(12 L－6 L)＋(10 dL－7 dL)
└13 Lを12 Lと10 dLに分ける。
＝6 L 3 dL

〔別の解き方〕
130－67＝63 (dL)
63 dL＝6 L 3 dL

チェック 12

(1)〔式〕
1 L 8 dL＋5 dL＋9 dL＝3 L 2 dL
答え　3 L 2 dL
(2)〔式〕1 L 8 dL－9 dL＝9 dL
答え　9 dL

解説

(1) 1 L 8 dL＋5 dL＋9 dL
＝1 L＋(8 dL＋5 dL＋9 dL)
＝1 L＋22 dL　←22 dL＝2 L 2 dL

=3 L 2 dL

(2) 1 L 8 dL−9 dL ←8 dLから9 dLはひけない。

=18 dL−9 dL

=9 dL

**チェック 13**

(1) 2 kg (2) 10 g (3) 1 kg 650 g

**解説**

(2) 100 gを10のめもりで区切っているから，1めもりは10 g。

**チェック 14**

(1) 4 kg (2) 3180 g

(3) 2000 kg (4) 9060 g

**解説**

(1) 1000 g=1 kgだから，

4000 g=4 kg

(2) 1 kg=1000 gだから，

3 kg=3000 g

(3) 1 t=1000 kgだから，

2 t=2000 kg

(4) 1 kg=1000 gだから，

9 kg=9000 g

**チェック 15**

(1) 1 kg 550 g (2) 8 t 300 kg

(3) 8 kg 450 g (4) 1 kg 300 g

**解説**

(1) 同じ単位どうしをたす。

1 kg 250 g+300 g

=1 kg+(250 g+300 g)

=1 kg 550 g

**〔別の解き方〕**

単位をgにそろえて計算する。

1250+300=1550 (g)

単位をkgとgになおす。

1550 g=1 kg 550 g

(2) 3 t 600 kg+4 t 700 kg

=(3 t+4 t)+(600 kg+700 kg)

=7 t+1300 kg ←1300 kg=1 t 300 kg

=7 t+1 t+300 kg

=8 t 300 kg

**〔別の解き方〕**

3600+4700=8300 (kg)

8300 kg=8 t 300 kg

(3) 同じ単位どうしをひく。

8 kg 900 g−450 g

=8 kg+(900 g−450 g)

=8 kg 450 g

**〔別の解き方〕**

8900−450=8450 (g)

8450 g=8 kg 450 g

(4) 12 kg 100 g−10 kg 800 g

=(11 kg−10 kg)+(1100 g−800 g)

=1 kg 300 g

**〔別の解き方〕**

12100−10800=1300 (g)

1300 g=1 kg 300 g

**チェック 16**

〔式〕20 kg 600 g+7 kg 500 g

=28 kg 100 g

答え 28 kg 100 g

**解説**

20 kg 600 g+7 kg 500 g

=(20 kg+7 kg)+(600 g+500 g)

=27 kg+1100 g ←1100 g=1 kg 100 g

=28 kg 100 g

## レッスン12の力だめし

1 ①10 ②100 ③1000
④10 ⑤1000 ⑥100
⑦1000 ⑧1000 ⑨1000

**解説**

1 mm →(10倍) 1 cm →(100倍) 1 m →(1000倍) 1 km
(10 mm) (100 cm) (1000 m)

1 mL →(100倍) 1 dL →(10倍) 1 L →(1000倍) 1 kL
(100 mL) (10 dL) (1000 L)

1 mg →(1000倍) 1g →(1000倍) 1 kg →(1000倍) 1 t
(1000 mg) (1000 g) (1000 kg)

2 午後1時55分

3 (1) 1500 m (2) 450 m

**解説**

(1) 500＋580＋420＝1500 (m)
(2) 道のりときょりのちがいは,
1500－1050=450 (m)

4 1 L 750 mL

**解説**

2 L－250 mL
＝1 L＋(1000 mL－250 mL)
＝1 L 750 mL

〔別の解き方〕
2000－250＝1750 (mL)
1750 mL＝1 L 750 mL

5 〔式〕300 g＋840 g＝1 kg 140 g
答え 1 kg 140 g

**解説**

300＋840＝1140 (g)
1140 g＝1 kg 140 g

# レッスン13 図形【2～5年】

### チェック 1

二等辺三角形エ 正三角形ウ
直角三角形オ

**解説**

二等辺三角形は2つの辺(へん)の長さが等しい三角形。
正三角形は3つの辺の長さがすべて等しい三角形。
直角三角形は1つの角が直角である三角形。

### チェック 2

(1) あとい (2) かときとく

**解説**

(1) 二等辺三角形では，2つの角の大きさが等しい。
(2) 正三角形では，3つの角の大きさがすべて等しい。

ポイント 正三角形は，辺の長さがみんな等しく，角の大きさもみんな等しい三角形です。

## チェック 3

長方形オ　正方形キ　台形(だいけい)カ
平行四辺形(へいこうしへんけい)ア　ひし形(がた)エ

**解説**

長方形は4つの角がすべて直角である四角形。
正方形は4つの角がすべて直角で，4つの辺の長さがすべて等しい四角形。
台形は向かい合った1組の辺が平行(へいこう)である四角形。
平行四辺形は向かい合った2組の辺が平行である四角形。
ひし形は4つの辺の長さがすべて等しい四角形。

## チェック 4

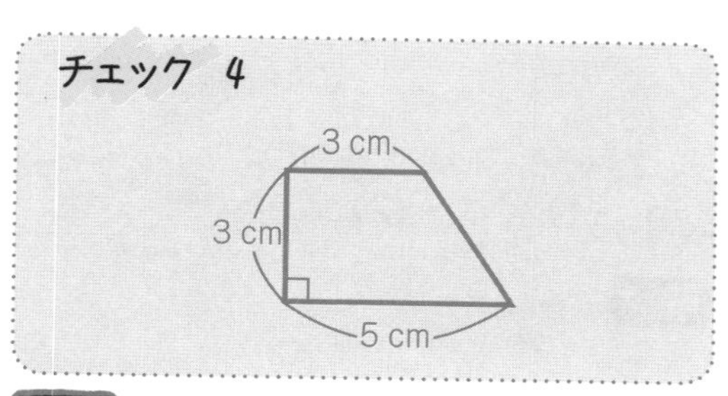


**解説**

❶底辺(ていへん)をかく。

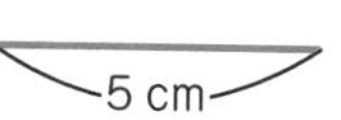


❷底辺に垂直(すいちょく)な直線をかく。

※問題の114ページにのっています。

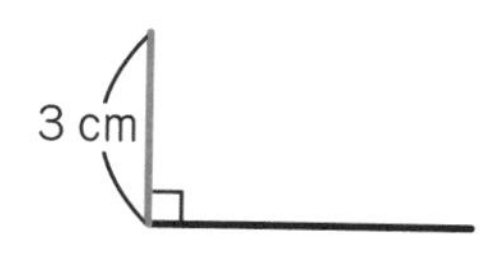


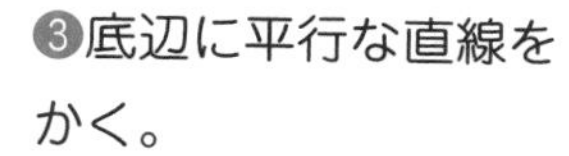

❸底辺に平行な直線をかく。

※問題の116ページにのっています。

❹残(のこ)りの辺をかく。

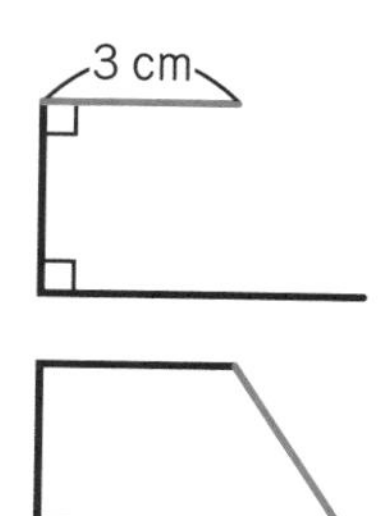


## チェック 5

(1) 75°　(2) 8 cm　(3) 90°

**解説**

(1) 平行四辺形の向かい合った角の大きさは等しい。
(2) ひし形の4つの辺の長さはすべて等しい。
(3) 長方形の4つの角はすべて直角。

## チェック 6

(1) 長方形　(2) 正方形
(3) 平行四辺形

**解説**

(1)

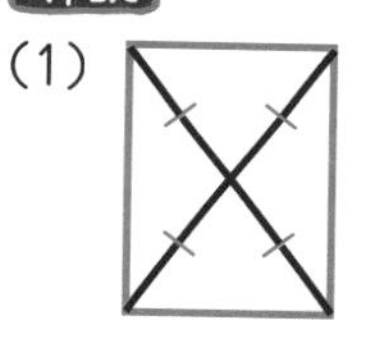

対角線(たいかくせん)の長さが等しく，対角線がそれぞれの真ん中の点で交わるのは長方形。

(2)

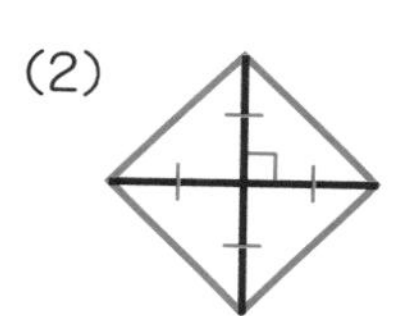

対角線の長さが等しく，対角線がそれぞれの真ん中の点で，直角に交わるのは正方形。

(3)

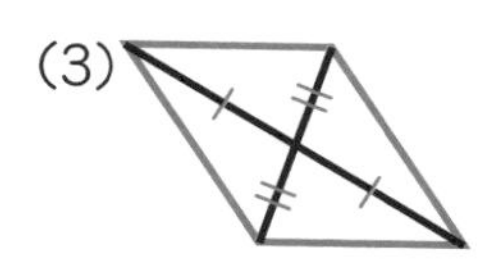

対角線がそれぞれの真ん中の点で交わるのは平行四辺形。

## チェック 7

(例)

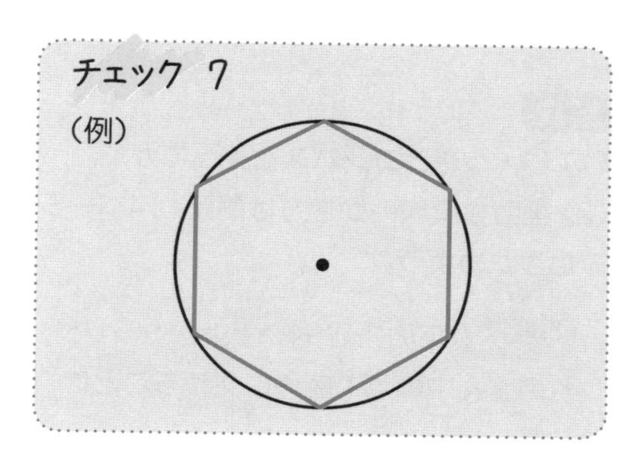

## 解説

❶コンパスで円の半径の長さをとる。

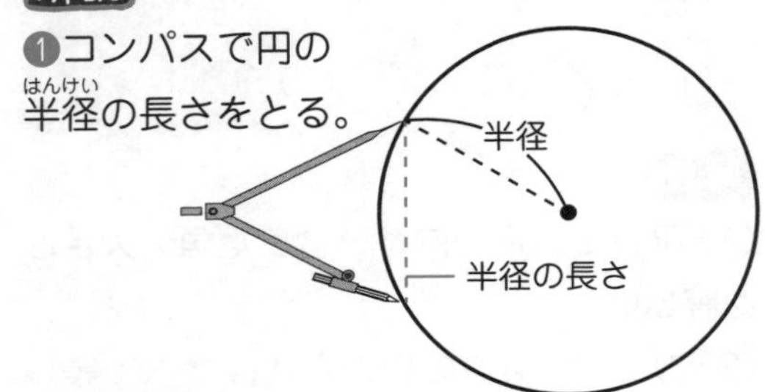


❷円周を半径の長さで6つに区切る。

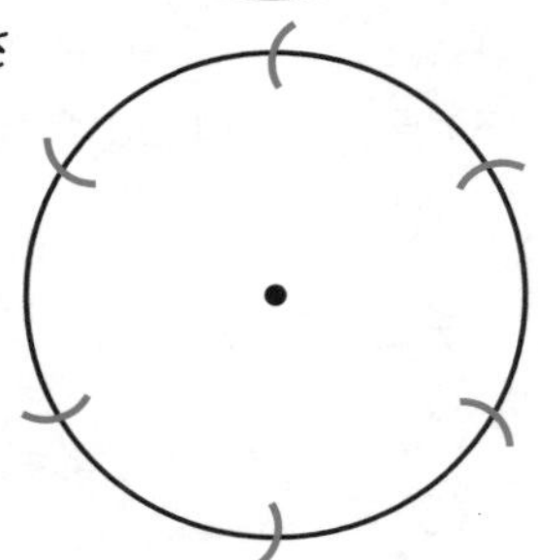

❸6つの点を直線でむすぶ。

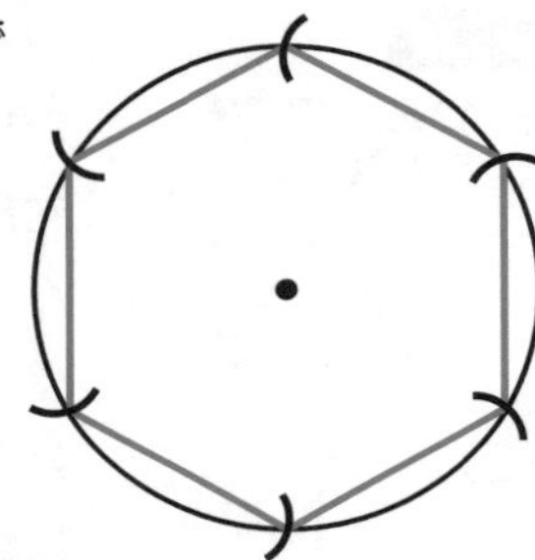

## 13 の力だめし

1 (1)(例)　(2)(例)

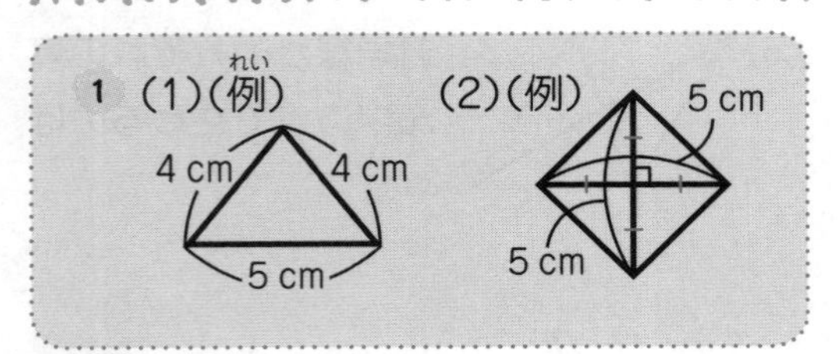


## 解説

(1) じょうぎとコンパスを使ってかく。

(2) 垂直な直線のかき方は問題114ページでたしかめよう。

> ポイント　正方形の対角線は，それぞれのまん中の点で直角に交わることに注意しましょう。

2 (1) 直角二等辺三角形
(2) 二等辺三角形　(3) 直角三角形

## 解説

(1) 1つの角が直角で2つの辺の長さが等しい。

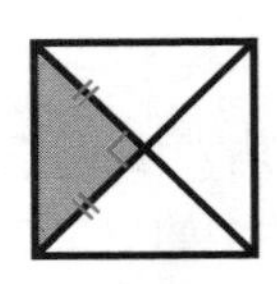

(2) 2つの辺の長さが等しい。

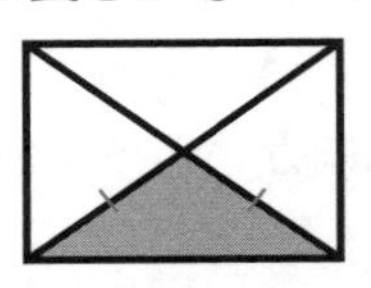

(3) 1つの角が直角である三角形。

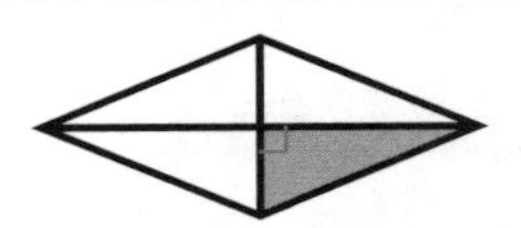

3 (1) 120°　(2) 6 cm

## 解説

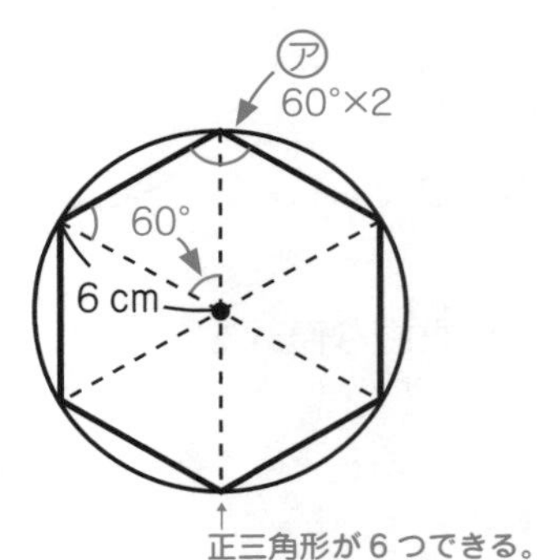


正三角形が6つできる。

(2) 正六角形の1辺の長さは，円の半径の長さに等しい。

# レッスン14 円・球【3・5年】

チェック 1

ア直径　イ半径　ウ中心

解説

ア…中心を通り，円のまわりからまわりまでひいた直線。

イ…中心から円のまわりまでひいた直線。

ウ…円の真ん中の点。

チェック 2

(1) 中心　(2) 2　(3) 3

解説

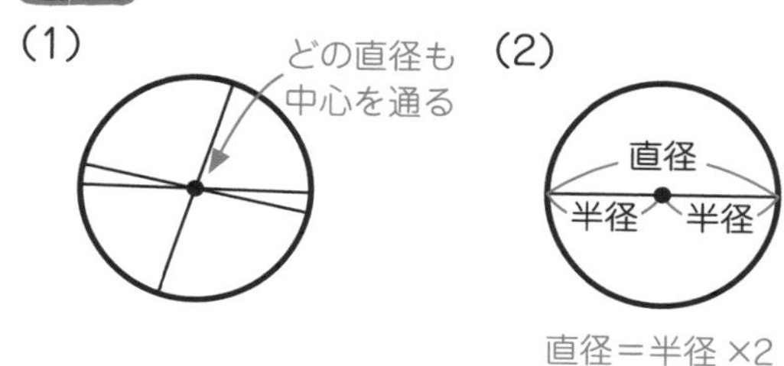


直径＝半径 ×2

チェック 3

(1) 28.26 cm　(2) 43.96 cm

解説

(1) 円周＝直径（ちょっけい）×円周率（えんしゅうりつ）

$9\times3.14=28.26$ (cm)

(2) 円周＝半径×2×円周率

$7\times2\times3.14=43.96$ (cm)

ポイント　円周率は3.14を使います。

チェック 4

(1) 41.12 cm　(2) 21.42 cm

(3) 43.96 cm　(4) 57.1 cm

(5) 5.57 cm

解説

(1) 円周の半分に直径をたす。

$(8\times2\times3.14)\div2+8\times2$

$=8\times3.14+16$

$=41.12$ (cm)

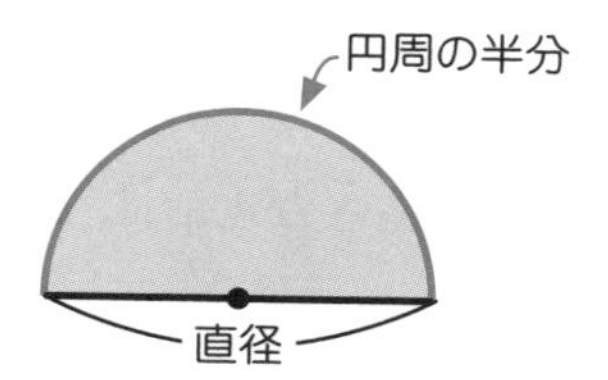


(2) 円周の $\frac{1}{4}$ に半径2つ分をたす。

$(6\times2\times3.14)\div4+6\times2$

$=21.42$ (cm)

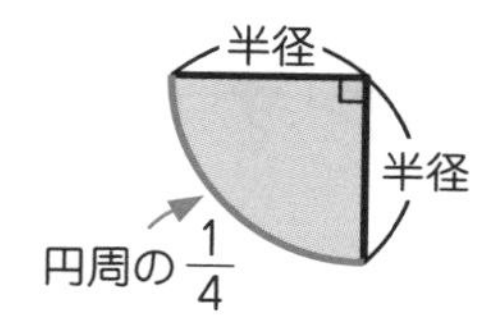


(3) 半径4 cmの円の円周と半径3 cmの円の円周をたす。

$(4\times2\times3.14)+(3\times2\times3.14)$

$=43.96$ (cm)

※$(4\times2+3\times2)\times3.14=14\times3.14=43.96$
と計算した方が楽に計算できます。

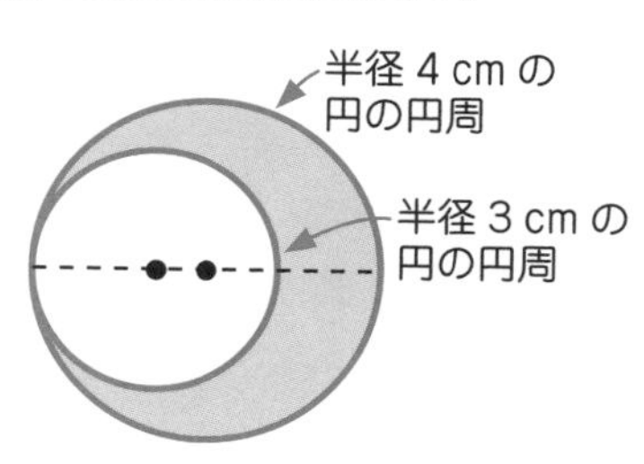


(4) 半径10 cmの円の円周の半分と，直径10 cmの円の円周の半分と，10 cmの半径1つ分をたす。

$(10\times2\times3.14)\div2$
$+(10\times3.14)\div2+10$
$=57.1$ (cm)

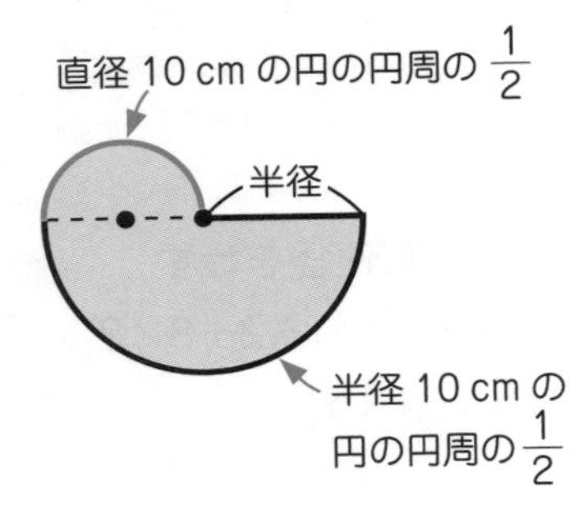


(5) 円周（えんしゅう）の $\frac{1}{8}$ に半径（はんけい）2つ分をたす。

正方形の1辺（ぺん）の長さが4 cmだから，円の直径（ちょっけい）は4 cm

$(4\times3.14)\div8+2\times2=5.57$ (cm)

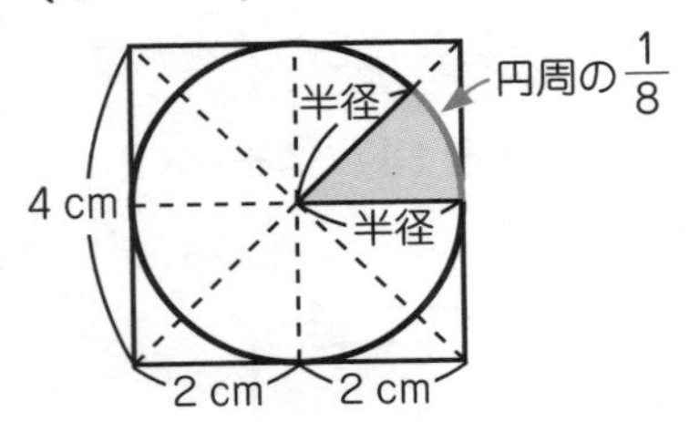


### チェック 5

ア半径　イ中心　ウ直径

**解説**

球を半分に切ったときの切り口の円の半径を球の半径（ア），円の中心を球の中心（イ），円の直径を球の直径（ウ）という。

### チェック 6

(1) 円　(2) 10　(3) 6

**解説**

(1) 球を半分に切ったとき，切り口の円はいちばん大きくなる。

(2) 球の直径の長さは，半径の長さの2倍。

$5\times2=10$ (cm)

(3) 球の半径の長さは，直径の長さの半分。

$12\div2=6$ (cm)

### チェック 7

(1) 4 cm　(2) 32 cm

**解説**

(1) 箱のたての長さは8 cmだから，ボールの直径の長さは8 cm。

$8\div2=4$ (cm)

(2) ボールが4こぴったり入っているので，横の長さは，$8\times4=32$ (cm)

## レッスン14の力だめし

**1**

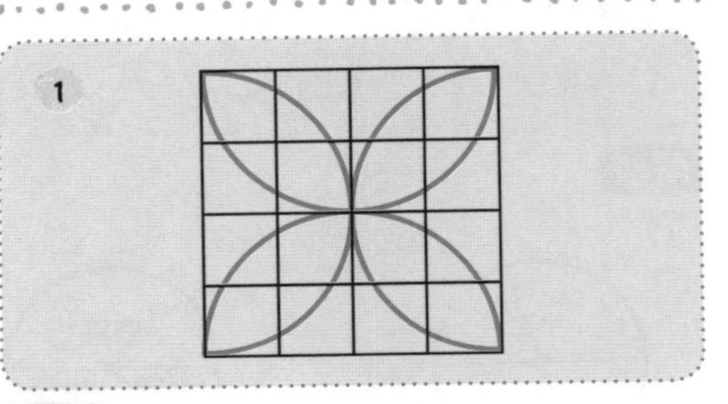

**解説**

ア，イ，ウ，エをそれぞれ中心とする半径2 cmの円をかく。

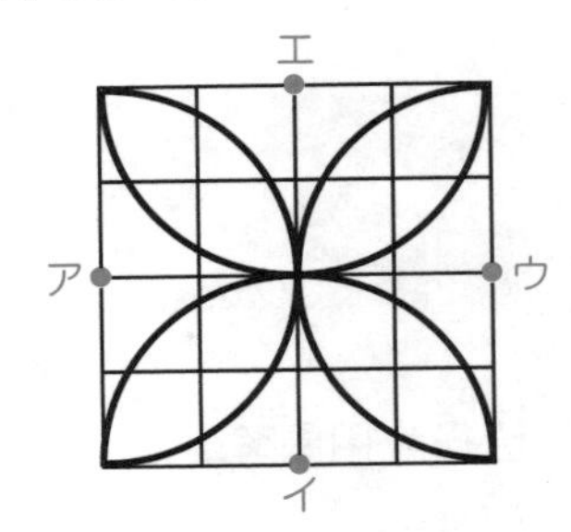


**2**　(1) 7 cm　(2) 25 cm　(3) 3 cm

**解説**

(1) アは直径14 cmの球の半径だから，

$14\div2=7$ (cm)

(2) 直径を□ cmとすると，

$\square\times3.14=78.5$

□＝78.5÷3.14
＝25（cm）

（3）

あ
う
い
10 cm
6 cm
4 cm

円㋐の直径…5×2＝10（cm）
円㋑の直径…2×2＝4（cm）
円㋒の直径…10－4＝6（cm）
円㋒の半径ウは，6÷2＝3（cm）

**3** （1）20.13 cm　（2）25.12 cm

**解説**

（1）半径6 cmの円の円周の $\frac{1}{4}$，半径3 cmの円の円周の $\frac{1}{4}$，3 cmの直線2本分をたす。

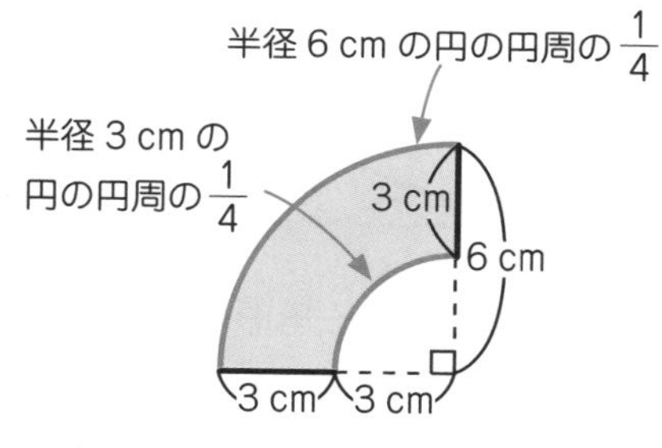


（6×2×3.14）÷4＋（3×2×3.14）÷4＋3×2＝20.13（cm）

（2）半径4 cmの円の円周の半分と直径4 cmの円周をたす。

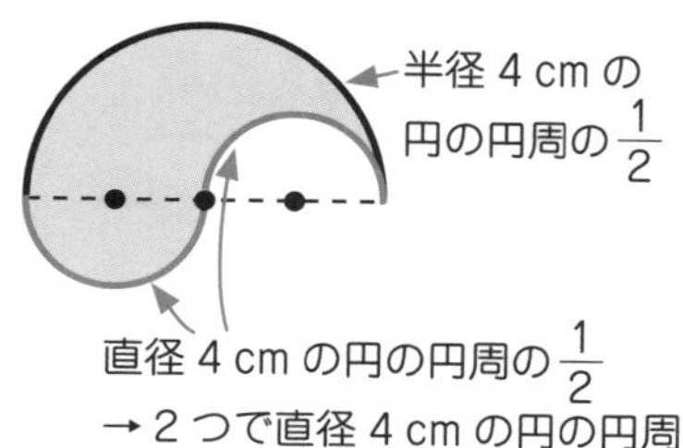


（4×2×3.14）÷2＋4×3.14
＝25.12（cm）

**4** たて30 cm，横20 cm

**解説**

半径5 cmのボールがたてに3こ入っているので，たての長さは
5×2×3＝30（cm）
横に2こ入っているので，横の長さは
5×2×2＝20（cm）

# レッスン15 角【4・5年】

**チェック 1**

（1）130°　（2）210°

**ポイント** 直線が分度器の大きさより短いときは，分度器のめもりがよみやすいところまで直線をのばします。

**チェック 2**

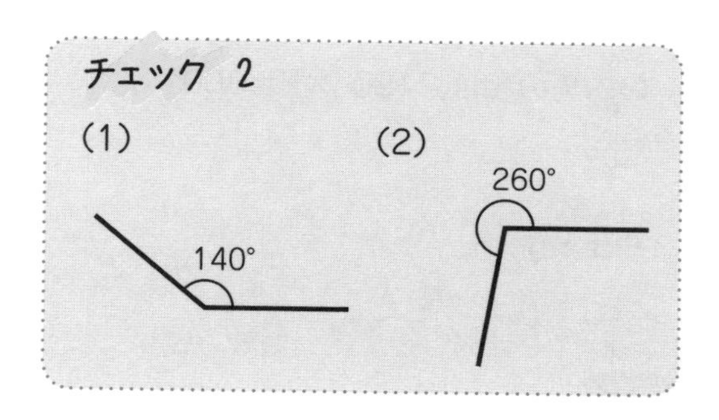


**チェック 3**

（1）135°　（2）60°

**解説**

(1)

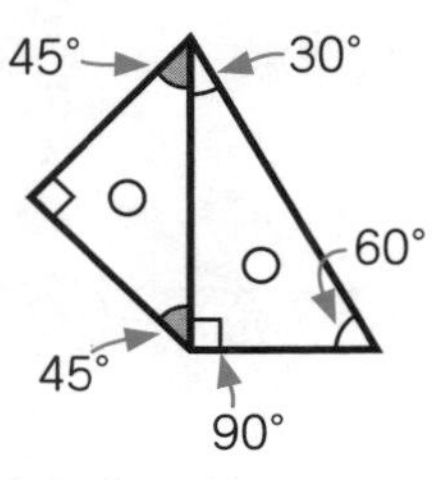


45°＋90°＝135°

(2)

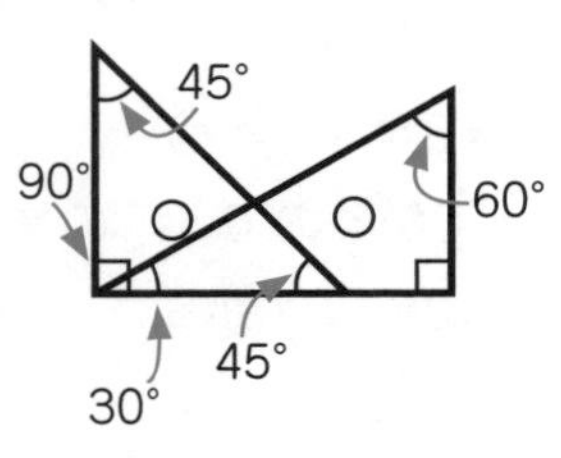


90°－30°＝60°

**チェック 4**

(1) 55°　(2) 60°

**解説**

(1) 三角形の内角（ないかく）の和は180°

180°－(80°＋45°)＝55°

(2) 四角形の内角の和は360°

360°－(90°＋120°＋90°)＝60°

**ポイント** 四角形は，1つの対角線（たいかくせん）で2つの三角形に分けられるから，四角形の内角の和は，180°×2＝360°

**チェック 5**

540°

**解説**

五角形は2本の対角線で3つの三角形に分けられる。

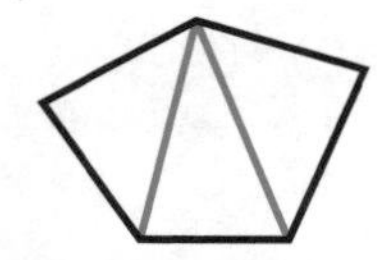

多角形の内角の和＝180°×三角形の数だから，五角形の内角の和は，

180°×3＝540°

**コラム**

4つ分

**解説**

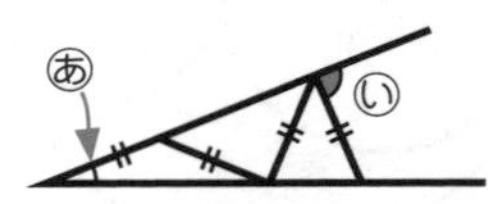


①三角形アは二等辺三角形だから，2つの角の大きさが等しい。

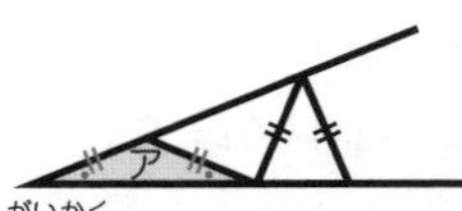


②三角形の外角（がいかく）は，それととなり合わない2つの内角の和に等しい。

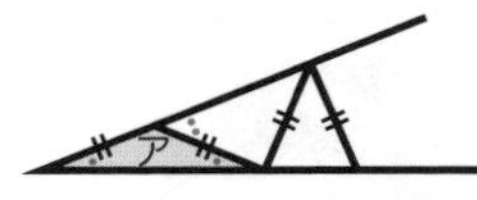


③三角形イは二等辺三角形。

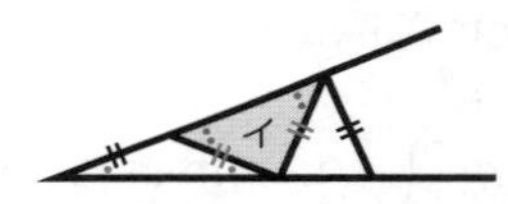


④三角形の外角は，それととなり合わない2つの内角の和に等しい。

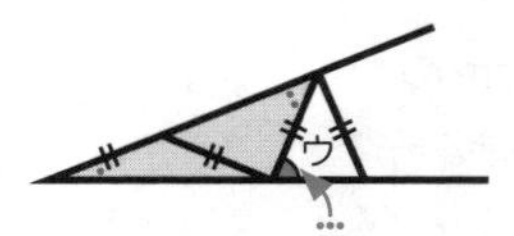


⑤三角形ウは二等辺三角形。

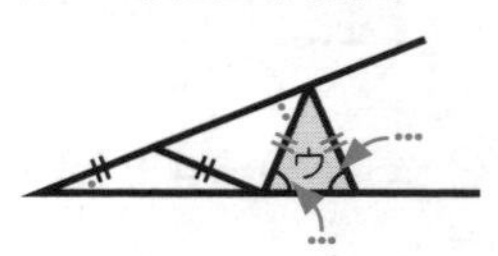


⑥三角形の外角は，それととなり合わない2つの内角の和に等しい。

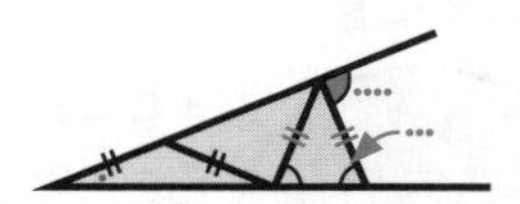

いの角の大きさは●4つ分だから，あの角の4つ分。

## レッスン15の力だめし

**1** (1) 20° (2) 105° (3) 320°

**解説**

(3)

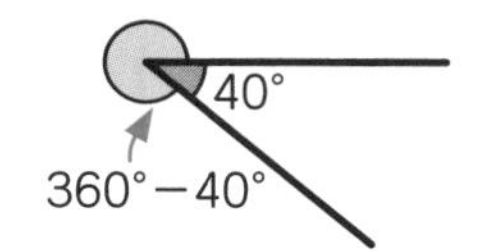


**2**

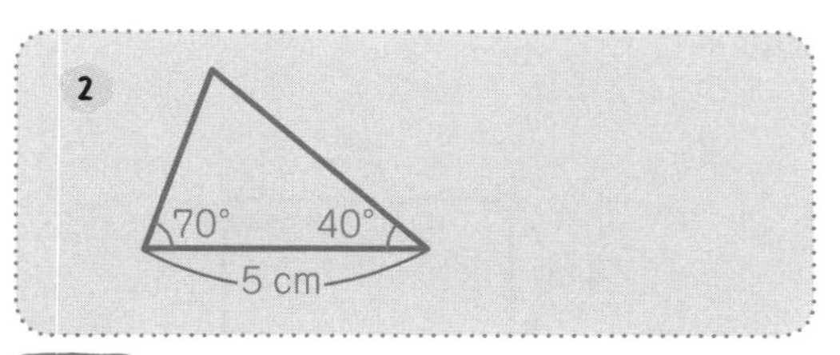


**解説**

①底辺(ていへん)をかく。

5 cm

↓

②70°の角をかく。

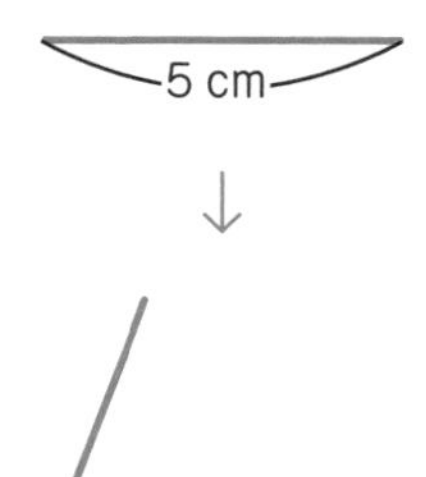


↓

③40°の角をかく。

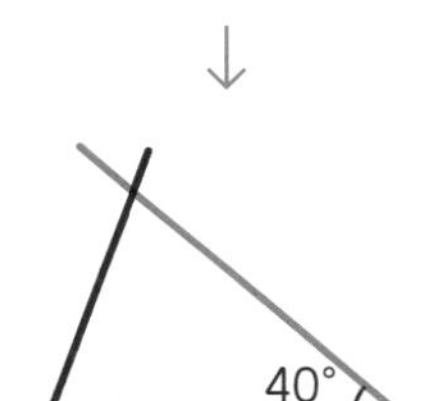


**3** (1) 57° (2) 15° (3) 44°

**解説**

(1) 180° −(90° +33°)＝57°

(2) 45° −30° ＝15°

(3) 三角形の外角は，それととなり合わない2つの内角の和に等しいから，

　　㋒+29° ＝73°

　　　　㋒＝73° −29°

　　　　　＝44°

**4** 720°

**解説**

六角形は3本の対角線で4つの三角形に分けられる。

　多角形の内角の和＝180° ×三角形の数だから，六角形の内角の和は，

　　180° ×4＝720°

## レッスン16 垂直・平行【4年】

**チェック 1**

ウとオとキ

**解説**

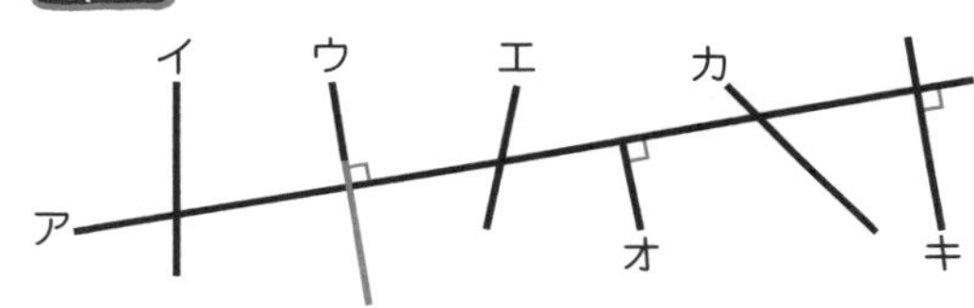


**チェック 2**

(1)　(2)

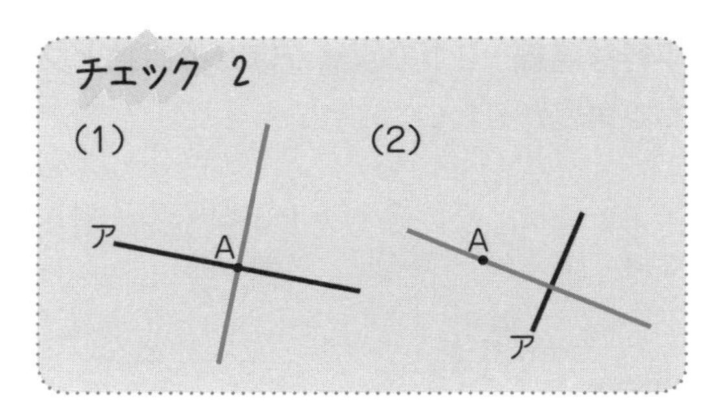


**チェック 3**

㋐115°　㋑40°

**解説**

平行(へいこう)な直線は，ほかの直線と等しい角度で交わるから，㋐の角は115°

㋑の角のとなり合う角は次の図のように140°になるから，

ⓘの角は 180° − 140° ＝40°

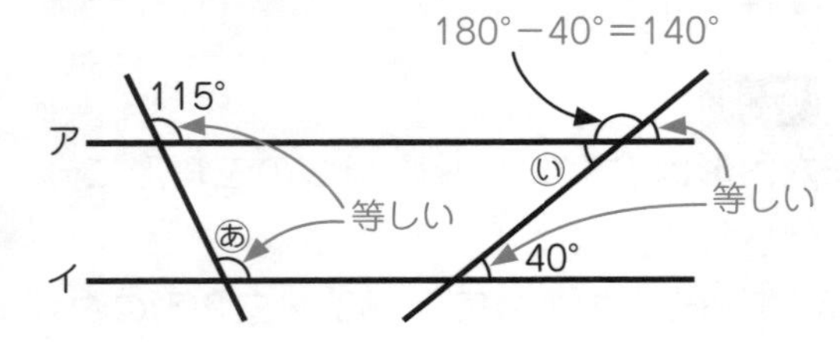


チェック 4

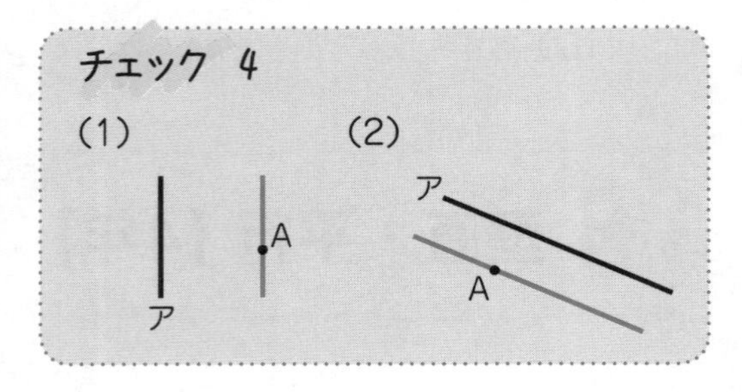


レッスン16の力だめし

1 垂直な直線 イとカ
平行な直線 ウとキ

解説

垂直な直線…2つの直線が交わる角度が直角である。

平行な直線…2つの直線がほかの直線と交わる角度が等しい。

2 ⓐ130° ⓘ50° ⓤ130° ⓔ50° ⓞ50°

解説

ⓐ180° − 50° ＝130°

ⓘ180° − 130° ＝50°

ⓤ180° − 50° ＝130°

ⓔ平行な直線ア，イは，直線カと等しい角度で交わるから，ⓔは50°

平行な直線カ，キは，直線アと等しい角度で交わるから，ⓞは50°

3 垂直な辺 辺AB，辺DC
平行な辺 辺BC

解説

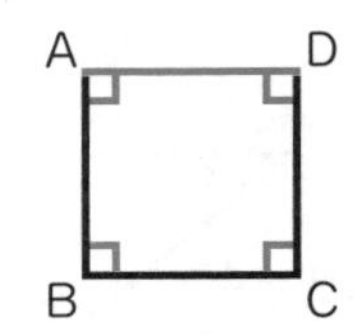


正方形はすべての角が90°で，向かい合う辺は平行である。

4

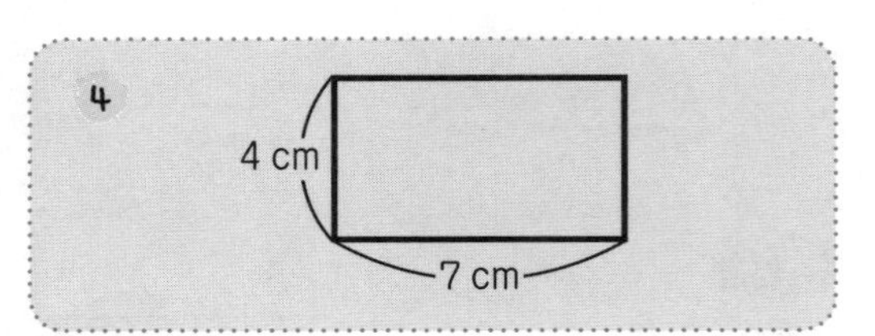


解説

①7 cmの直線をかく。

②垂直な直線をかく。
※問題114ページでかくにんしましょう。

③残りの辺をかく。

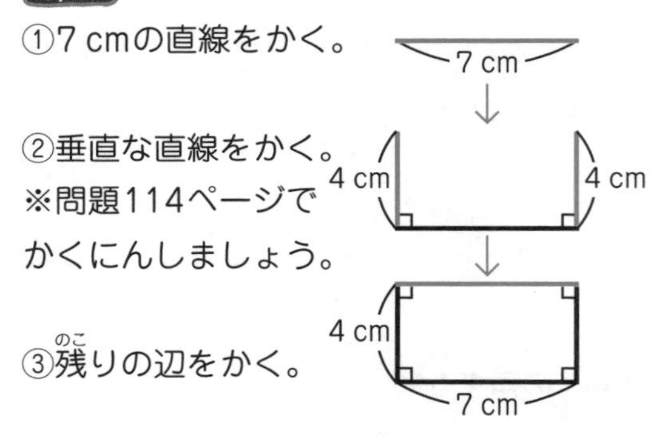


## レッスン17 直方体・立方体【4年】

チェック 1

(1) 垂直な面 面ⓐ，面ⓤ，面ⓞ，面ⓚ
平行な面 面ⓔ

(2) 垂直な辺 辺BA，辺BF，辺CD，辺CG
平行な辺 辺AD，辺EH，辺FG

**解説**

(1) 直方体でとなり合う２つの面は垂直。
面㋑ととなり合っている面は，面㋐，面㋒，面㋔，面㋕。
直方体で向かい合う２つの面は平行。面㋑に向かい合っている面は，面㋓。
(2) 直方体で交わっている2つの辺は垂直。
辺BCと交わっている辺は，辺BA，辺BF，辺CD，辺CG。
直方体で向かい合う2つの辺は平行。
辺BCと向かい合っている辺は，
辺AD，辺EH，辺FG。

**チェック 2**

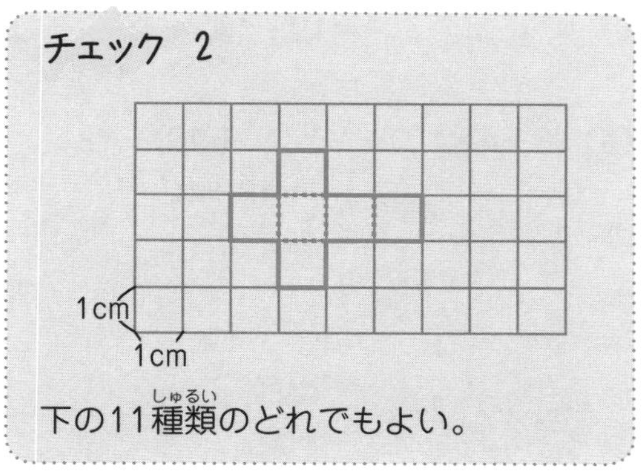


下の11種類のどれでもよい。

**解説**

立方体の展開図は，次の11種類がある。

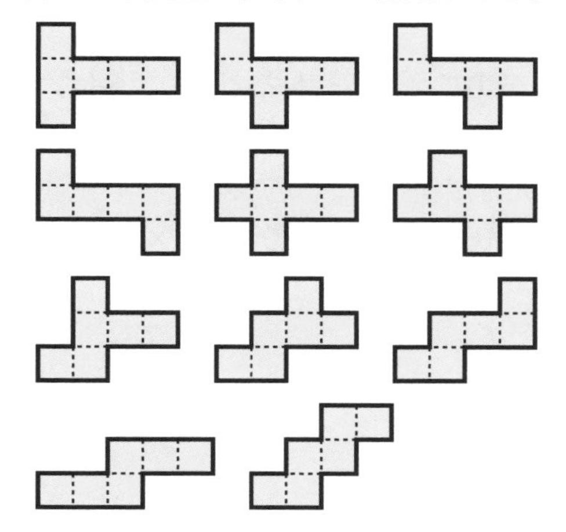

**チェック 3**

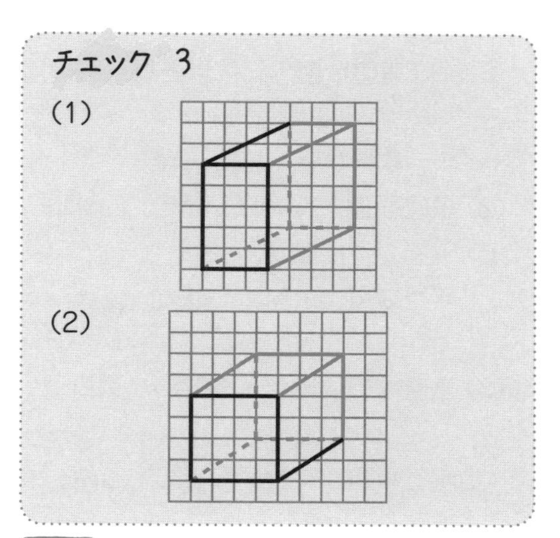


**解説**

見えない辺は点線でかく。

**チェック 4**

(1)（横7 cm，たて3 cm，高さ4 cm）
(2)（横0 cm，たて3 cm，高さ4 cm）

**解説**

(2) 横が0 cmになることに注意。

**ポイント** 平面にある点は2つの長さの組で，空間にある点は3つの長さの組で表すことができます。

## レッスン17の力だめし

1 (1) 面6　辺12　頂点8
(2)（横6 cm，たて0 cm，高さ5 cm）

**解説**

(1) 直方体と立方体の面，辺，頂点の数はそれぞれ等しい。
(2) たてが0 cmになることに注意。

2 (1) 垂直(すいちょく)な面　面あ，面い，面う，面え

平行(へいこう)な面　面お

(2) 垂直な辺(へん)　辺BA，辺FE，辺CD，辺GH

平行な辺　辺AD，辺EH，辺AE，辺DH

(3) 垂直な辺　辺AB，辺AD，辺EF，辺EH

平行な辺　辺BF，辺CG，辺DH

**解説**

(1) 垂直な面…面かととなり合う面。
平行な面…面かと向かい合う面。
(2) 垂直な辺…面かと交わる辺。
平行な辺…面かと向かい合う面おの辺。
(3) 垂直な辺…辺AEと交わる辺。
平行な辺…辺AEと向かい合う辺。

3 (1) 点C
(2) 面あ，面い，面う，面お
(3) 面い

**解説**

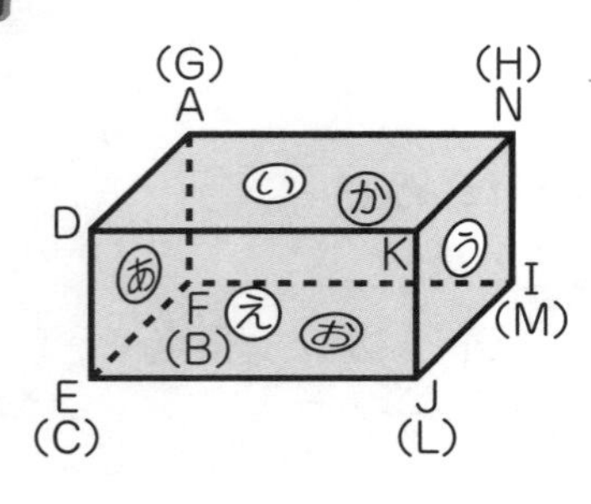


4 ア

**解説**

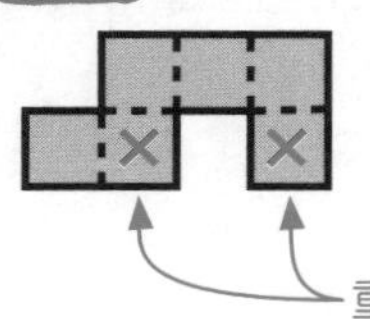


# レッスン18 計算のきまり【4年】

**チェック 1**

(1) 30　(2) 8　(3) 5　(4) 4

**解説**

(1) 21＋45÷5＝21＋9　←わり算を先に計算する。
＝30

(2) 64÷(15－7)＝64÷8　←( )の中を先に計算する。
＝8

(3) 19－8÷4×7＝19－2×7
＝19－14
＝5

(4) (8＋4×10)÷12＝(8＋40)÷12
＝48÷12
＝4

↑( )の中のかけ算を先に計算する。

**チェック 2**

〔式〕(160＋100)×20＝5200

答え　5200円

**解説**

1人分のチョコレートとガムの代金は，
160＋100 (円)
20人分だから，
(160＋100) ×20＝260×20
＝5200 (円)

## チェック 3

(1) (12+27)×[ 8 ]
=12×8+[ 27 ]×8

(2) (53−[ 41 ])×36
=53×36−41×[ 36 ]

(3) ([ 49 ]+21)÷7
=49÷7+21÷[ 7 ]

(4) (72−36)÷[ 18 ]
=[ 72 ]÷18−36÷18

**解説**

(1) (■+●)×△=■×△+●×△

(2) (■−●)×△=■×△−●×△

(3) (■+●)÷△=■÷△+●÷△

(4) (■−●)÷△=■÷△−●÷△

## チェック 4

(1) 39+52=[ 52 ]+39

(2) 48×15=15×[ 48 ]

(3) (73+84)+16
=73+([ 84 ]+16)

(4) (56×2)×25
=[ 56 ]×(2×25)

**解説**

(1) ■+●=●+■

(2) ■×●=●×■

(3) (■+●)+△=■+(●+△)

(4) (■×●)×△=■×(●×△)

## チェック 5

(1) 193　(2) 800　(3) 1666
(4) 2163

**解説**

(1) (■+●)+△=■+(●+△)

93+56+44=93+(56+44)　←たして100になる。
=93+100=193

(2) (■×●)×△=■×(●×△)

25×32=25×(4×8)　←32=4×8
=(25×4)×8　←かけて100になる。
=100×8
=800

(3) (■−●)×△=■×△−●×△

98×17=(100−2)×17　←98=100−2
=100×17−2×17
=1700−34
=1666

(4) (■+●)×△=■×△+●×△

103×21=(100+3)×21　←103=100+3
=100×21+3×21
=2100+63
=2163

## チェック 6

(1) 52　(2) 62　(3) 5　(4) 32

**解説**

(1) ■+●=△のとき，●=△−■

45+□=97
□=97−45
□=52

(2) ■−●=△のとき，■=△+●

□−24=38
□=38+24
□=62

(3) ■×●=△のとき，●=△÷■

6×□=30
□=30÷6
□=5

(4) ■÷●=△のとき，■=△×●

□÷8=4

□=4×8

□=32

## レッスン18の力だめし

**1** (1) 7400　(2) 85　(3) 27
(4) 51　(5) 120　(6) 10

**解説**

(1) 74×(35＋65)＝74×100 ←（ ）の中を先に計算する。
＝7400

(2) 81＋36÷9＝81＋4 ←わり算を先に計算する。
＝85

(3) 3×12－72÷8＝36－9 ←かけ算・わり算を先に計算する。
＝27

(4) 47＋(34－18)÷4
＝47＋16÷4
＝47＋4
＝51

(5) (29－35÷7)×5＝(29－5)×5
＝24×5
＝120

(6) 150÷(27－6×2)＝150÷(27－12)
＝150÷15
＝10

**ポイント** （　）の中→かけ算・わり算→たし算・ひき算の順(じゅん)に計算しましょう。

**2** (1) 4940　(2) 1300
(3) 2600　(4) 210

**解説**

(1) (■－●)×△＝■×△－●×△
95×52＝(100－5)×52 ←95＝100－5
＝100×52－5×52
＝5200－260
＝4940

(2) ■×△＋●×△＝(■＋●)×△
16×13＋84×13＝(16＋84)×13
＝100×13＝1300

(3) △×(■＋●)＝△×■＋△×●
25×104＝25×(100＋4) ←104＝100＋4
＝25×100＋25×4
＝2500＋100＝2600

**〔別の解き方〕**
25×104＝25×(4×26)
＝(25×4)×26
＝100×26
＝2600

(4) ■×△－●×△＝(■－●)×△
45×7－15×7＝(45－15)×7
＝30×7＝210

**3** (1) 101　(2) 72

**解説**

(1) ■－●＝△のとき，■＝△＋●
□－42＝59
□＝59＋42
□＝101

(2) ■÷●＝△のとき，■＝△×●
□÷9＝8
□＝8×9
□＝72

**4** 〔式〕(1000－120×2)÷190＝4
答え　4さつ

**解説**

ボールペンの代金は，120×2（円）
ボールペンを買った残(のこ)りのお金は，
1000－120×2（円）
残りのお金で買える190円のメモちょうの数は，

$(1000-120\times2)\div190$ ←（ ）をわすれないようにする。

$=(1000-240)\div190$

$=760\div190$

$=4$（さつ）

## レッスン19 面積【4～6年】

**チェック 1**

(1) 2800 $cm^2$　(2) 400 $cm^2$

**解説**

(1) 長方形の面積＝たて×横

$40\times70=2800$ ($cm^2$)

(2) 正方形の面積＝1辺×1辺

$20\times20=400$ ($cm^2$)

**チェック 2**

(1) 96 $cm^2$　(2) 9 $cm^2$

**解説**

(1) 平行四辺形の面積＝底辺×高さ

$12\times8=96$ ($cm^2$)

10 cmの辺を底辺としないようにする。

(2) $3\times3=9$ ($cm^2$)

底辺に垂直な直線を高さとする。

**チェック 3**

(1) 14 $cm^2$　(2) 10 $cm^2$

**解説**

(1) 三角形の面積＝底辺×高さ÷2

$7\times4\div2=14$ ($cm^2$)

(2) $4\times5\div2=10$ ($cm^2$)

底辺に垂直な直線を高さとする。

**チェック 4**

(1) 95 $cm^2$　(2) 24 $cm^2$

**解説**

(1) 台形の面積＝(上底＋下底)×高さ÷2

$(8+11)\times10\div2=95$ ($cm^2$)

(2) ひし形の面積＝対角線×対角線÷2

$8\times6\div2=24$ ($cm^2$)

**チェック 5**

(1) 113.04 $cm^2$　(2) 28.26 $cm^2$

**解説**

(1) 円の面積＝半径×半径×円周率

$6\times6\times3.14=113.04$ ($cm^2$)

(2) 直径6 cmの円の半径は，$6\div2=3$ (cm)

$3\times3\times3.14=28.26$ ($cm^2$)

**チェック 6**

①57 $cm^2$　②57 $cm^2$

**解説**

①おうぎ形から三角形をひいてできた図形の面積2つ分。

$(10\times10\times3.14\div4)-(10\times10\div2)$

$=78.5-50$

$=28.5$

$28.5\times2=57$ ($cm^2$)

②おうぎ形2つ分の面積から正方形の面積をひく。

$(10\times10\times3.14\div4)\times2-(10\times10)$

$=157-100$

$=57$ ($cm^2$)

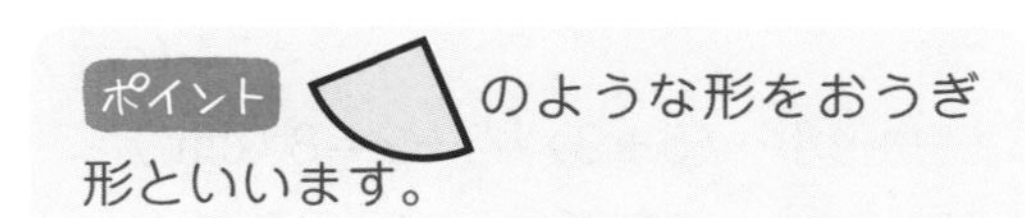

ポイント　のような形をおうぎ形といいます。

## レッスン19の力だめし

**1** (1) 75 $cm^2$　(2) 169 $cm^2$
(3) 108 $cm^2$　(4) 54 $cm^2$
(5) 48 $cm^2$　(6) 153.86 $cm^2$

**解説**

(1) 5×15=75 ($cm^2$)
(2) 13×13=169 ($cm^2$)
(3) 12×9=108 ($cm^2$)
(4) (12+6)×6÷2=54 ($cm^2$)
(5) (6×2)×(4×2)÷2=48 ($cm^2$)
(6) 14÷2=7 (cm)
　7×7×3.14=153.86 ($cm^2$)

**2** (1) 16 $cm^2$　(2) 13.76 $cm^2$

**解説**

(1) 2つの三角形の面積(めんせき)をたす。

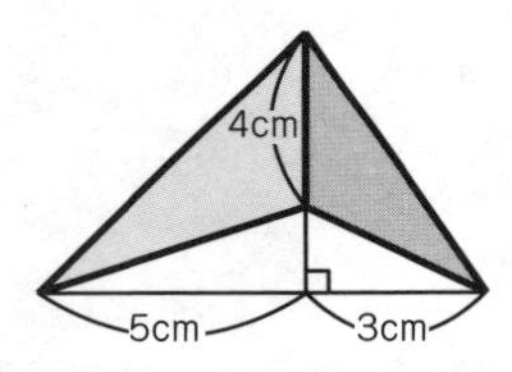


　(4×5÷2)+(4×3÷2)
=10+6
=16 ($cm^2$)

**〔別の解き方〕**
大きい三角形の面積から小さい三角形の面積をひく。

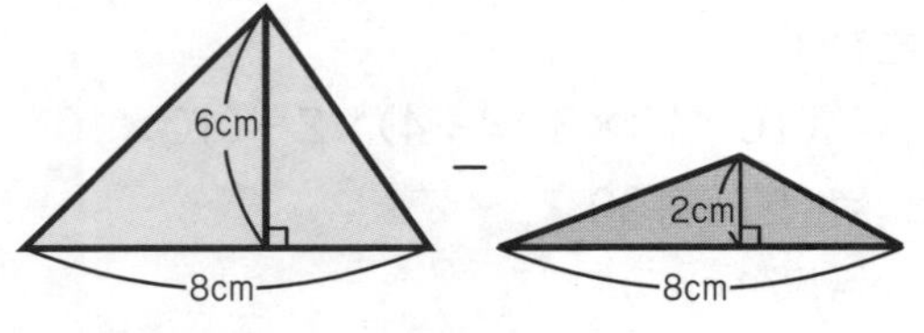


三角形大…(5+3)×(4+2)÷2
=24 ($cm^2$)
三角形小…(5+3)×2÷2=8 ($cm^2$)
三角形大−三角形小…24−8=16($cm^2$)

(2) 正方形の面積から4つのおうぎ形(がた)の面積をひく。

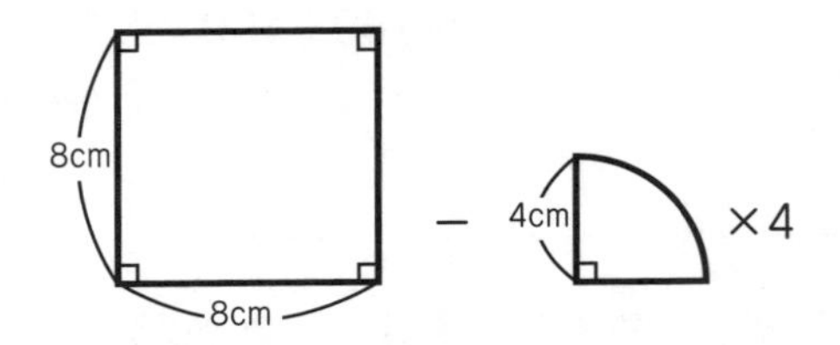


正方形　…8×8=64 ($cm^2$)
おうぎ形…(4×4×3.14)÷4
=12.56 ($cm^2$)
正方形−おうぎ形4つ分…
64−12.56×4=13.76 ($cm^2$)

**〔別の解き方〕**
1辺(へん)8 cmの正方形の面積から，半径4 cmの円の面積をひく。
(8×8)−(4×4×3.14)=13.76 ($cm^2$)

**3** 567 $m^2$

**解説**

道をはしによせて考える。

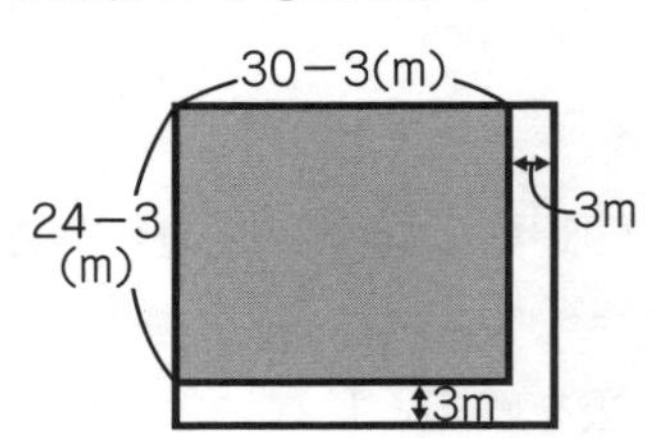


(24−3)×(30−3)=21×27
=567 ($m^2$)

## レッスン20 体積【5・6年】

**チェック 1**
(1) 240 $cm^3$　(2) 729 $cm^3$

**解説**

(1) 直方体(ちょくほうたい)の体積(たいせき)=たて×横×高さ
4×6×10=240 ($cm^3$)

(2) 立方体(りっぽうたい)の体積＝1辺×1辺×1辺

$9\times9\times9=729$ (cm$^3$)

**チェック 2**

(1) 576 cm$^3$　(2) 6280 cm$^3$

**解説**

(1) 四角柱(しかくちゅう)の体積＝底(てい)面積×高さ

底面は台形(だいけい)だから，

台形の面積＝(上底(じょうてい)＋下底(かてい))×高さ÷2より

※問題の134ページにのっています。

$(10+6)\times9\div2=72$ (cm$^2$)

$72\times8=576$ (cm$^3$)

(2) 円柱(えんちゅう)の体積＝底面積×高さ

底面は円だから，

円の面積＝半径×半径×3.14より

※問題の135ページにのっています。

$10\times10\times3.14=314$ (cm$^2$)

$314\times20=6280$ (cm$^3$)

ポイント 底面の形に注目しましょう。

**チェック 3**

120 cm$^3$

**解説**

展開図(てんかいず)を組み立ててできる立体は直方体。

$5\times6\times4=120$ (cm$^3$)

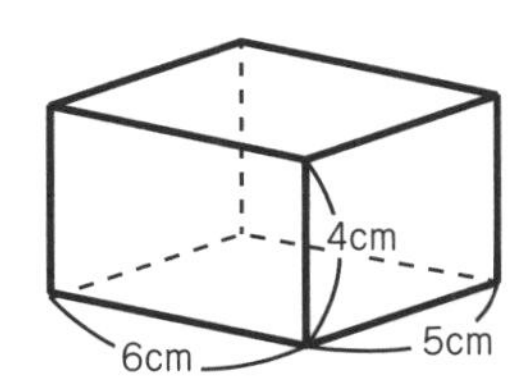


**チェック 4**

140 cm$^3$

**解説**

大きい直方体から小さい直方体をひく。

大…$5\times8\times4=160$ (cm$^3$)

小…$5\times(8-3\times2)\times2=20$ (cm$^3$)

大－小…$160-20=140$ (cm$^3$)

**〔別の解き方〕**

3つの直方体に分けて求める。

①$5\times3\times4=60$ (cm$^3$)

$5\times(8-3\times2)\times(4-2)=20$ (cm$^3$)

$60+20+60=140$ (cm$^3$)

②$5\times3\times2=30$ (cm$^3$)

$5\times8\times(4-2)=80$ (cm$^3$)

$30+30+80=140$ (cm$^3$)

**チェック 5**

900 cm$^3$

**解説**

水面の高さは，$13-10=3$ (cm) 上がっているから，

$20\times15\times3=900$ (cm$^3$)

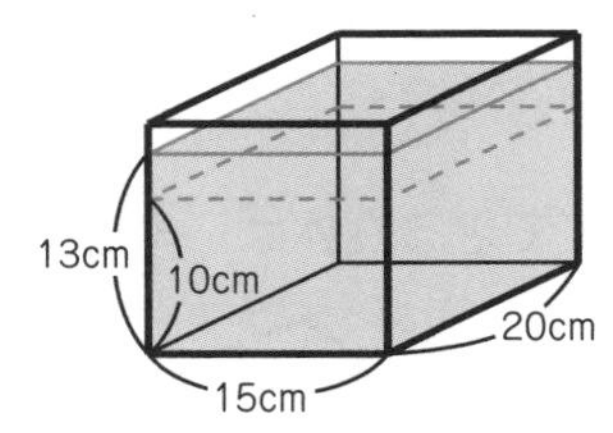


ポイント 上がった分の水の体積＝石の体積

## レッスン20の力だめし

1 (1) 432 cm$^3$　(2) 250 cm$^3$
(3) 198 cm$^3$　(4) 1017.36 cm$^3$
(5) 504 cm$^3$　(6) 1142.4 cm$^3$

**解説**

(1) $8\times6\times9=432$ (cm$^3$)

(2) 底面は直角二等辺三角形。

$(10\times10\div2)\times5=250$ (cm$^3$)

(3) 底面は台形。

$(3+6)\times4\div2\times11=198$ (cm$^3$)

(4) $18\div2=9$ (cm)

底面は半径 9 cmの円だから

$(9\times9\times3.14)\times4=1017.36$ (cm$^3$)

(5) $7\times4\times10+7\times8\times4=504$ (cm$^3$)

**〔別の解き方１〕**

$7\times12\times4+7\times4\times6=504$ (cm$^3$)

**〔別の解き方２〕**

$7\times12\times10-7\times8\times6=504$ (cm$^3$)

(6) 直方体…$20\times8\times4=640$ (cm$^3$)

円柱の半分… $(4\times4\times3.14\times20)\div2$

$=502.4$ (cm$^3$)

$640+502.4=1142.4$ (cm$^3$)

ポイント いくつかの立体に分けて考えましょう。

**2** 36 cm$^3$

**解説**

組み立ててできる立体は三角柱。

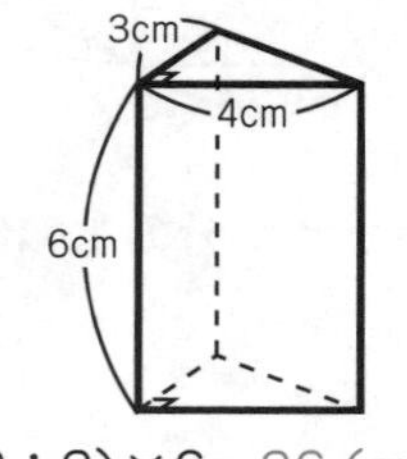


$(4\times3\div2)\times6=36$ (cm$^3$)

**3** 3 cm

**解説**

水のかさは，3 L＝3000 cm$^3$

3000 cm$^3$の水を水そうに入れたとき，水面の高さが□ cmになるとすると，

$40\times25\times\square=3000$

$1000\times\square=3000$

$\square=3$ (cm)

## レッスン21 文字を使った式【4～6年】

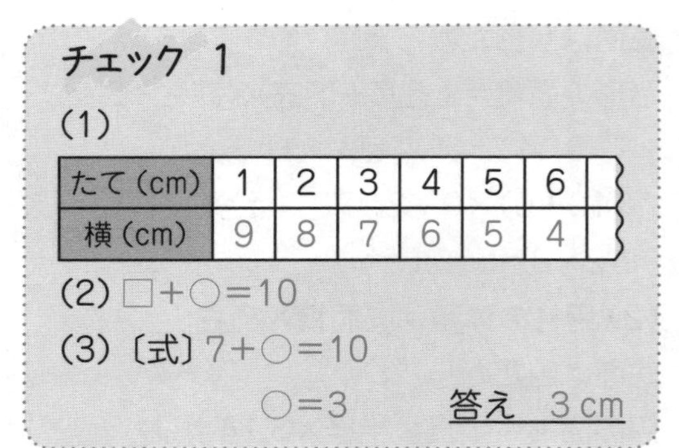

**チェック 1**

(1)

| たて (cm) | 1 | 2 | 3 | 4 | 5 | 6 | |
|---|---|---|---|---|---|---|---|
| 横 (cm) | 9 | 8 | 7 | 6 | 5 | 4 | |

(2) □＋○＝10

(3) 〔式〕7＋○＝10

○＝3　　答え　3 cm

**解説**

(1) 表をたてに見ると，たての長さと横の長さの和はいつも10 cmであることがわかる。

(2) たての長さ＋横の長さ＝10

□　＋　○　＝10

(3) (2)の式の□に7をあてはめて計算する。

$7+○=10$

$○=10-7$

$○=3$ (cm)

**チェック 2**

(1)

| 1辺の長さ (cm) | 1 | 2 | 3 | 4 | 5 | 6 | |
|---|---|---|---|---|---|---|---|
| まわりの長さ (cm) | 4 | 8 | 12 | 16 | 20 | 24 | |

(2) □×4＝○

(3) 〔式〕9×4＝○

○＝36　　答え　36 cm

解説

(1) 表を横に見ると，1辺の長さが1 cmふえると，まわりの長さは4 cmふえることがわかる。

(2) 1辺の長さ × 4 = まわりの長さ

□ × 4 = ○

(3) (2)の式の□に9をあてはめて計算する。

9×4=○

○=36 (cm)

チェック 3

(1) $1.5-x=y$

(2)〔式〕$1.5-x=0.7$

$x=0.8$　答え　0.8 L

解説

(1) 全部の量 − 飲んだ量 = 残りの量

$1.5 - x = y$

(2) (1)の式の$y$に0.7をあてはめて計算する。　$1.5-x=0.7$

$x=1.5-0.7$

$=0.8$ (L)

チェック 4

(1) $120\times x+300=y$

(2)〔式〕$120\times 4+300=780$

答え　780円

解説

(1) 代金の合計は

1このねだん × 買った数 + かごのねだん

だから，$120\times x+300=y$

(2) (1)の式の$x$に4をあてはめて計算する。

$120\times 4+300=y$

$y=480+300$

$=780$ (円)

チェック 5

$1+3\times x=y$

解説

図を見ると，数えぼうの数は，

1番目　$1+3\times 1=4$ (本)

2番目　$1+3\times 2=7$ (本)

3番目　$1+3\times 3=10$ (本)

となるから，

$1+3\times x=y$

## レッスン21 の力だめし

1　①ウ　②エ　③ア　④イ

解説

ア 1ふくろのまい数 × ふくろの数 = 全部のまい数

$10 \times x = y$

イ たての長さ × 横の長さ = 面積

$x \times y = 10$

だから，$10\div x=y$

ウ はじめのまい数 + ふえたまい数 = 全部のまい数

$10 + x = y$

エ はじめのまい数 − へったまい数 = 残りのまい数

$10 - x = y$

2　(1) $x\times 4\div 2=y$

(2)〔式〕$9\times 4\div 2=18$

答え　18 $cm^2$

(3)〔式〕$x\times 4\div 2=16$

$x=8$

答え　8 cm

解説

(1) 三角形の面積(めんせき)は底辺(ていへん)×高さ÷2だから

$x \times 4 \div 2 = y$

(2) (1)の式の$x$に9をあてはめて計算する。

$9 \times 4 \div 2 = 18$ (cm$^2$)

(3) (1) の式の$y$に16をあてはめて計算する。

$x \times 4 \div 2 = 16$

$x \times 2 = 16$

$x = 16 \div 2 = 8$ (cm)

3 (1) $5 \times x = y$

(2)〔式〕$5 \times 18 = 90$

答え　90 cm

解説

(1) 表を横に見る。水を入れた時間が2分ふえると，水の深さは10 cmふえるから，水の深さは1分間に5 cmずつふえることがわかる。

$5 \times x = y$

(2) (1) の式の$x$に18をあてはめて計算する。

$5 \times 18 = 90$ (cm)

# レッスン22 整数のせいしつ【5年】

チェック 1

偶数(ぐうすう)①，③，④，⑤　奇数(きすう)②，⑥

解説

偶数は2でわりきれる整数，奇数は2でわりきれない整数，0は偶数とする。

ポイント 一の位(くらい)の数字が0，2，4，6，8である整数は偶数。

チェック 2

6，12，18，24，30

解説

6の倍数(ばいすう)は，6×1，6×2，6×3，6×4，6×5，…

チェック 3

①，⑥，⑦，⑧

解説

8でわりきれる整数を見つける。

16÷8=2，27÷8=3あまり3，
36÷8=4あまり4，42÷8=5あまり2
54÷8=6あまり6，64÷8=8，
72÷8=9，80÷8=10

8でわりきれる整数は　16，64，72，80

チェック 4

公倍数(こうばいすう)24，48，72　最小公倍数(さいしょうこうばいすう)24

解説

6の倍数…6，12，18，**24**，30，36，42，**48**，54，60，66，**72**，…

8の倍数…8，16，**24**，32，40，**48**，56，64，**72**，…

6と8の共通の倍数は，24，48，72，…

6と8の公倍数のうち，もっとも小さい公倍数は　24

ポイント 2つの整数の公倍数は，最小公倍数の倍数になります。

チェック 5

1，2，4，8，16

解説

16は1，2，4，8，16でわりきれるから，16の約数は　1，2，4，8，16

チェック 6

1，2，4，8

解説

16の約数…1，2，4，8，16

24の約数…1，2，3，4，6，8，12，24

16と24の共通の約数は，1，2，4，8

チェック 7

8

解説

最大公約数は，公約数のうちでいちばん大きい数。

チェック 8

9時30分（9時半）

解説

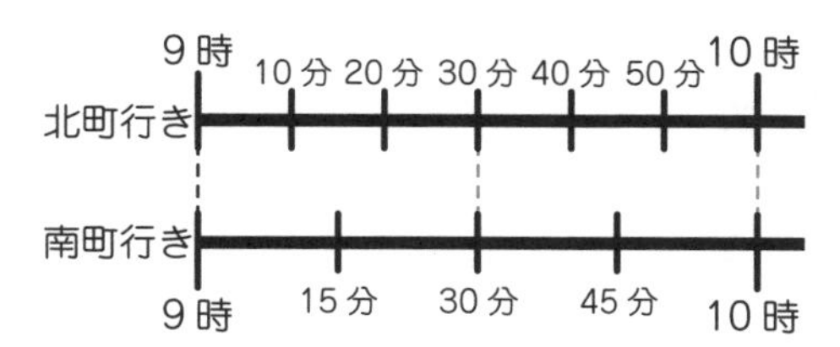


10と15の最小公倍数を求める。

10の倍数…10，20，30，40，50，60，…

15の倍数…15，30，45，60，75，…

北町行きと南町行きのバスは30分ごとに同時に発車するから，9時の次に同時に発車するのは9時30分。

チェック 9

(1) 12たば

(2) 赤い花5本，白い花6本

解説

(1) できるだけ多くの花たばをつくるので，60と72の最大公約数を求める。

60の約数…1，2，3，4，5，6，10，12，15，20，30，60

72の約数…1，2，3，4，6，8，9，12，18，24，36，72

60と72の最大公約数は12だから，花たばは12たばできる。

(2) 赤い花60本を12に分ける。

$60 \div 12 = 5$（本）

白い花72本を12に分ける。

$72 \div 12 = 6$（本）

1つの花たばには赤い花が5本，白い花が6本ある。

ポイント　2つの整数の公約数は，最大公約数の約数になります。

## レッスン22の力だめし

1　(1) 39　(2) 39　(3) 40

解説

①78は2でわりきれるから偶数。

②79は2でわりきれないから奇数。

③80は2でわりきれるから偶数。

2　(1) 35　(2) 36　(3) 20

解説

(1) 5の倍数…5，10，15，20，25，30，35，…

7の倍数…7，14，21，28，35，…

(2) 9の倍数…9，18，27，36，…

12の倍数…12，24，36，…

(3) 4の倍数…4，8，12，16，20，…

5の倍数…5，10，15，20，…

10の倍数…10，20，…

3 (1) 14　(2) 8　(3) 6

解説

(1) 14の約数…1，2，7，14
28の約数…1，2，4，7，14，28
(2) 32の約数…1，2，4，8，16，32
56の約数…1，2，4，7，8，14，28，56
(3) 18の約数…1，2，3，6，9，18
30の約数…1，2，3，5，6，10，15，30
42の約数…1，2，3，6，7，14，21，42

4 90 cm

解説

15と18の最小公倍数を求める。
15の倍数…15, 30, 45, 60, 75, 90，…
18の倍数…18, 36, 54, 72, 90，…

5 (1) 6人
(2)あめ14こ，チョコレート13こ

解説

(1) できるだけ多くの人に配るので，84と78の最大公約数を求める。
84の約数…1，2，3，4，6，7，12，14，21，28，42，84
78の約数…1，2，3，6，13，26，39，78
84と78の最大公約数は6だから，6人に配れる。

(2) あめ84こを6人に配る。
84÷6=14（こ）
チョコレート78こを6人に配る。
78÷6=13（こ）
1人分のあめは14こ，チョコレートは13こになる。

## レッスン23 合同【5年】

チェック 1

㋒，㋖

解説

ぴったり重ね合わすことのできる図形を見つける。

ポイント うら返して，ぴったり重なる図形も合同です。

チェック 2

(1) 辺FG　(2) 角E　(3) 2 cm
(4) 55°

解説

(3) 辺EHに対応する辺は，辺DC。
(4) 角Gに対応す角は，角B。

ポイント 合同な図形の対応する辺の長さは等しく，対応する角の大きさも等しくなります。

### レッスン23の力だめし

1 ㋐と㋖，㋑と㋔

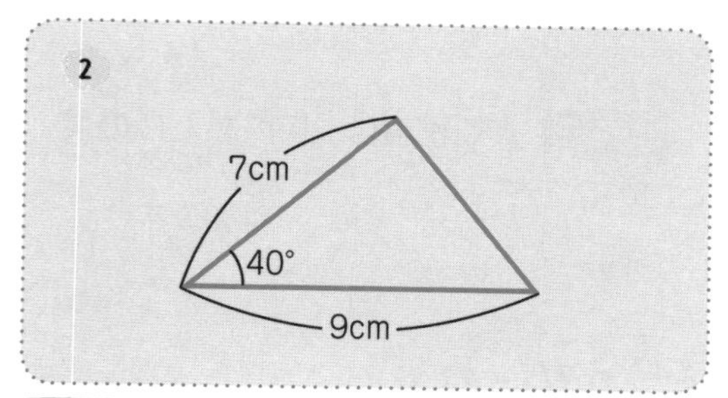


**解説**

❶9 cmの辺をかく。

※7 cmの辺から，かいてもよい。

9cm

❷40°の角をかく。

40°

❸7 cmの長さをとって，
残りの辺をかく。

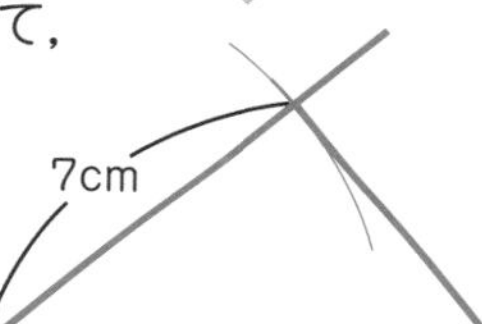


3 ㋓と㋔

**解説**

ひし形

㋐
㋑

４つの辺の長さが
等しい。

平行四辺形

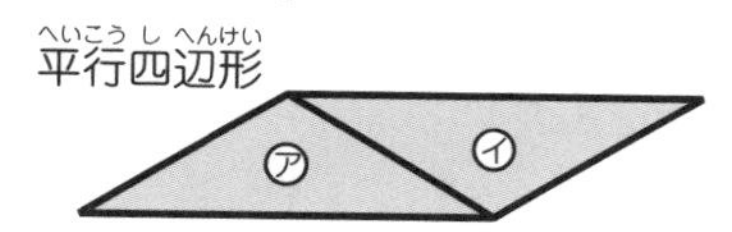


向かい合った辺の長さがそれぞれ等しい。

※問題の95ページにのっています。

## レッスン24 平均【5年】

**チェック 1**

9.9秒

**解説**

平均＝合計÷こ数

(9.8＋10.0＋10.4＋9.6＋9.7)÷5
＝9.9（秒）

**チェック 2**

15 L

**解説**

合計＝平均×こ数

１日に平均3÷6＝0.5（L）飲むので，
30日では，0.5×30＝15（L）

〔別の解き方〕

30日は6日の5倍だから，飲む量も5倍で，
3×5＝15（L）

**チェック 3**

74点

**解説**

1回目と2回目の合計は
65×2＝130（点）
3回分の合計は　68×3＝204（点）
3回目の得点は　204－130＝74（点）

**チェック 4**

27.8 m

**解説**

❶　最も短い24 mを仮の平均として，24を0とみる。その他の数量を24との差で表す。

| | A | B | C | D | E |
|---|---|---|---|---|---|
| 仮の平均との差（m） | 4 | 0 | 1 | 6 | 8 |

❷　❶で表した数量の平均を求める。
(4＋0＋1＋6＋8)÷5＝3.8（m）

❸ 仮の平均とした24に，❷で求めた平均の3.8をたす。

24＋3.8＝27.8（m）

ポイント 仮の平均を使うと，計算がかんたんになります。

チェック 5

Aさんの畑

解説

「1 $m^2$あたりの平均の収かく量」を調べて比べる。

Aさんの畑…1500÷500＝3（kg）

Bさんの畑…1000÷400＝2.5（kg）

Aさんの畑の方がよくとれた。

ポイント 面積のちがう畑で，どちらがよくとれたかを比べるときは，単位量あたりの大きさで比べましょう。

チェック 6

Aの自動車

解説

「1 Lあたりの平均の道のり」を調べて比べる。

Aの自動車…270÷20＝13.5（km）

Bの自動車…480÷50＝9.6（km）

Aの自動車の方が走る道のりが長い。

チェック 7

C市

解説

人口密度＝人口÷面積

B市…185300÷340＝545（人）

C市…170800÷280＝610（人）

C市の人口密度の方が高い。

ポイント 人口密度は1 $km^2$あたりの人口のことです。

## レッスン24の力だめし

1 45ページ

解説

平均＝合計÷こ数

315÷7＝45（ページ）

2 25まい

解説

あつ紙1まいあたりの重さを求める。

40÷10＝4（g）

こ数＝合計÷平均

100÷4＝25（まい）

3 6.8点

解説

それぞれの班の合計を求める。

合計＝平均×こ数

1班…6×7＝42（点）

2班…7.5×8＝60（点）

平均＝合計÷こ数

(42＋60)÷(7＋8)＝102÷15

＝6.8（点）

4 6本入り

解説

6本入り…580÷6＝96.6…

8本入り…780÷8＝97.5

6本入りの方が安い。

5 D県，約610人

解説

上から2けたの概数(がいすう)で計算する。

人口密度＝人口÷面積

A県…1100000÷12000＝91.6…（人）

B県…2100000÷14000＝150（人）

C県…1800000÷5800＝310.3…（人）

D県…1400000÷2300＝608.6…（人）

D県の人口密度がいちばん高い。

人口密度は

608.6…（人）→ 610（人）

## レッスン25 割合・比【5・6年】

チェック 1

(1) $\frac{4}{5}$ (0.8)　(2) 48　(3) 35

解説

(1) 比べられる量÷もとにする量＝割合(わりあい)

$32 \div 40 = \frac{4}{5}$ (0.8)

(2) もとにする量×割合＝比べられる量

$72 \times \frac{2}{3} = 48$ (L)

(3) 比べられる量÷割合＝もとにする量

56÷1.6＝35（cm）

ポイント 割合は，「もとにする量」を1とみたとき，「比べられる量」がどれだけにあたるかを表した数です。

チェック 2

$\frac{1}{6}$

解説

比べられる量÷もとにする量＝割合

もとにする量は5年生の人数，比べられる量はメガネをかけている人数。

$14 \div 84 = \frac{1}{6}$

チェック 3

18こ

解説

もとにする量×割合＝比べられる量

45×0.4＝18（こ）

チェック 4

135 $m^2$

解説

比べられる量÷割合＝もとにする量

$63 \div \frac{7}{15} = \frac{63}{1} \times \frac{15}{7}$

$= 135$ ($m^2$)

チェック 5

(1) 6%　(2) 80%　(3) 200%

(4) 140.3%

解説

(1) 0.01→1%　だから　0.06→6%

(2) 0.1→10%　だから　0.8→80%

(3) 1→100%　だから　2→200%

(4) 1→100%，0.4→40%

0.001→0.1%　だから　0.003→0.3%

チェック 6

(1) 5割(わり)　(2) 2割4分(ぶ)

(3) 3割2分6厘(りん)　(4) 10割8分7厘

**解説**

(1) 0.1→1割(わり) だから 0.5→5割

(2) 0.2→2割

0.01→1分(ぶ) だから 0.04→4分

(3) 0.3→3割，0.02→2分

0.001→1厘(りん) だから 0.006→6厘

(4) 1→10割，0.08→8分，0.007→7厘

**チェック 7**

(1) 0.27 (2) 0.009 (3) 1.5

(4) 0.92 (5) 1.2 (6) 0.358

**解説**

(1) 10%→0.1 だから 20%→0.2

1%→0.01 だから 7%→0.07

(2) 0.1%→0.001 だから 0.9%→0.009

(3) 100%→1，50%→0.5

(4) 1割→0.1 だから 9割→0.9

1分→0.01 だから 2分→0.02

(5) 10割→1，2割→0.2

(6) 3割→0.3，5分→0.05

1厘→0.001 だから 8厘→0.008

**チェック 8**

(1) 72 (2) 7 (3) 125

**解説**

(1) もとにする量(りょう)×割合(わりあい)＝比(くら)べられる量

24%→0.24

300×0.24＝72(円)

(2) 比べられる量÷もとにする量＝割合

140÷200＝0.7 0.7→7割

(3) 比べられる量÷割合＝もとにする量

4割8分→0.48

60÷0.48＝125(円)

ポイント もとにする量，比べられる量をまちがえないようにしましょう。

**チェック 9**

(1) 8割2分 (2) 96人

**解説**

(1) 比べられる量÷もとにする量＝割合

もとにする量は客席数，比べられる量は入館者数だから，

123÷150＝0.82

0.82→8割2分

(2) もとにする量×割合＝比べられる量

64%→0.64

150×0.64＝96(人)

**チェック 10**

(1) 1360 (2) 432 (3) 2500

**解説**

(1) 1000円の36%にあたる金額は

36%→0.36

1000×0.36＝360(円)

求める金額は，1000＋360＝1360(円)

**〔別の解き方〕**

1000×(1＋0.36)＝1000×1.36

＝1360(円)

(2) 600円の2割8分にあたる金額は

2割8分→0.28

600×0.28＝168(円)

求める金額は，600－168＝432(円)

**〔別の解き方〕**

600×(1－0.28)＝600×0.72

＝432(円)

(3) 求める金額を□円とすると，

□円の40%引き＝□円の60%

□円の60%にあたる金額が1500円だから

60%→0.6

比べられる量÷割合＝もとにする量

□＝1500÷0.6

□＝2500(円)

## チェック 11

(1) $\frac{4}{5}$　(2) $\frac{1}{6}$　(3) $\frac{10}{21}$

**解説**

(1) $4 \div 5 = \frac{4}{5}$

(2) $0.8 : 4.8 = 8 : 48 = 1 : 6$ （×10，÷8）　$1 \div 6 = \frac{1}{6}$

(3) $\frac{2}{3} : 1.4 = \frac{2}{3} : \frac{7}{5} = \frac{10}{15} : \frac{21}{15}$

$= \left(\frac{10}{15} \times 15\right) : \left(\frac{21}{15} \times 15\right)$

$= 10 : 21$

$10 \div 21 = \frac{10}{21}$

**ポイント** a：bの比(ひ)の値(あたい)は，a÷bの商。

## チェック 12

(1) 4：3　(2) 2：3　(3) 10：9

**解説**

(1) $28 : 21 = 4 : 3$ （÷7）

(2) 100倍して整数の比になおしてから簡(かん)単(たん)にする。

$0.9 : 1.35 = 90 : 135$

$90 : 135 = 18 : 27 = 2 : 3$ （÷5，÷9）

(3) 通分してから簡単にする。

$\frac{4}{9} : \frac{2}{5} = \frac{20}{45} : \frac{18}{45}$

$= \left(\frac{20}{45} \times 45\right) : \left(\frac{18}{45} \times 45\right)$

$= 20 : 18 = 10 : 9$ （÷2）

**ポイント** 小数や分数で表されている比は，整数になおしてから簡単にしましょう。

## チェック 13

(1) 8　(2) 8　(3) 1.2

**解説**

(1) $2 : 7 = \square : 28$　だから，（×4）

$\square = 2 \times 4 = 8$

(2) $4.5 : 3 = 45 : 30$

$45 : 30 = 3 : 2$ （÷15）　$12 : \square = 3 : 2$ （×4）

だから，$\square = 2 \times 4 = 8$

(3) $\frac{9}{4} : 3 = \frac{9}{4} : \frac{12}{4} = 9 : 12 = 3 : 4$

$\square : 1.6 = 3 : 4$だから（×0.4）

$\square = 3 \times 0.4 = 1.2$

## チェック 14

125人

**解説**

去年の1年生の人数を□人とすると，

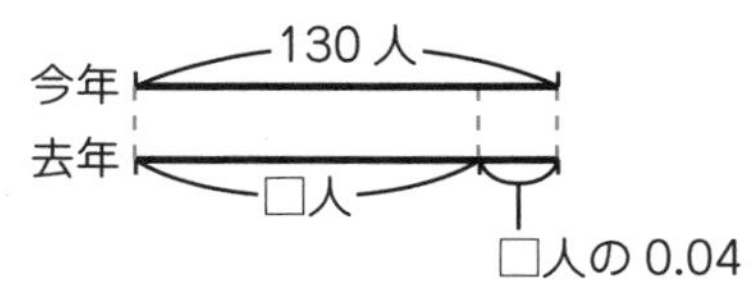


□人の1.04倍が130人にあたるので

$\square = 130 \div 1.04$

$\square = 125$（人）

チェック 15

(1) 57 cm　(2) 160 cm

解説

(1) 横の長さを□cmとすると，

×19

2：3＝38：□

□＝3×19＝57 (cm)

(2) たての長さを□cmとすると，

2：3＝□：48

×16

□＝2×16＝32 (cm)

長方形のまわりの長さは，

(48＋32)×2＝160 (cm)

チェック 16

Aさん100まい，Bさん80まい

解説

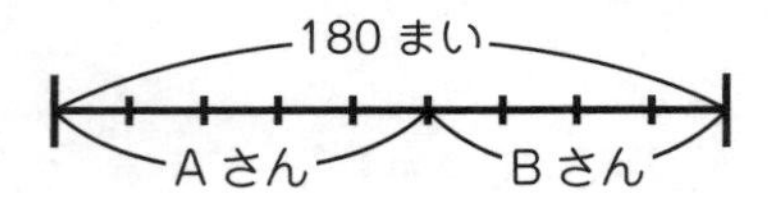


Aさんの色紙のまい数は全体の $\frac{5}{9}$ だから

$180\times\frac{5}{9}=100$ (まい)

Bさんの色紙のまい数は全体の $\frac{4}{9}$ だから

$180\times\frac{4}{9}=80$ (まい)

180－100＝80 (まい) としてもよい。

## レッスン 25 の力だめし

1 (1) 0.4%　(2) 205%
(3) 1.07　(4) 0.026

解説

(1) 0.001→0.1% だから　0.004→0.4%

(2) 1→100%　だから　2→200%

0.01→1%　だから　0.05→5%

(3) 100%→1

1%→0.01　だから　7%→0.07

(4) 2%→0.02，0.6%→0.006

2 (1) 108 cm　(2) 120%

解説

(1) もとにする量(りょう)×割合(わりあい)＝比(くら)べられる量

72%→0.72

150×0.72＝108 (cm)

(2) 比べられる量÷もとにする量＝割合

$30\div25=\frac{6}{5}=1.2$

1.2→120%

3 (1) 5：1　(2) 3：5
(3) 9：10

解説

(1) 80：16＝20：4＝5：1 (÷4, ÷4)

(2) 10倍して整数の比(ひ)になおしてから簡(かん)単(たん)にする。

8.4：14＝84：140

84：140＝42：70＝21：35＝3：5 (÷2, ÷2, ÷7)

(3) 通分してから簡単にする。

$\frac{3}{8}:\frac{5}{12}=\frac{9}{24}:\frac{10}{24}$

$=\left(\frac{9}{24}\times24\right):\left(\frac{10}{24}\times24\right)$

＝9：10

4 (1) 2800円　(2) 2240円

解説

(1) 2000×0.4＝800
　2000＋800＝2800（円）

〔別の解き方〕
2000×(1＋0.4)＝2000×1.4
＝2800（円）

(2) 2800×0.2＝560
　2800－560＝2240（円）

〔別の解き方〕
2800×(1－0.2)＝2800×0.8
＝2240（円）

5 21こ

解説

Bさんのこ数を□こととすると，

×3
3：4＝9：□
　□＝4×3＝12（こ）

チョコレートの数は　9＋12＝21（こ）

## レッスン26 いろいろなグラフ【3～6年】

チェック 1

(1) 1人

(2)

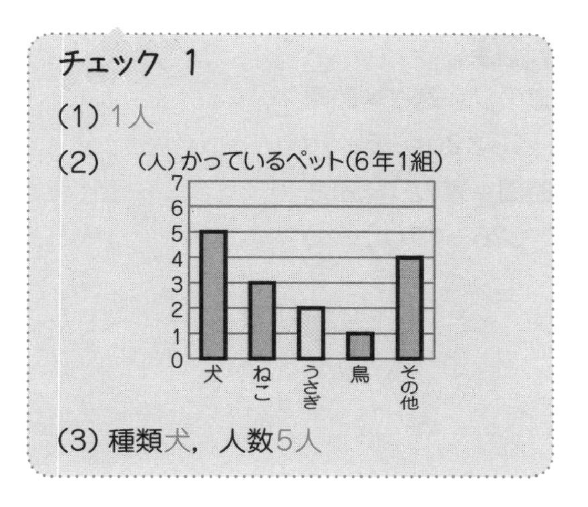


(3) 種類犬，人数5人

解説

(3) ぼうがいちばん長いのは「犬」で，たてのじくのめもりは5。

チェック 2

(1) 気温　(2) 1度

(3) 3月と4月の間，5度上がっている。

(4) 9月と10月の間，6度下がっている。

解説

(1) たてのじくの単位をたしかめる。

(3) 気温が上がるときは，グラフは右上がりになる。

(4) 気温が下がるときは，グラフは右下がりになる。

ポイント グラフのかたむきが大きいほど，変化が大きい。

チェック 3

(1) 20%　(2) 3倍　(3) 20 kg

解説

(2) 1組の割合は30%，5組の割合は10%だから，30÷10＝3（倍）

ポイント しゅうかく量がわからなくても割合どうしを比べれば何倍なのかわかります。

(3) 2組の割合は25%だから，
　25%→0.25
　80×0.25＝20（kg）

## 26 レッスンの力だめし

**1** (1) 5点 (2) 2倍

**解説**

(1) 2めもりで10点だから，1めもりは5点

(2) タオルは30点，体そう服は15点だから，

30÷15＝2（倍）

**2**

国別の輸入量の割合（2013年）

| アメリカ | カナダ | オーストラリア | その他 |
|---|---|---|---|

0 10 20 30 40 50 60 70 80 90 100%

**解説**

左はしから順(じゅん)に区切っていく。

その他はいちばん右はしにかく。

ポイント グラフに，国名をかきこむのをわすれないようにしましょう。

**3** (1)

| さつ数（さつ） | 人数(人) | |
|---|---|---|
| 0以上～5未満 | 3 | 下 |
| 5 ～10 | 6 | 正一 |
| 10 ～15 | 8 | 正下 |
| 15 ～20 | 9 | 正𤴓 |
| 20 ～25 | 7 | 正丅 |
| 25 ～30 | 2 | 丅 |
| 30 ～35 | 1 | 一 |
| 合計 | 36 | |

※正の字を書いていくと，数えまちがいをふせげます。

(2)

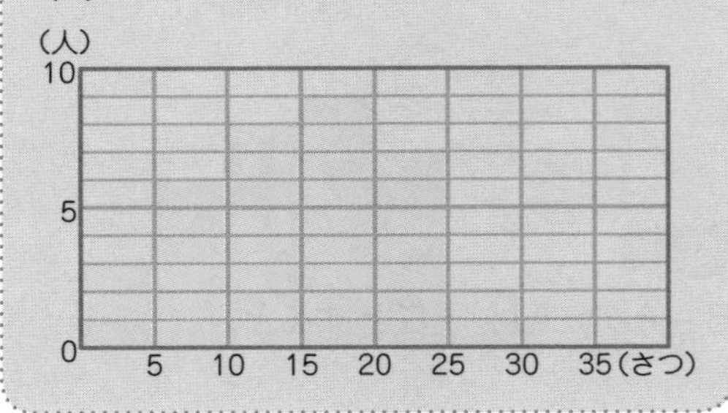


## 27 レッスン 速さ【5年】

**チェック 1**

260 km，52分

**解説**

道のり＝速さ×時間

13×20＝260（km）

時間＝道のり÷速さ

676÷13＝52（分）

チェック 2

(1) 1 km 280 m

(2) 3040 m

(3) 1 時間 32 分

(4) $5\frac{3}{4}$ 分 (5.75分)

(5) 3 時間 12 分

(6) 4 分 36 秒

解説

(1) 1000 m＝1 kmだから

1280 m＝1 km 280 m

(2) 1 km＝1000 mだから

3 km 40 m＝3040 m

(3) 60分＝1時間だから

92分＝1 時間 32 分

(4) 45秒＝$\frac{45}{60}$＝$\frac{3}{4}$ 分だから

5分45秒＝$5\frac{3}{4}$ 分

(5) 0.2時間＝60×0.2＝12分

3.2時間＝3 時間 12 分

(6) $\frac{3}{5}$ 分＝60秒×$\frac{3}{5}$＝36秒

$4\frac{3}{5}$ 分＝4 分 36 秒

ポイント 道のりや時間の単位(たんい)に気をつけましょう。

チェック 3

(1) 分速900 m，時速54 km

(2) 秒速30 m，時速108 km

(3) 秒速40 m，分速2.4 km

解説

(1) 秒速15 mは1秒間に15 m進む速さだから，1分間に　15×60＝900 (m)

1時間に　900×60＝54000 (m)

54000 m＝54 km

進む速さと等しい。

ポイント 速さの関係(かんけい)

秒速×60＝分速

分速×60＝時速

秒速×60×60＝時速

(2) 分速1.8 kmは1分間に

1.8 km＝1800 m進む速さだから，

1秒間に　1800÷60＝30 (m)

1時間に　1.8×60＝108 (km)

進む速さと等しい。

(3) 時速144 kmは1時間に

144 km＝144000 m進む速さだから，

1秒間に　144000÷60÷60＝40 (m)

1分間に　144÷60＝2.4 (km)

進む速さと等しい。

ポイント 速さの関係

時速÷60＝分速

分速÷60＝秒速

時速÷60÷60＝秒速

チェック 4

6.5 km

解説

道のり＝速さ×時間

1時間40分＝100分

65×100＝6500

6500 m＝6.5 km

チェック 5

7分

解説

時速72 kmを分速になおすと

72000÷60＝1200 (m)

時間＝道のり÷速さ　だから

8400÷1200＝7（分）

**チェック 6**

列車B

**解説**

時速を求めて比べる。

列車A…260÷4＝65　　時速65 km

列車B…210÷3＝70　　時速70 km

列車Bの方が速い。

**チェック 7**

A工場

**解説**

A，Bそれぞれの工場で，1分あたりに生産できるかんづめのこ数を比べる。

A…168÷8＝21（こ）

1時間15分＝75分

B…1500÷75＝20（こ）

A工場の方が速い。

## レッスン27の力だめし

**1**　(1) 30分　(2) 56 km

(3) 時速7.2 km　（時速$\frac{36}{5}$km）

**解説**

(1) 時間＝道のり÷速さ

4.5 km＝4500 m

4500÷150＝30（分）

(2) 道のり＝速さ×時間

1時間20分＝$1\frac{20}{60}=1\frac{1}{3}$時間

$42\times1\frac{1}{3}=42\times\frac{4}{3}=56$（km）

(3) 速さ＝道のり÷時間

25分＝$\frac{25}{60}=\frac{5}{12}$時間

$3\div\frac{5}{12}=\frac{3}{1}\times\frac{12}{5}$

$=\frac{36}{5}$

＝7.2（km）

**2**　(1) 時速720 km，秒速200 m

(2) 2時間5分

**解説**

(1) 時速…12×60＝720（km）

秒速…12÷60＝0.2（km）

0.2 km＝200 m

(2) 1500÷12＝125（分）

125分＝2時間5分

**3**　(1) B工場　(2) 1時間16分

**解説**

(1) A，Bそれぞれの工場で，1分あたりに生産できるアイスクリームのこ数を比べる。

A…7500÷15＝500（こ）

1時間25分＝85分

B…44200÷85＝520（こ）

B工場の方が速い。

(2) 38000÷500＝76（分）

76分＝1時間16分

# レッスン28 比例・反比例【6年】

**チェック 1**

比例する　〔式〕$y=4\times x$

解説

| 底辺$x$(cm) | 1 | 2 | 3 | 4 | 5 | 6 | 7 |
|---|---|---|---|---|---|---|---|
| 面積$y$(cm²) | 4 | 8 | 12 | 16 | 20 | 24 | 28 |

底辺(ていへん)が2倍，3倍，…になると，面積(めんせき)も2倍，3倍，…になるから，三角形の面積は底辺の長さに比例する。

チェック 2

(1) $y=5\times x$

(2)

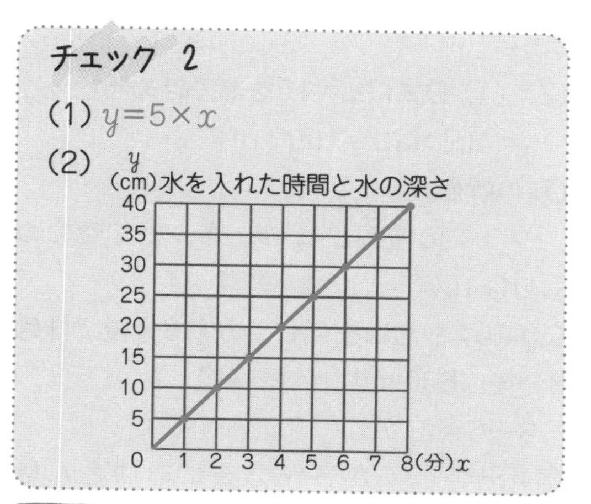


解説

(2) 比例のグラフは，直線になる。

ポイント 横軸(じく)に$x$の値を表し，たて軸に$y$の値を表します。

チェック 3

反比例(はんぴれい)する　〔式〕$y=20\div x$
　($x\times y=20$)

解説

| 底辺$x$(cm) | 1 | 2 | 4 | 5 | 8 | 10 |
|---|---|---|---|---|---|---|
| 高さ$y$(cm) | 20 | 10 | 5 | 4 | 2.5 | 2 |

底辺が2倍，4倍，…になると，高さは$\frac{1}{2}$倍，$\frac{1}{4}$倍，…になるから，平行四辺形の高さは底辺に反比例する。

チェック 4

(1)

| 底面積$x$(cm²) | 1 | 2 | 3 | 4 | 6 | 12 |
|---|---|---|---|---|---|---|
| 高さ$y$(cm) | 12 | 6 | 4 | 3 | 2 | 1 |

(2) $y=12\div x$　($x\times y=12$)

解説

(2) 底面積が2倍，3倍，…になると，高さは$\frac{1}{2}$倍，$\frac{1}{3}$倍，…になるから，四角柱の高さは底面積に反比例している。

チェック 5

270本

解説

くぎの重さは本数に比例している。

1566÷174=9 (倍)

30×9=270 (本)

| 本数(本) | 30 | 270 |
|---|---|---|
| 重さ(g) | 174 | 1566 |

(9倍)

チェック 6

300 cm

解説

180÷60=3 (倍)

100×3=300 (cm)

| | ぼう | 木 |
|---|---|---|
| 高さ(cm) | 100 | 300 |
| かげの長さ(cm) | 60 | 180 |

(3倍)

## レッスン28の力だめし

1　比例ア，エ　反比例イ，ウ

**解説**

ア　リボンの長さを$x$，代金を$y$とすると，
$y=120\times x$　　比例

イ　速さを$x$，時間を$y$とすると，
$y=100\div x$　　反比例

ウ　底辺を$x$，高さを$y$とすると，
$x\times y\div 2=60$
$x\times y=120$
$y=120\div x$　　反比例

エ　高さを$x$，体積を$y$とすると，
$y=15\times x$　　比例

オ　歩いた道のりを$x$，残りの道のりを$y$とすると，
$y=8-x$　　比例も反比例もしない

**ポイント**
比例のとき　$y=□\times x$
反比例のとき　$y=□\div x$
　または　$x\times y=□$
と表せる。

2　(1) 反比例している
(2) $y=60\div x$　($x\times y=60$)
(3) ㋐

**解説**

(1) $x$が2倍，3倍，…になると，$y$は$\frac{1}{2}$倍，$\frac{1}{3}$倍，…になるから，$y$は$x$に反比例している。
(3) 反比例のグラフは曲線になる。

3　(1) $y=100\times x$　(2) 1000 m
(3) 2分　(4) 400 m

**解説**

(1) 時間が2分ふえるごとに，走った道のりは200 mずつふえているので，1分ふえるごとに，100 mずつふえる。
$y=100\times x$
(2) (1) の式に$x=10$をあてはめると
$y=100\times 10=1000$ (m)

〔別の解き方〕
グラフの横軸が10のとき，たて軸のめもりは1000

(3) みゆさんは出発してから6分後，妹は8分後に600 mの地点を通過した。
$8-6=2$ (分)
(4) 出発してから16分後にみゆさんは1600 m，妹は1200 mの地点にいる。
$1600-1200=400$ (m)

**ポイント** グラフのたて軸と横軸のめもりを正確によみ取りましょう。

# レッスン29　対称・拡大・縮小【6年】

**チェック 1**

(1)
A
110°
B　40°　100°　D
C

(2) 頂点C　(3) 辺BA　(4) 110°

**解説**

(2) 対称の軸で二つ折りにしたとき，頂点Aは頂点Cと重なり合う。

(3) 対称の軸で二つ折りにしたとき，辺BCは辺BAと重なり合う。

(4) 対称の軸で二つ折りにしたとき，角Cは角Aと重なり合う。

## チェック 2

(1)

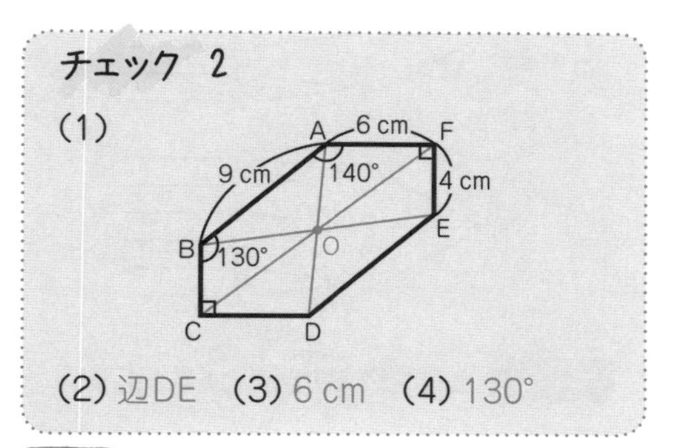


(2) 辺DE　(3) 6 cm　(4) 130°

**解説**

(2) 対称の中心のまわりに180°回転したときに，辺ABと重なり合う辺は辺DE。

(3) 辺CDに対応する辺は，辺FA。

(4) 角Eに対応する角は，角B。

## チェック 3

| | 線対称 | 対称の軸の数 | 点対称 |
|---|---|---|---|
| 正七角形 | ○ | 7 | × |
| 正八角形 | ○ | 8 | ○ |

**解説**

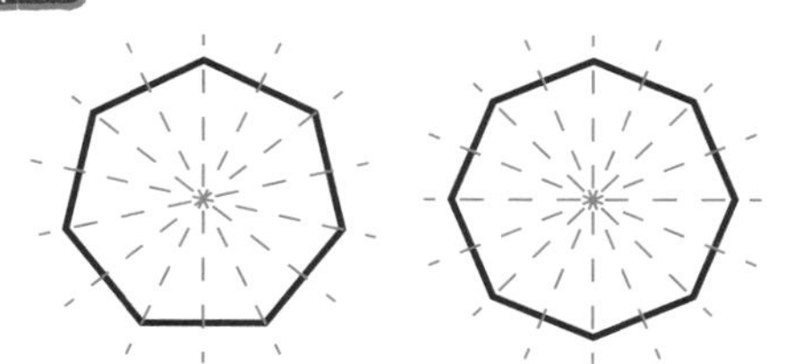

## チェック 4

(1) 辺EH　(2) 角F　(3) 8 cm

(4) 55°

**解説**

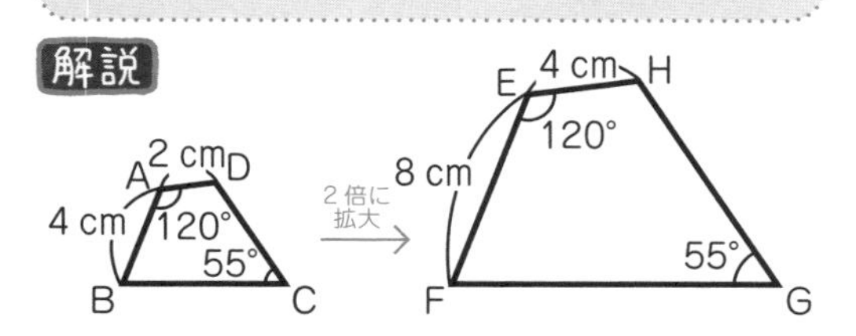


(3) 辺EFに対応する辺は，辺AB。

四角形EFGHは四角形ABCDの2倍の拡大図だから，辺EFは辺ABの2倍の長さ。

$4 \times 2 = 8$ (cm)

(4) 角Gに対応する角は，角C。拡大した図形ともとの図形の対応する角の大きさはそれぞれ等しい。

## チェック 5

200 m

**解説**

実際の長さを $\frac{1}{10000}$ に縮めているので，地図上の長さを10000倍すれば実際の長さが求められる。

$2 \times 10000 = 20000$ (cm)

20000 cm＝200 m

## レッスン29の力だめし

**1**

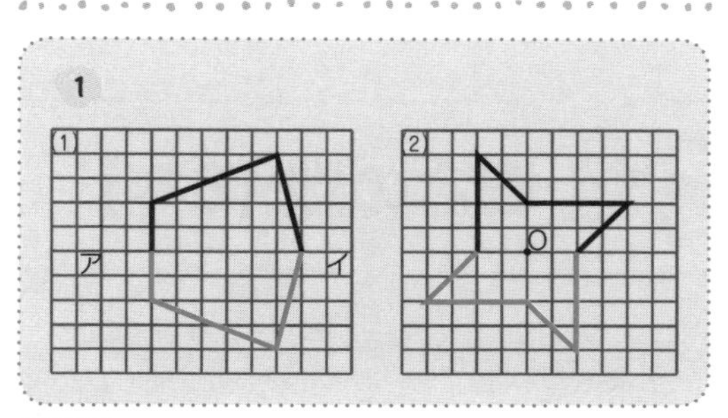


**解説**

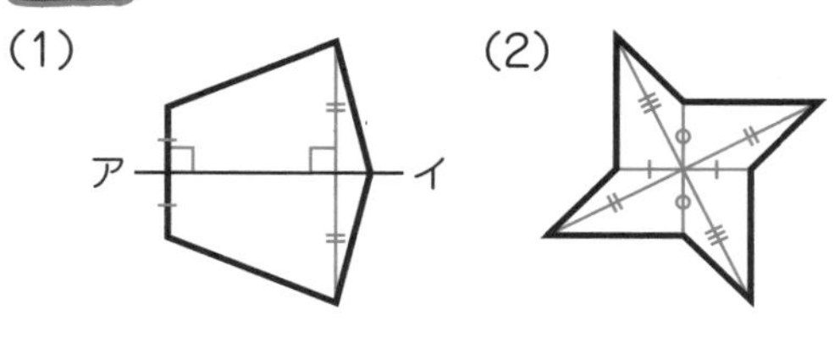


**2**　線対称イ，オ　点対称ア，エ

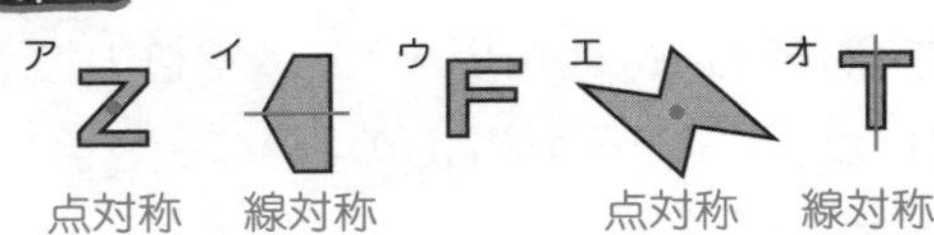


3 およそ15.5 m

解説

10 m＝1000 cm

1000÷400＝2.5（cm）

BCが2.5 cmになるように縮図（しゅくず）をかいてACの長さをはかるとおよそ3.5 cmになる。

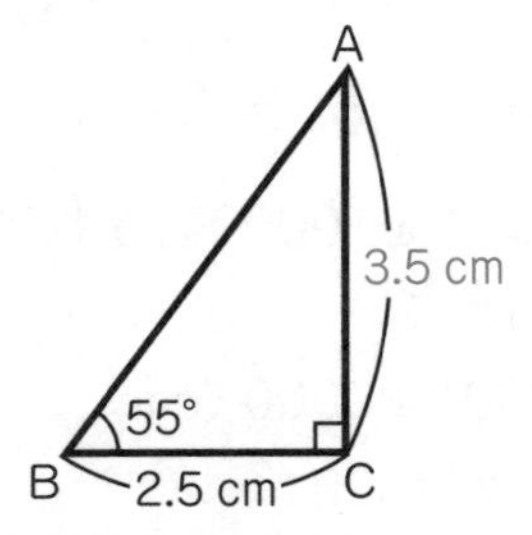


3.5×400＝1400（cm）

1400 cm＝14 m

14＋1.5＝15.5（m）

## レッスン30 場合の数【6年】

チェック 1

24通り

解説

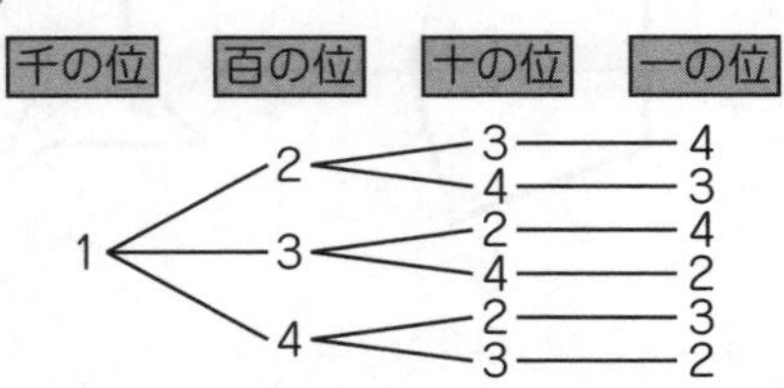


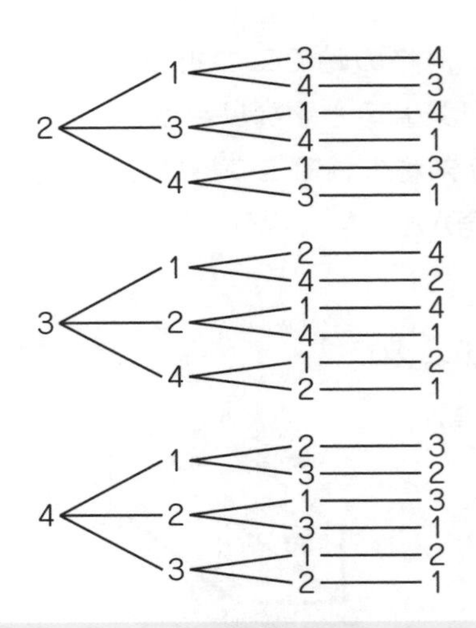


ポイント 上の図を樹形図（じゅけいず）といいます。

チェック 2

24通り

解説

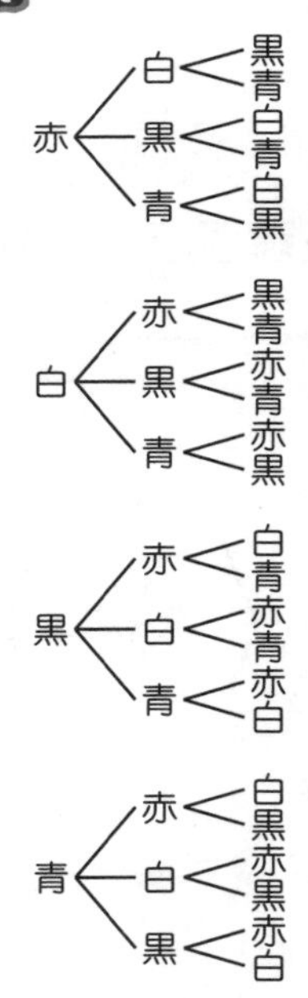

## チェック 3

8通り

**解説**

10円玉の表を○，裏（うら）を×とすると，

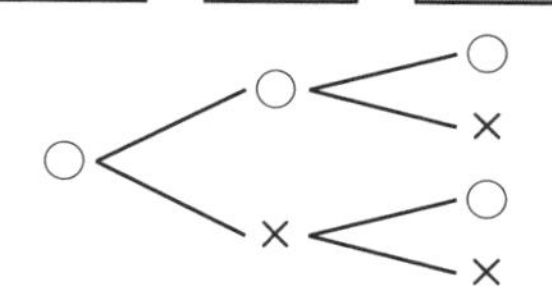

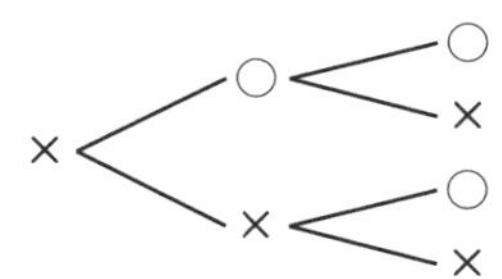

## チェック 4

6通り

**解説**

A─B, A─C, A─D　　B─C, B─D　　C─D

## チェック 5

10通り

**解説**

A─B, A─C, A─D, A─E　　B─C, B─D, B─E

C─D, C─E　　D─E

**ポイント** （A，B）と（B，A）は同じ組み合わせとして考えることに注意しましょう。

## レッスン30の力だめし

**1** 16通り

**解説**

10円玉の表を○，裏を×とすると，

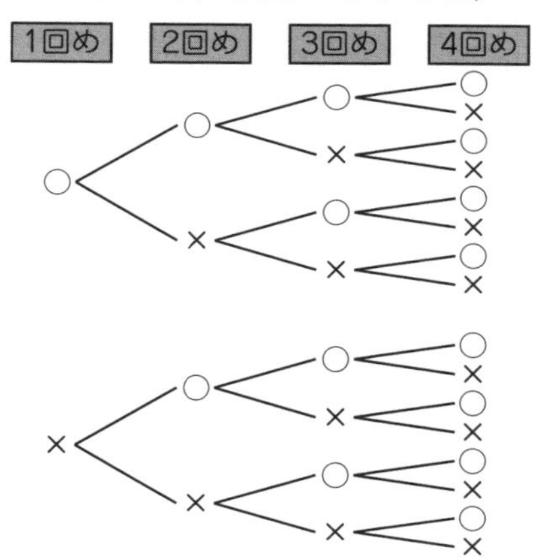


**2** 6000円，11000円，15000円

**解説**

| | | 合計 |
|---|---|---|
| 千円 | 五千円 → | 6000円 |
| 千円 | 一万円 → | 11000円 |
| 五千円 | 一万円 → | 15000円 |

**3** 12通り

**解説**

ショートケーキを①，チーズケーキを②，チョコレートケーキを③，コーヒーをA，紅茶をB，オレンジジュースをC，コーラをDとして，組み合わせを図に表す。

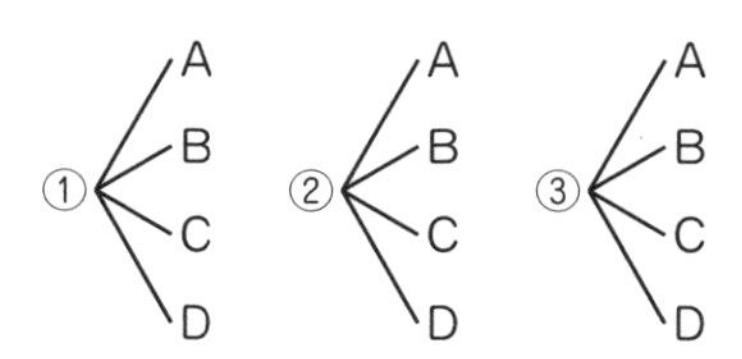

4 (1) 10通り　(2) 16通り

解説

(1)

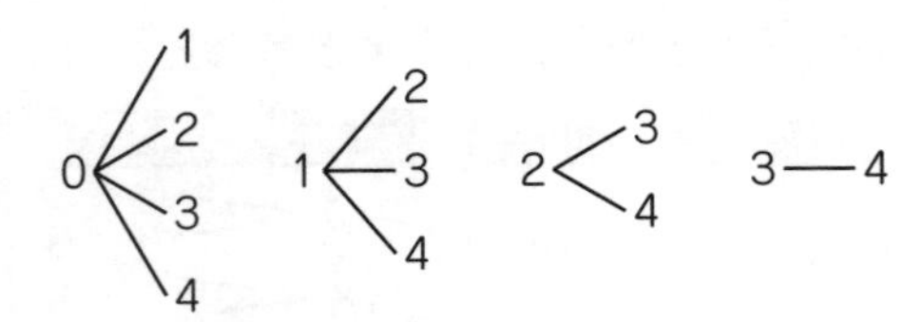


ポイント 同時に2まい取り出すので，(0，0)，(1，1)などの組み合わせはできないことに注意しましょう。
また，同時に取り出すとき(0，1)と(1，0)は区別できないので同じものとみなすことにも注意しましょう。

(2) 全部の取り出し方のうち，2けたの整数ができるのは，十の位（くらい）が0以外（いがい）である組み合わせ。右のような樹形図をかくとわかりやすい。

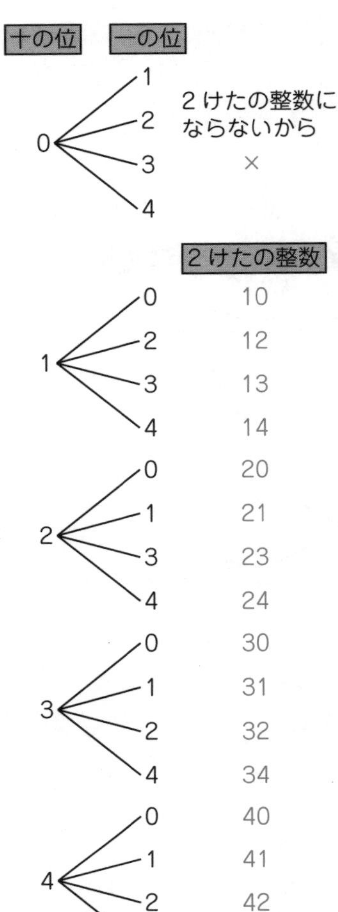

## メモ

Gakken

$$\frac{2}{3}+\frac{1}{2}=\frac{4}{6}+\frac{3}{6}$$
$$=\frac{7}{6}$$
$$=1\frac{1}{6}\ell$$